全国农科院系统科技期刊论文产出统计报告

（2008—2017年）

赵瑞雪　朱　亮　寇远涛　鲜国建　主编

中国农业科学技术出版社

图书在版编目（CIP）数据

全国农科院系统科技期刊论文产出统计报告：2008—2017年／赵瑞雪等主编.—北京：中国农业科学技术出版社，2018.5

ISBN 978-7-5116-3728-4

Ⅰ.①全…　Ⅱ.①赵…　Ⅲ.①农业科学-科学研究组织机构-科技产出-研究报告-中国　Ⅳ.①S-242

中国版本图书馆CIP数据核字（2018）第100529号

责任编辑　李　雪
责任校对　李向荣

出 版 者　中国农业科学技术出版社
　　　　　北京市中关村南大街12号　邮编：100081
电　　话　（010）82109707（编辑室）　　（010）82109702（发行部）
　　　　　（010）82109709（读者服务部）
传　　真　（010）82106650
网　　址　http://www.castp.cn
经 销 者　各地新华书店
印 刷 者　北京建宏印刷有限公司
开　　本　787 mm×1 092 mm　1/16
印　　张　26.25
字　　数　617千字
版　　次　2018年5月第1版　2018年5月第1次印刷
定　　价　128.00元

《全国农科院系统科技期刊论文产出统计报告（2008—2017年）》

专家委员会

编委会

序

宏观上看，科研产出的状况，对于总结科技工作成绩，加强科技管理，评价科技政策的优劣具有重要意义；微观上看，科研产出是衡量科研机构研究水平和效率的一个至关重要因素，其数量多少和质量高低往往能直接反映出科研机构的研究实力和水平。科研产出包括期刊论文、著作、科研成果、专利、研究报告等多种类型，其中科技期刊论文是科研机构产出最主要的表现形式，是科研人员进行研究成果和学术思想交流的重要载体。

"国家农业科技创新联盟"是我国农业科技创新体系的重要组成部分，作为国家农业科技创新联盟的重要成员，农业农村部部属"三院"（中国农业科学院、中国水产科学研究院、中国热带农业科学院）及各省（自治区、直辖市）级农（垦、牧）业科学院承担着提升我国整体农业科技创新水平的重要使命。近些年来，为了有效推动国家农业科技创新联盟成员单位的健康稳定发展，我国在持续加大农业科技投入的同时，相关科技管理部门也在不断寻求和制订科学合理的农业科研机构评价与激励机制，其中的一项重要内容便是科研机构产出统计分析。

中国农业科学院是国家农业科技创新联盟的依托单位，为客观、准确地反映我国主要农业科研机构，尤其是国家农业科技创新联盟成员单位的科研产出能力及水平，中国农业科学院农业信息研究基于其自主建设的中国农业科技文献数据库（CASDD），编制发布"全国农科院系统科技期刊论文产出统计系列报告"。本次统计选取中国农业科学院、中国水产科学研究院、中国热带农业科学院，以及安徽省农业科学院、北京市农林科学院等部分省（自治区、直辖市）级农（垦、牧）业科学院，共35家农业科研机构作为统计对象，重点对其2008—2017年中外文科技期刊论文产出情况进行统计分析，编制了《全国农科院系统科技期刊论文产出统计报告（2008—2017年）》，以期为相关科技管理决策、科技评价等提供参考和依据。

说　明

统计说明

　　《全国农科院系统科技期刊论文产出统计报告（2008—2017 年）》是对农业农村部所属"三院"及部分省（自治区、直辖市）级农（垦、牧）业科学院共 35 家农业科研机构近十年（2008—2017）科技期刊论文产出情况的客观统计，未进行统计对象间的对比分析。统计数据来源于科学引文索引数据库（Web of Science，WOS）、中国科学引文数据库（CSCD）、中国农业科技文献数据库（CASDD）、中国知网（CNKI）、万方数据及维普数据，数据统计日期为 2018 年 3 月 20 日，由此可能造成部分已发表的论文数据（尤其是 2017 年）未纳入本次统计范围，相关统计结果可能与实际发文情况存在误差。现将统计报告编制过程中的有关事项说明如下：

统计对象

　　农业农村部所属"三院"即中国农业科学院、中国水产科学研究院、中国热带农业科学院，以及安徽省农业科学院、北京市农林科学院等部分省（自治区、直辖市）级农（垦、牧）业科学院，共 35 家农业科研机构，详细名单见下表。

表　报告统计对象详细名单

序号	单位名称	所在省 （自治区、直辖市）	序号	单位名称	所在省 （自治区、直辖市）
1	中国农业科学院	北京市	11	贵州省农业科学院	贵州省
2	中国水产科学研究院	北京市	12	海南省农业科学院	海南省
3	中国热带农业科学院	海南省	13	河北省农林科学院	河北省
4	安徽省农业科学院	安徽省	14	河南省农业科学院	河南省
5	北京市农林科学院	北京市	15	黑龙江省农业科学院	黑龙江省
6	重庆市农业科学院	重庆市	16	湖北省农业科学院	湖北省
7	福建省农业科学院	福建省	17	湖南省农业科学院	湖南省
8	甘肃省农业科学院	甘肃省	18	吉林省农业科学院	吉林省
9	广东省农业科学院	广东省	19	江苏省农业科学院	江苏省
10	广西农业科学院	广西壮族自治区	20	江西省农业科学院	江西省

（续表）

序号	单位名称	所在省（自治区、直辖市）	序号	单位名称	所在省（自治区、直辖市）
21	辽宁省农业科学院	辽宁省	29	天津市农业科学院	天津市
22	内蒙古农牧业科学院	内蒙古自治区	30	西藏自治区农牧科学院	西藏自治区
23	宁夏农林科学院	宁夏回族自治区	31	新疆农垦科学院	新疆维吾尔自治区
24	青海省农林科学院	青海省	32	新疆农业科学院	新疆维吾尔自治区
25	山东省农业科学院	山东省	33	新疆畜牧科学院	新疆维吾尔自治区
26	山西省农业科学院	山西省	34	云南省农业科学院	云南省
27	上海市农业科学院	上海市	35	浙江省农业科学院	浙江省
28	四川省农业科学院	四川省			

统计报告构成

《全国农科院系统科技期刊论文产出统计报告（2008—2017 年）》包括两部分：科技期刊论文产出总体情况统计、统计对象分报告。

科技期刊论文产出总体情况统计：汇总统计 35 家农业科研机构近十年（2008—2017年）科技期刊论文总体及分年度产出情况。

统计对象分报告：对某一统计对象及其所属二级机构近十年（2008—2017 年）科技期刊论文产出情况进行分项统计。

统计数据来源

（1）科技期刊论文数据

英文科技期刊论文数据来源于科学引文索引数据库（Web of Science，WOS）收录的文献类型为期刊论文（ARTICLE）、会议论文（PROCEEDINGS PAPER）和述评（RE-VIEW）的 Science Citation Index Expanded（SCIE）论文数据。本次统计论文发表年份范围为 2008—2017 年，数据统计截止时间为 2018 年 3 月 20 日。

中文科技期刊论文数据来源于中国农业科技文献数据库（CASDD），该库由中国农业科学院农业信息研究所自主建设，始建于 1985 年，以国家农业图书馆馆藏中文期刊为基础，以中国知网（CNKI）、万方数据、维普数据为补充，共收录了 1973 年以来 2500 余种农业及相关领域中文期刊数据。本次统计论文发表年份范围为 2008—2017 年，数据统计截止时间为 2018 年 3 月 20 日。

（2）机构规范数据

本次 35 个统计对象均为我国国家级或省（自治区、直辖市）级农（垦、牧）业科学院，其规模较大，建设历史较长，期间机构调整及变动较多。为保证统计结果的准确，本报告编制团队对 35 个统计对象本级及其二级机构信息进行了规范化处理，重点是机构的中外文规范名称、别名等，其中别名所含信息包括了机构历史沿革名称（拆分、合并、调整等）。

统计指标说明

本报告采用的指标均是客观实际的定量评价指标，现将相关统计指标的内涵、计算方法简要解释如下：

（1）发文量

包括英文发文量和中文发文量，英文发文量是指统计对象于 2008—2017 年间在 WOS 数据库 SCIE 期刊上发表的全部论文数量。中文发文量包括 CASDD 期刊发文量、北大中文核心期刊发文量、CSCD 期刊发文量，CASDD 期刊发文量是指统计对象于 2008—2017 年间发表的被中国农业科技文献数据库（CASDD）收录的全部学术期刊论文数量，北大中文核心期刊发文量是指统计对象于 2008—2017 年间发表的被 CASDD 收录的北大中文核心期刊论文数量，CSCD 期刊发文量是指统计对象于 2008—2017 年间发表的被 CASDD 收录的中国科学引文数据库（CSCD）期刊论文数量。

（2）高发文研究所

2008—2017 年间中英文论文发文量排名前十的统计对象所属二级单位。

（3）高发文期刊

2008—2017 年间刊载统计对象所发表中英文论文数量排名前十的科技期刊，英文期刊包括期刊名称、发文量、WOS 所有数据库总被引频次、WOS 核心库被引频次、期刊最近年度影响因子（来源于 JCR）。中文期刊包括期刊名称、发文量，按 CASDD 期刊、北大中文核心期刊、CSCD 期刊分类进行统计。

（4）合作发文国家与地区

2008—2017 年间与统计对象合作发表英文论文（合作发文 1 篇以上）的作者所来自国家和地区，按照合作发文的数量排名取前十名，包括国家与地区名称、合作发文量、WOS 所有数据库总被引频次、WOS 核心库被引频次。

（5）合作发文机构

2008—2017 年间与统计对象合作发表中英文论文的作者所属机构，按照合作发文的数量排名取前十名。

（6）高被引英文论文

2008—2017 年间统计对象所发表英文论文按其在 WOS 所有数据库中总被引频次排名前十者，包括论文标题、WOS 所有数据库总被引频次、WOS 核心库被引频次、作者机构、出版年份、期刊名称、期刊影响因子（最近年度）。按两类进行统计，一类是统计对象是论文的完成单位之一，另一类是统计对象是论文第一作者或通讯作者的所在单位。

（7）高频词

2008—2017 年间统计对象所发表全部英文论文关键词（作者关键词）按其出现频次排名前二十者。

免责声明

在本报告的编制过程中，我们力求严谨规范，精益求精。但由于统计年限较长、数据源收录数据完整性、统计对象机构变化调整等原因，可能存在部分统计结果与统计对象实际科技期刊论文产出情况不完全一致，报告内容疏漏与错误之处恳请广大读者批评指正。

目　录

全国农科院系统科技期刊论文产出总体情况统计表

1 英文期刊论文发文量统计

统计对象 2008—2017 年在 WOS 数据库 SCIE 期刊上发表的论文数量情况见下表，农业农村部所属"三院"在前，省（自治区、直辖市）级农（垦、牧）业科学院按名称拼音字母排序。

表 2008—2017 年全国农科院系统历年 SCI 发文量统计　单位：篇

序号	发文单位	2008 年	2009 年	2010 年	2011 年	2012 年	2013 年	2014 年	2015 年	2016 年	2017 年	发文总量
1	中国农业科学院	576	834	1 015	1 285	1 594	1 675	2 091	2 469	2 913	2 970	17 422
2	中国水产科学研究院	93	168	195	284	306	430	455	559	500	390	3 380
3	中国热带农业科学院	43	83	106	189	223	263	284	299	301	310	2 101
4	安徽省农业科学院	7	13	10	22	34	45	51	79	87	88	436
5	北京市农林科学院	33	55	68	138	189	212	228	261	343	296	1 823
6	重庆市农业科学院	3	3	9	4	3	10	19	25	24	36	136
7	福建省农业科学院	13	18	32	40	41	31	46	53	91	97	462
8	甘肃省农业科学院	5	7	7	11	17	14	21	20	29	18	149
9	广东省农业科学院	32	54	55	107	135	171	199	224	243	265	1 485
10	广西农业科学院	9	8	23	22	31	30	28	57	43	69	320
11	贵州省农业科学院	3	5	0	7	7	16	18	29	55	51	191
12	海南省农业科学院	2	5	8	5	13	5	6	15	27	25	114
13	河北省农林科学院	16	23	31	25	40	47	50	61	53	67	413

（续表）

序号	发文单位	2008 年	2009 年	2010 年	2011 年	2012 年	2013 年	2014 年	2015 年	2016 年	2017 年	发文总量
14	河南省农业科学院	20	28	41	38	48	46	59	83	113	123	599
15	黑龙江省农业科学院	6	11	31	27	45	35	51	70	87	118	481
16	湖北省农业科学院	12	30	45	57	58	54	62	68	85	83	554
17	湖南省农业科学院	2	5	4	14	27	22	30	44	60	64	272
18	吉林省农业科学院	8	13	28	34	31	33	44	61	45	66	363
19	江苏省农业科学院	49	54	64	74	136	164	229	342	403	423	1 938
20	江西省农业科学院	1	6	10	9	22	31	37	39	44	51	250
21	辽宁省农业科学院	6	4	9	9	12	18	30	28	28	32	176
22	内蒙古农牧业科学院				2	4	9	16	15	25	17	88
23	宁夏农林科学院	7	2	3	1	3	3	9	8	14	18	68
24	青海省农林科学院			1		2	4	5	12	7	10	41
25	山东省农业科学院	48	69	80	115	129	144	146	155	202	172	1 260
26	山西省农业科学院	23	46	33	27	29	45	45	46	50	82	426
27	上海市农业科学院	37	51	56	66	72	70	78	102	132	111	775
28	四川省农业科学院	16	28	14	26	29	36	40	70	90	83	432
29	天津市农业科学院	4	4	6	7	7	15	8	13	21	22	107
30	西藏自治区农牧科学院	1		4		1	3	7	18	9	19	62
31	新疆农垦科学院	1	4	4	5	10	15	13	16	14	24	106
32	新疆农业科学院	12	16	29	30	15	20	39	51	52	47	311
33	新疆畜牧科学院	2	4	9	10	6	6	8	13	17	21	96

（续表）

序号	发文单位	2008年	2009年	2010年	2011年	2012年	2013年	2014年	2015年	2016年	2017年	发文总量
34	云南省农业科学院	16	23	40	42	59	76	75	113	127	127	698
35	浙江省农业科学院	65	66	89	143	215	197	200	235	226	263	1 699
	年度发文总量	1 171	1 740	2 159	2 878	3 593	3 995	4 727	5 753	6 560	6 658	39 234
	年均发文量	33.5	49.7	61.7	82.2	102.7	114.1	135.1	164.4	187.4	190.2	1121

2 中文期刊论文发文量统计

2.1 全部中文期刊发文量

统计对象 2008—2017 年发表的被中国农业科技文献数据库（CASDD）收录的中文期刊论文数量情况见表 2-1，农业农村部所属"三院"在前，省（自治区、直辖市）级农（垦、牧）业科学院按名称拼音字母排序。

表 2-1 2008—2017 年全国农科院系统全部中文期刊历年发文量统计 单位：篇

序号	发文单位	2008年	2009年	2010年	2011年	2012年	2013年	2014年	2015年	2016年	2017年	发文总量
1	中国农业科学院	5 158	5 779	6 098	6 050	5 602	5 502	5 791	6 050	6 095	5 017	57 142
2	中国水产科学研究院	968	1 197	1 233	1 377	1 360	1 363	1 303	1 330	1 470	1 148	12 749
3	中国热带农业科学院	830	1 172	983	1 079	1 133	1 255	1 282	1 208	1 133	888	10 963
4	安徽省农业科学院	253	381	365	353	357	356	393	417	380	316	3 571
5	北京市农林科学院	630	781	827	841	858	725	670	686	708	525	7 251
6	重庆市农业科学院	111	143	143	148	177	142	130	148	148	127	1 417
7	福建省农业科学院	464	559	606	712	746	703	674	630	707	532	6 333
8	甘肃省农业科学院	271	303	356	359	334	317	285	372	310	267	3 174
9	广东省农业科学院	561	570	661	664	614	572	635	566	597	380	5 820
10	广西农业科学院	290	340	407	516	502	473	596	531	554	467	4 676

（续表）

序号	发文单位	2008 年	2009 年	2010 年	2011 年	2012 年	2013 年	2014 年	2015 年	2016 年	2017 年	发文总量
11	贵州省农业科学院	467	576	600	586	654	602	635	601	606	423	5 750
12	海南省农业科学院	39	64	86	84	104	110	135	136	145	112	1 015
13	河北省农林科学院	394	445	602	542	518	443	421	464	557	427	4 813
14	河南省农业科学院	279	386	403	373	366	323	337	421	447	368	3 703
15	黑龙江省农业科学院	596	823	992	789	770	663	894	761	637	547	7 472
16	湖北省农业科学院	344	436	448	468	372	358	454	481	511	327	4 199
17	湖南省农业科学院	296	381	407	383	446	396	386	394	379	307	3 775
18	吉林省农业科学院	483	448	484	438	391	395	422	407	409	291	4 168
19	江苏省农业科学院	1 036	1 222	1 131	1 298	1 495	1 384	1 358	1 448	1 377	1 029	12 778
20	江西省农业科学院	131	146	198	219	221	189	264	274	206	164	2 012
21	辽宁省农业科学院	628	683	659	677	608	617	568	471	496	406	5 813
22	内蒙古农牧业科学院	178	188	350	243	300	349	361	296	210	155	2 630
23	宁夏农林科学院	248	304	316	305	337	292	320	338	361	243	3 064
24	青海省农林科学院	141	135	120	189	163	144	126	144	97	45	1 304
25	山东省农业科学院	914	1 026	1 015	995	932	955	966	914	1 029	890	9 636
26	山西省农业科学院	494	526	656	957	717	674	800	899	960	832	7 515
27	上海市农业科学院	289	350	305	300	302	330	363	349	337	305	3 230
28	四川省农业科学院	305	336	394	402	419	406	458	487	486	410	4 103
29	天津市农业科学院	256	241	266	264	282	210	267	295	240	183	2 504
30	西藏自治区农牧科学院	73	80	94	81	97	79	136	198	181	143	1 162

（续表）

序号	发文单位	2008 年	2009 年	2010 年	2011 年	2012 年	2013 年	2014 年	2015 年	2016 年	2017 年	发文总量
31	新疆农垦科学院	167	202	230	199	286	252	216	271	219	158	2 200
32	新疆农业科学院	309	327	446	400	339	387	477	519	467	376	4 047
33	新疆畜牧科学院	128	132	178	160	149	160	200	199	219	152	1 677
34	云南省农业科学院	581	566	603	590	612	605	626	660	591	467	5 901
35	浙江省农业科学院	503	604	638	634	655	573	522	517	476	381	5 503
	年度发文总量	18 815	21 852	23 300	23 675	23 218	22 304	23 471	23 882	23 745	18 808	223 070
	年均发文量	537.6	624.3	665.7	676.4	663.4	637.3	670.6	682.3	678.4	537.4	6 373.4

2.2 北大中文核心期刊发文量

统计对象 2008—2017 年发表的被中国农业科技文献数据库（CASDD）收录的北大中文核心期刊论文数量情况见表 2-2，农业农村部所属"三院"在前，省（自治区、直辖市）级农（垦、牧）业科学院按名称拼音字母排序。

表 2-2 2008—2017 年全国农科院系统北大中文核心期刊历年发文量统计　　单位：篇

序号	发文单位	2008 年	2009 年	2010 年	2011 年	2012 年	2013 年	2014 年	2015 年	2016 年	2017 年	发文总量
1	中国农业科学院	3 382	3 904	4 244	4 256	3 813	3 802	3 869	3 972	4 028	3 366	38 636
2	中国水产科学研究院	711	906	948	1 035	997	1 011	944	995	1 091	853	9 491
3	中国热带农业科学院	382	499	433	408	449	490	621	724	622	449	5 077
4	安徽省农业科学院	139	206	185	179	207	192	177	181	142	110	1 718
5	北京市农林科学院	473	577	630	638	630	556	512	522	463	387	5 388
6	重庆市农业科学院	28	34	52	67	81	78	60	70	46	36	552
7	福建省农业科学院	152	203	212	200	215	193	192	190	279	275	2 111
8	甘肃省农业科学院	138	162	185	190	185	181	131	170	176	111	1 629

（续表）

序号	发文单位	2008年	2009年	2010年	2011年	2012年	2013年	2014年	2015年	2016年	2017年	发文总量
9	广东省农业科学院	393	413	477	475	439	381	435	398	360	223	3 994
10	广西农业科学院	128	128	143	219	204	210	319	280	292	253	2 176
11	贵州省农业科学院	295	369	349	340	363	316	315	282	278	209	3 116
12	海南省农业科学院	12	23	43	50	71	69	93	85	86	63	595
13	河北省农林科学院	134	164	181	197	198	188	184	162	166	145	1 719
14	河南省农业科学院	197	278	276	275	260	225	208	235	253	232	2 439
15	黑龙江省农业科学院	194	277	327	280	269	237	273	252	216	184	2 509
16	湖北省农业科学院	194	265	264	307	249	233	285	297	197	125	2 416
17	湖南省农业科学院	104	127	191	145	143	144	108	131	164	120	1 377
18	吉林省农业科学院	153	158	219	201	178	161	175	202	176	98	1 721
19	江苏省农业科学院	613	735	693	795	966	951	925	887	862	561	7 988
20	江西省农业科学院	28	53	72	74	94	101	106	121	85	75	809
21	辽宁省农业科学院	170	209	235	287	187	200	202	178	182	141	1 991
22	内蒙古农牧业科学院	63	60	70	81	99	93	108	100	68	59	801
23	宁夏农林科学院	92	128	162	181	186	169	169	155	173	106	1 521
24	青海省农林科学院	29	41	60	110	108	100	67	68	53	31	667
25	山东省农业科学院	341	418	398	355	341	341	343	334	362	311	3 544
26	山西省农业科学院	146	169	180	240	195	167	171	164	232	221	1 885
27	上海市农业科学院	202	221	204	213	187	237	227	243	219	131	2 084
28	四川省农业科学院	180	183	219	232	245	227	242	221	224	183	2 156
29	天津市农业科学院	97	106	87	108	149	118	131	134	116	70	1 116

（续表）

序号	发文单位	2008年	2009年	2010年	2011年	2012年	2013年	2014年	2015年	2016年	2017年	发文总量
30	西藏自治区农牧科学院	5	11	20	12	32	22	36	41	45	42	266
31	新疆农垦科学院	68	76	116	131	182	163	126	136	115	92	1 205
32	新疆农业科学院	227	201	293	273	225	246	243	296	264	222	2 490
33	新疆畜牧科学院	60	56	71	50	55	48	65	80	81	49	615
34	云南省农业科学院	251	290	326	350	320	316	330	350	302	258	3 093
35	浙江省农业科学院	258	335	378	394	387	343	288	272	258	207	3 120
	年度发文总量	10 039	11 985	12 943	13 348	12 909	12 509	12 680	12 928	12 676	9 998	122 015
	年均发文量	286.8	342.4	369.8	381.4	368.8	357.4	362.3	369.4	362.2	285.7	3 486.1

2.3 CSCD 期刊发文量

统计对象2008—2017年发表的被中国农业科技文献数据库（CASDD）收录的中国科学引文数据库（CSCD）期刊论文数量情况见表2-3，农业农村部所属"三院"在前，省（自治区、直辖市）级农（垦、牧）业科学院按名称拼音字母排序。

表2-3　2008—2017年全国农科院系统中文核心期刊历年发文量统计　　单位：篇

序号	发文单位	2008年	2009年	2010年	2011年	2012年	2013年	2014年	2015年	2016年	2017年	发文总量
1	中国农业科学院	2 549	2 777	3 075	3 298	2 966	2 878	2 937	3 079	2 960	2 454	28 973
2	中国水产科学研究院	486	688	744	871	869	881	830	916	1 010	826	8 121
3	中国热带农业科学院	394	536	504	591	563	603	604	587	489	336	5 207
4	安徽省农业科学院	108	58	77	97	114	107	144	151	127	79	1 062
5	北京市农林科学院	333	354	374	405	387	372	357	356	322	249	3 509
6	重庆市农业科学院	24	28	42	49	71	64	50	63	40	24	455
7	福建省农业科学院	129	162	164	204	212	201	165	171	174	140	1 722

（续表）

序号	发文单位	2008年	2009年	2010年	2011年	2012年	2013年	2014年	2015年	2016年	2017年	发文总量
8	甘肃省农业科学院	103	103	137	138	140	134	115	163	157	92	1 282
9	广东省农业科学院	340	353	419	460	413	385	416	357	305	170	3 618
10	广西农业科学院	100	98	120	289	302	257	298	238	228	190	2 120
11	贵州省农业科学院	279	334	293	130	120	139	138	141	160	133	1 867
12	海南省农业科学院	8	10	31	33	45	40	54	39	43	25	328
13	河北省农林科学院	117	126	134	154	151	151	152	145	138	96	1 364
14	河南省农业科学院	90	115	122	225	233	199	180	225	229	191	1 809
15	黑龙江省农业科学院	126	369	508	196	188	159	192	190	181	117	2 226
16	湖北省农业科学院	166	209	209	94	77	57	78	76	90	71	1 127
17	湖南省农业科学院	166	220	262	139	144	121	112	132	146	104	1 546
18	吉林省农业科学院	212	180	200	174	167	150	163	170	141	66	1 623
19	江苏省农业科学院	371	656	621	746	904	616	616	593	541	376	6 040
20	江西省农业科学院	17	38	56	69	82	85	98	110	74	63	692
21	辽宁省农业科学院	173	181	172	177	126	114	132	108	102	55	1 340
22	内蒙古农牧业科学院	31	24	31	44	57	49	67	72	37	26	438
23	宁夏农林科学院	72	69	64	89	95	85	99	99	82	61	815
24	青海省农林科学院	22	25	24	55	68	57	42	30	38	22	383
25	山东省农业科学院	260	316	249	262	255	254	268	233	244	191	2 532
26	山西省农业科学院	242	251	301	199	149	135	152	196	200	124	1 949
27	上海市农业科学院	178	177	155	175	157	211	214	233	220	196	1 916

（续表）

序号	发文单位	2008 年	2009 年	2010 年	2011 年	2012 年	2013 年	2014 年	2015 年	2016 年	2017 年	发文总量
28	四川省农业科学院	156	144	177	180	188	191	202	204	190	144	1 776
29	天津市农业科学院	54	56	40	56	84	68	70	81	65	34	608
30	西藏自治区农牧科学院	5	10	14	11	23	17	26	34	32	34	206
31	新疆农垦科学院	41	44	74	83	108	100	79	91	80	73	773
32	新疆农业科学院	193	146	250	237	185	179	199	255	209	192	2 045
33	新疆畜牧科学院	32	28	44	29	36	34	41	35	40	27	346
34	云南省农业科学院	231	239	272	309	297	242	278	299	263	212	2 642
35	浙江省农业科学院	186	216	270	313	315	288	241	231	226	172	2 458
	年度发文总量	7 994	9 340	10 229	10 581	10 291	9 623	9 809	10 103	9 583	7 365	94 918
	年均发文量	228.4	266.9	292.3	302.3	294.0	274.9	280.3	288.7	273.8	210.4	2 711.9

中国农业科学院

1 英文期刊论文分析

分析数据来源于科学引文索引数据库（Web of Science，WOS）收录的文献类型为期刊论文（ARTICLE）、会议论文（PROCEEDINGS PAPER）和述评（REVIEW）的 Science Citation Index Expanded（SCIE）论文数据，数据时间范围为 2008—2017 年，共检索到中国农业科学院作者发表的论文 17 422 篇。

1.1 发文量

2008—2017 年中国农业科学院历年 SCI 发文与被引情况见表 1-1，中国农业科学院英文文献历年发文趋势（2008—2017 年）见下图。

表 1-1　2008—2017 年中国农业科学院历年 SCI 发文与被引情况

出版年	发文量（篇）	WOS 所有数据库总被引频次	WOS 核心库被引频次
2008 年	576	17 002	13 593
2009 年	834	23 606	19 196
2010 年	1 015	22 753	18 734
2011 年	1 285	25 540	21 338
2012 年	1 594	28 352	24 011
2013 年	1 675	24 091	20 573
2014 年	2 091	24 100	20 513
2015 年	2 469	17 299	15 025
2016 年	2 913	10 426	9 305
2017 年	2 970	2 624	2 467

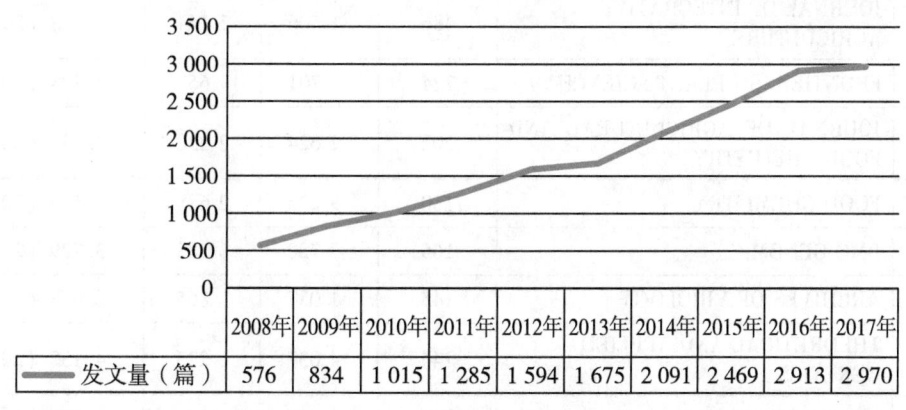

	2008年	2009年	2010年	2011年	2012年	2013年	2014年	2015年	2016年	2017年
发文量（篇）	576	834	1 015	1 285	1 594	1 675	2 091	2 469	2 913	2 970

图　中国农业科学院英文文献历年发文趋势（2008—2017 年）

1.2　高发文研究所 TOP10

2008—2017 年中国农业科学院 SCI 高发文研究所 TOP10 见表 1-2。

表 1-2　2008—2017 年中国农业科学院 SCI 高发文研究所 TOP10　　　　单位：篇

排序	研究所	发文量
1	中国农业科学院植物保护研究所	1 597
2	中国农业科学院作物科学研究所	1 536
3	中国农业科学院生物技术研究所	1 483
4	中国农业科学院北京畜牧兽医研究所	1 339
5	中国农业科学院农业资源与农业区划研究所	1 020
6	中国农业科学院兰州兽医研究所	1 016
7	中国农业科学院哈尔滨兽医研究所	901
8	中国水稻研究所	636
9	中国农业科学院蔬菜花卉研究所	599
10	中国农业科学院上海兽医研究所	594

1.3　高发文期刊 TOP10

2008—2017 年中国农业科学院 SCI 高发文期刊 TOP10 见表 1-3。

表 1-3　2008—2017 年中国农业科学院 SCI 发文期刊 TOP10

排序	期刊名称	发文量（篇）	WOS 所有数据库总被引频次	WOS 核心库被引频次	期刊影响因子（最近年度）
1	PLOS ONE	974	10 024	8 666	2.806（2016）
2	SCIENTIFIC REPORTS	505	2 299	2 072	4.259（2016）
3	JOURNAL OF INTEGRATIVE AGRICULTURE	486	1 506	1 144	1.042（2016）
4	FRONTIERS IN PLANT SCIENCE	224	701	667	4.298（2016）
5	JOURNAL OF AGRICULTURAL AND FOOD CHEMISTRY	202	2 624	2 338	3.154（2016）
6	FOOD CHEMISTRY	180	3 226	2 688	4.529（2016）
7	BMC GENOMICS	165	3 728	3 283	3.729（2016）
8	ARCHIVES OF VIROLOGY	145	1 037	865	2.058（2016）
9	THEORETICAL AND APPLIED GENETICS	144	4 037	3 225	4.132（2016）
10	VIROLOGY JOURNAL	144	1 435	1181	2.139（2016）

1.4　合作发文国家与地区 TOP10

2008—2017 年中国农业科学院 SCI 合作发文国家与地区（合作发文 1 篇以上）TOP10 见表 1-4。

表 1-4　2008—2017 年中国农业科学院 SCI 合作发文国家与地区 TOP10

排序	国家与地区	合作发文量（篇）	WOS 所有数据库总被引频次	WOS 核心库被引频次
1	美国	1 778	37 524	32 788
2	澳大利亚	431	9 884	8 525
3	英格兰	329	9 489	8 488
4	日本	273	7 648	6 735
5	加拿大	256	5 643	4 992
6	法国	256	7 684	6 995
7	德国	208	7 132	6 342
8	荷兰	202	7 840	7 011
9	比利时	138	2 553	2 320
10	墨西哥	124	4 446	3 953

1.5　合作发文机构 TOP10

2008—2017 年中国农业科学院 SCI 合作发文机构 TOP10 见表 1-5。

表 1-5　2008—2017 年中国农业科学院 SCI 合作发文机构 TOP10

排序	合作发文机构	发文量（篇）	WOS 所有数据库总被引频次	WOS 核心库被引频次
1	中国科学院	1 649	29 395	24 819
2	中国农业大学	1 381	17 935	15 255
3	中华人民共和国农业农村部	991	9 712	8 168
4	南京农业大学	662	11 216	9 170
5	浙江大学	429	6 133	5 161
6	华中农业大学	381	10 129	8 849
7	东北农业大学	314	2 090	1 831
8	扬州大学	293	2 278	1 870
9	湖南农业大学	283	4 718	4 093
10	西北农林科技大学	260	2 121	1 588

1.6　高被引论文 TOP10

2008—2017 年中国农业科学院发表的 SCI 高被引论文 TOP10 见表 1-6，中国农业科学院以第一或通讯作者完成单位发表的 SCI 高被引论文 TOP10 见表 1-7。

表 1-6　2008—2017 年中国农业科学院 SCI 高被引论文 TOP10

排序	标题	WOS 所有数据库总被引频次	WOS 核心库被引频次	作者机构	出版年份	期刊名称	期刊影响因子（最近年度）
1	The tomato genome sequence provides insights into fleshy fruit evolution	1 123	1 089	中国农业科学院蔬菜花卉研究所	2012 年	NATURE	40.137 (2016)
2	The genome of the mesopolyploid crop species Brassica rapa	841	762	中国农业科学院油料作物研究所，中国农业科学院蔬菜花卉研究所	2011 年	NATURE GENETICS	27.959 (2016)
3	Genome-wide association studies of 14 agronomic traits in rice landraces	801	712	中国水稻研究所	2010 年	NATURE GENETICS	27.959 (2016)
4	The genome of the cucumber, Cucumis sativus L.	731	621	中国农业科学院蔬菜花卉研究所	2009 年	NATURE GENETICS	27.959 (2016)
5	Genome sequence and analysis of the tuber crop potato	705	628	中国农业科学院蔬菜花卉研究所	2011 年	NATURE	40.137 (2016)
6	The Genetic Architecture of Maize Flowering Time	644	615	中国农业科学院作物科学研究所	2009 年	SCIENCE	37.205 (2016)
7	Aegilops tauschii draft genome sequence reveals a gene repertoire for wheat adaptation	521	375	中国农业科学院作物科学研究所	2013 年	NATURE	40.137 (2016)
8	A map of rice genome variation reveals the origin of cultivated rice	492	435	中国水稻研究所	2012 年	NATURE	40.137 (2016)
9	Suppression of cotton bollworm in multiple crops in china in areas with Bt toxin-containing cotton	475	338	中国农业科学院植物保护研究所	2008 年	SCIENCE	37.205 (2016)
10	Genetic Properties of the Maize Nested Association Mapping Population	472	458	中国农业科学院作物科学研究所	2009 年	SCIENCE	37.205 (2016)

表 1-7　2008—2017 年中国农业科学院 SCI 高被引论文 TOP10 （第一或通讯作者完成单位）

排序	标题	WOS 所有数据库总被引频次	WOS 核心库被引频次	作者机构	出版年份	期刊名称	期刊影响因子（最近年度）
1	The genome of the mesopolyploid crop species Brassica rapa	841	762	中国农业科学院油料作物研究所，中国农业科学院蔬菜花卉研究所	2011 年	NATURE GENETICS	27.959 (2016)
2	The genome of the cucumber, Cucumis sativus L.	731	621	中国农业科学院蔬菜花卉研究所	2009 年	NATURE GENETICS	27.959 (2016)
3	Aegilops tauschii draft genome sequence reveals a gene repertoire for wheat adaptation	521	375	中国农业科学院作物科学研究所	2013 年	NATURE	40.137 (2016)
4	Mirid Bug Outbreaks in Multiple Crops Correlated with Wide-Scale Adoption of Bt Cotton in China	435	295	中国农业科学院植物保护研究所	2010 年	SCIENCE	37.205 (2016)
5	Isolation and initial characterization of GW5, a major QTL associated with rice grain width and weight	369	261	中国农业科学院作物科学研究所，中国农业科学院生物技术研究所	2008 年	CELL RESEARCH	15.606 (2016)
6	Genome sequence of the cultivated cotton Gossypium arboreum	321	270	中国农业科学院棉花研究所	2014 年	NATURE GENETICS	27.959 (2016)
7	Widespread adoption of Bt cotton and insecticide decrease promotes biocontrol services	314	283	中国农业科学院植物保护研究所	2012 年	NATURE	40.137 (2016)
8	Genome sequence of cultivated Upland cotton (Gossypium hirsutum TM-1) provides insights into genome evolution	283	226	中国农业科学院棉花研究所	2015 年	NATURE BIOTECHNOLOGY	41.667 (2016)
9	The Brassica oleracea genome reveals the asymmetrical evolution of polyploid genomes	258	240	中国农业科学院油料作物研究所，中国农业科学院蔬菜花卉研究所	2014 年	NATURE COMMUNICATIONS	12.124 (2016)
10	Validation of internal control for gene expression study in soybean by quantitative real-time PCR	250	219	中国农业科学院作物科学研究所	2008 年	BMC MOLECULAR BIOLOGY	1.939 (2016)

1.7 高频词 TOP20

2008—2017 年中国农业科学院 SCI 发文高频词（作者关键词）TOP20 见表 1-8。

表 1-8　2008—2017 年中国农业科学院 SCI 发文高频词（作者关键词）TOP20

排序	关键词（作者关键词）	频次	排序	关键词（作者关键词）	频次
1	rice	358	11	soybean	102
2	China	329	12	Transcriptome	100
3	genetic diversity	194	13	Triticum aestivum	99
4	maize	188	14	rice（Oryza sativa L.）	95
5	wheat	185	15	yield	92
6	gene expression	174	16	climate change	91
7	Toxoplasma gondii	140	17	QTL	89
8	phylogenetic analysis	140	18	expression	88
9	cotton	122	19	Bacillus thuringiensis	87
10	chicken	102	20	pig	86

2 中文期刊论文分析

2008—2017 年，中国农业科技文献数据库（CASDD）共收录由中国农业科学院作者发表的中文期刊论文 57 142篇，其中北大中文核心期刊 38 636篇，中国科学引文数据库（CSCD）期刊论文 28 973篇。

2.1 发文量

2008—2017 年中国农业科学院中文文献历年发文趋势（2008—2017 年）见下图。

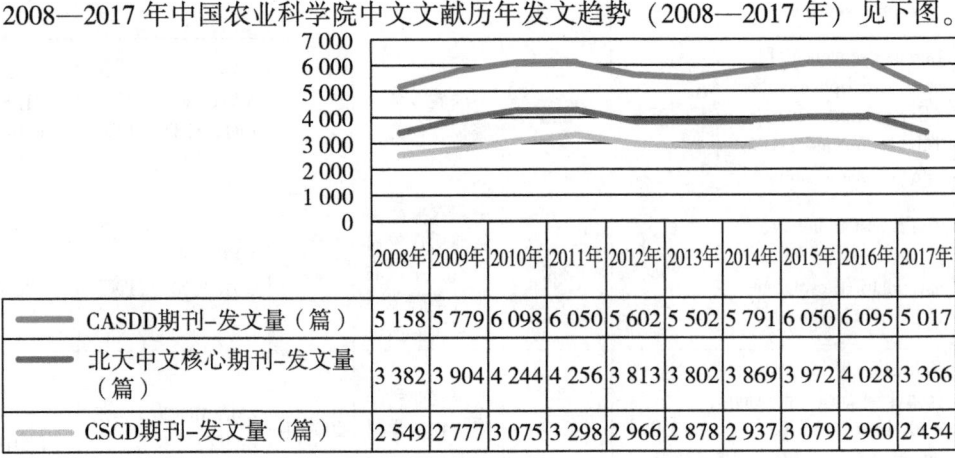

	2008年	2009年	2010年	2011年	2012年	2013年	2014年	2015年	2016年	2017年
CASDD期刊-发文量（篇）	5 158	5 779	6 098	6 050	5 602	5 502	5 791	6 050	6 095	5 017
北大中文核心期刊-发文量（篇）	3 382	3 904	4 244	4 256	3 813	3 802	3 869	3 972	4 028	3 366
CSCD期刊-发文量（篇）	2 549	2 777	3 075	3 298	2 966	2 878	2 937	3 079	2 960	2 454

图　中国农业科学院中文文献历年发文趋势（2008—2017 年）

2.2 高发文研究所 TOP10

2008—2017 年中国农业科学院 CASDD 期刊高发文研究所 TOP10 见表 2-1，2008—2017 年中国农业科学院北大中文核心期刊高发文研究所 TOP10 见表 2-2，2008—2017 年中国农业科学院中国科学引文数据库（CSCD）期刊高发文研究所 TOP10 见表 2-3。

表 2-1　2008—2017 年中国农业科学院 CASDD 期刊高发文研究所 TOP10　　单位：篇

排序	研究所	发文量
1	中国农业科学院北京畜牧兽医研究所	3 888
2	中国农业科学院农业资源与农业区划研究所	3 643
3	中国农业科学院作物科学研究所	3 435
4	中国农业科学院植物保护研究所	2 841
5	中国农业科学院蔬菜花卉研究所	2 231
6	中国农业科学院农业经济与发展研究所	2 174
7	中国农业科学院哈尔滨兽医研究所	2 137
8	中国农业科学院农业信息研究所	2 108
9	中国水稻研究所	1 991
10	中国农业科学院特产研究所	1 972

表 2-2　2008—2017 年中国农业科学院北大中文核心期刊高发文研究所 TOP10　　单位：篇

排序	研究所	发文量
1	中国农业科学院北京畜牧兽医研究所	3 084
2	中国农业科学院农业资源与农业区划研究所	2 838
3	中国农业科学院作物科学研究所	2 760
4	中国农业科学院植物保护研究所	2 423
5	中国农业科学院蔬菜花卉研究所	1 783
6	中国农业科学院草原生态研究所	1 653
7	中国农业科学院哈尔滨兽医研究所	1 616
8	中国农业科学院兰州兽医研究所	1 456
9	中国农业科学院农产品加工研究所	1 229
10	中国水稻研究所	1 201

表 2-3　2008—2017 年中国农业科学院 CSCD 期刊高发文研究所 TOP10　　单位：篇

排序	研究所	发文量
1	中国农业科学院作物科学研究所	2 683
2	中国农业科学院农业资源与农业区划研究所	2 357

（续表）

排序	研究所	发文量
3	中国农业科学院植物保护研究所	2 264
4	中国农业科学院北京畜牧兽医研究所	1 868
5	中国农业科学院草原生态研究所	1 593
6	中国农业科学院哈尔滨兽医研究所	1 301
7	中国农业科学院农业环境与可持续发展研究所	1 216
8	中国农业科学院兰州兽医研究所	1 161
9	中国水稻研究所	1 132
10	中国农业科学院蔬菜花卉研究所	996

2.3 高发文期刊 TOP10

2008—2017年中国农业科学院高发文 CASDD 期刊 TOP10 见表 2-4，2008—2017年中国农业科学院高发文北大中文核心期刊 TOP10 见表 2-5，2008—2017年中国农业科学院高发文 CSCD 期刊 TOP10 见表 2-6。

表 2-4　2008—2017 年中国农业科学院高发文期刊（CASDD）TOP10　　单位：篇

排序	期刊名称	发文量	排序	期刊名称	发文量
1	中国农业科学	1 266	6	安徽农业科学	916
2	草业科学	988	7	中国蔬菜	781
3	中国农学通报	967	8	动物营养学报	778
4	中国畜牧兽医	951	9	作物学报	682
5	中国预防兽医学报	943	10	中国兽医科学	678

表 2-5　2008—2017 年中国农业科学院高发文期刊（北大中文核心）TOP10　　单位：篇

排序	期刊名称	发文量	排序	期刊名称	发文量
1	中国农业科学	1 266	6	动物营养学报	778
2	草业科学	988	7	安徽农业科学	682
3	中国畜牧兽医	951	8	作物学报	682
4	中国预防兽医学报	943	9	中国兽医科学	678
5	中国蔬菜	781	10	农业工程学报	676

表 2-6　2008—2017 年中国农业科学院高发文期刊（CSCD）TOP10　　　单位：篇

排序	期刊名称	发文量	排序	期刊名称	发文量
1	中国农业科学	1 266	6	中国兽医科学	678
2	草业科学	988	7	农业工程学报	676
3	中国预防兽医学报	943	8	植物保护	600
4	作物学报	682	9	植物遗传资源学报	595
5	动物营养学报	680	10	畜牧兽医学报	585

2.4　合作发文机构 TOP10

2008—2017 年中国农业科学院中文期刊合作发文机构 TOP10 见表 2-7。

表 2-7　2008—2017 年中国农业科学院合作发文机构 TOP10　　　单位：篇

排序	合作发文机构	发文量	排序	合作发文机构	发文量
1	中华人民共和国农业农村部	9 482	6	西南大学	2 173
2	中国农业大学	4 002	7	南京农业大学	2 057
3	兰州大学	3 337	8	东北农业大学	2 053
4	甘肃农业大学	2 726	9	扬州大学	1 805
5	西北农林科技大学	2 268	10	江苏省农业科学院	1 804

中国水产科学研究院

1 英文期刊论文分析

分析数据来源于科学引文索引数据库（Web of Science，WOS）收录的文献类型为期刊论文（ARTICLE）、会议论文（PROCEEDINGS PAPER）和述评（REVIEW）的 Science Citation Index Expanded（SCIE）论文数据，数据时间范围为 2008—2017 年，共检索到中国水产科学研究院作者发表的论文 3 380篇。

1.1 发文量

2008—2017 年中国水产科学研究院历年 SCI 发文与被引情况见表 1-1，中国水产科学研究院英文文献历年发文趋势（2008—2017 年）见下图。

表 1-1　2008—2017 年中国水产科学研究院历年 SCI 发文与被引情况

出版年	发文量（篇）	WOS 所有数据库总被引频次	WOS 核心库被引频次
2008 年	93	1 656	1 300
2009 年	168	2 896	2 352
2010 年	195	3 374	2 851
2011 年	284	3 560	2 989
2012 年	306	3 983	3 233
2013 年	430	3 840	3 303
2014 年	455	3 631	3 150
2015 年	559	2 873	2 540
2016 年	500	1 043	938
2017 年	390	187	178

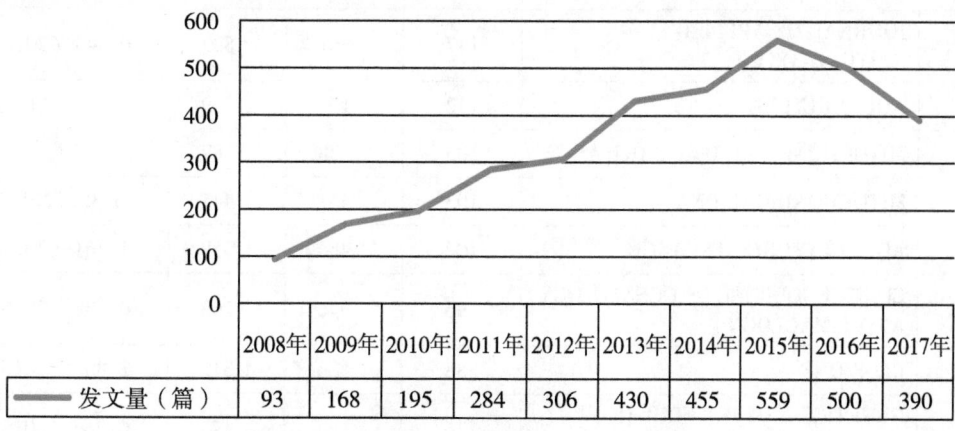

图　中国水产科学研究院英文文献历年发文趋势（2008—2017 年）

1.2 高发文研究所 TOP10

2008—2017 年中国水产科学研究院 SCI 高发文研究所 TOP10 见表 1-2。

表 1-2　2008—2017 中国水产科学研究院 SCI 高发文研究所 TOP10　　　　单位：篇

排序	研究所	发文量
1	中国水产科学研究院黄海水产研究所	970
2	中国水产科学研究院东海水产研究所	491
2	中国水产科学研究院南海水产研究所	491
3	中国水产科学研究院淡水渔业研究中心	420
4	中国水产科学研究院长江水产研究所	418
5	中国水产科学研究院珠江水产研究所	268
6	中国水产科学研究院黑龙江水产研究所	259
7	中国水产科学研究院生物技术研究中心	111
8	中国水产科学研究院水产生物应用基因组中心	84
9	中国水产科学研究院渔业资源与环境研究中心	31
10	中国水产科学研究院渔业机械仪器研究所	28

1.3 高发文期刊 TOP10

2008—2017 年中国水产科学研究院 SCI 高发文期刊 TOP10 见表 1-3。

表 1-3　2008—2017 中国水产科学研究院 SCI 发文期刊 TOP10

排序	期刊名称	发文量（篇）	WOS 所有数据库总被引频次	WOS 核心库被引频次	期刊影响因子（最近年度）
1	FISH & SHELLFISH IMMUNOLOGY	194	2 598	2 218	3.148（2016）
2	JOURNAL OF APPLIED ICHTHYOLOGY	137	661	523	0.845（2016）
3	AQUACULTURE	132	2 154	1 769	2.57（2016）
4	MITOCHONDRIAL DNA PART A	106	88	87	未发布
5	MITOCHONDRIAL DNA	103	461	445	3.35（2016）
6	AQUACULTURE RESEARCH	102	454	359	1.461（2016）
7	CHINESE JOURNAL OF OCEANOLOGY AND LIMNOLOGY	96	396	263	0.688（2016）
8	PLOS ONE	88	1 576	1 312	2.806（2016）
9	GENETICS AND MOLECULAR RESEARCH	76	164	125	0.764（2015）

（续表）

排序	期刊名称	发文量（篇）	WOS 所有数据库总被引频次	WOS 核心库被引频次	期刊影响因子（最近年度）
10	FISH PHYSIOLOGY AND BIOCHEMISTRY	63	619	523	1.647（2016）

1.4 合作发文国家与地区 TOP10

2008—2017 年中国水产科学研究院 SCI 合作发文国家与地区（合作发文 1 篇以上）TOP10 见表 1-4。

表 1-4 2008—2017 年中国水产科学研究院 SCI 合作发文国家与地区 TOP10

排序	国家与地区	合作发文量	WOS 所有数据库总被引频次	WOS 核心库被引频次
1	美国	190	2 436	2 129
2	捷克共和国	54	873	827
3	澳大利亚	48	451	401
4	日本	34	318	255
5	加拿大	27	444	403
6	德国	24	374	328
7	法国	23	424	368
8	韩国	23	288	267
9	沙特阿拉伯	23	404	352
10	巴基斯坦	23	21	21

1.5 合作发文机构 TOP10

2008—2017 年中国水产科学研究院 SCI 合作发文机构 TOP10 见表 1-5。

表 1-5 2008—2017 年中国水产科学研究院 SCI 合作发文机构 TOP10

排序	合作发文机构	发文量	WOS 所有数据库总被引频次	WOS 核心库被引频次
1	上海海洋大学	460	3 341	2 783
2	中国科学院	390	4 141	3 589
3	中国海洋大学	311	2 535	2 153
4	南京农业大学	212	1 818	1 556

（续表）

排序	合作发文机构	发文量	WOS 所有数据库总被引频次	WOS 核心库被引频次
5	华中农业大学	147	1 101	939
6	中山大学	91	895	772
7	大连海洋大学	85	780	657
8	青岛农业大学	69	539	478
9	中国科学院大学	59	445	397
10	华东师范大学	51	469	393

1.6 高被引论文 TOP10

2008—2017 年中国水产科学研究院发表的 SCI 高被引论文 TOP10 见表 1-6，中国水产科学研究院以第一或通讯作者完成单位发表的 SCI 高被引论文 TOP10 见表 1-7。

表 1-6 2008—2017 年中国水产科学研究院 SCI 高被引论文 TOP10

排序	标题	WOS 所有数据库总被引频次	WOS 核心库被引频次	作者机构	出版年份	期刊名称	期刊影响因子（最近年度）
1	Whole-genome sequence of a flatfish provides insights into ZW sex chromosome evolution and adaptation to a benthic lifestyle	223	188	中国水产科学研究院黄海水产研究所	2014 年	NATURE GENETICS	27.959 (2016)
2	Identification and Profiling of MicroRNAs from Skeletal Muscle of the Common Carp	186	45	中国水产科学研究院黑龙江水产研究所	2012 年	PLOS ONE	2.806 (2016)
3	SLAF-seq: An Efficient Method of Large-Scale De Novo SNP Discovery and Genotyping Using High-Throughput Sequencing	171	146	中国水产科学研究院黑龙江水产研究所	2013 年	PLOS ONE	2.806 (2016)
4	Ecological engineering in aquaculture-Potential for integrated multi-trophic aquaculture (IMTA) in marine offshore systems	153	148	中国水产科学研究院黄海水产研究所	2009 年	AQUACULTURE	2.57 (2016)

（续表）

排序	标题	WOS 所有数据库总被引频次	WOS 核心库被引频次	作者机构	出版年份	期刊名称	期刊影响因子（最近年度）
5	Genome sequence and genetic diversity of the common carp, Cyprinus carpio	148	132	中国水产科学研究院水产生物应用基因组中心，中国水产科学研究院生物技术研究中心，中国水产科学研究院黑龙江水产研究所	2014 年	NATURE GENETICS	27.959（2016）
6	Chinese herbs (Astragalus membranaceus and Lonicera japonica) and boron enhance the non-specific immune response of Nile tilapia (Oreochromis niloticus) and resistance against Aeromonas hydrophila	141	126	中国水产科学研究院淡水渔业研究中心	2008 年	AQUACULTURE	2.57（2016）
7	Chinese herbs (Astragalus radix and Ganoderma lucidum) enhance immune response of carp, Cyprinus carpio, and protection against Aeromonas hydrophila	138	116	中国水产科学研究院淡水渔业研究中心	2009 年	FISH & SHELLFISH IMMUNOLOGY	3.148（2016）
8	Combined effects of ocean acidification and solar UV radiation on photosynthesis, growth, pigmentation and calcification of the coralline alga Corallina sessilis (Rhodophyta)	113	100	中国水产科学研究院东海水产研究所	2010 年	GLOBAL CHANGE BIOLOGY	8.502（2016）
9	Research note: Identity of the Qingdao algal bloom	112	89	中国水产科学研究院黄海水产研究所	2009 年	PHYCOLOGICAL RESEARCH	1.338（2016）
10	'Green tides' are overwhelming the coastline of our blue planet: taking the world's largest example	105	95	中国水产科学研究院黄海水产研究所	2011 年	ECOLOGICAL RESEARCH	1.283（2016）

表1-7　2008—2017年中国水产科学研究院SCI高被引论文TOP10（第一或通讯作者完成单位）

排序	标题	WOS所有数据库总被引频次	WOS核心库被引频次	作者机构	出版年份	期刊名称	期刊影响因子（最近年度）
1	Whole-genome sequence of a flatfish provides insights into ZW sex chromosome evolution and adaptation to a benthic lifestyle	223	188	中国水产科学研究院黄海水产研究所	2014年	NATURE GENETICS	27.959 (2016)
2	Identification and Profiling of MicroRNAs from Skeletal Muscle of the Common Carp	186	45	中国水产科学研究院黑龙江水产研究所	2012年	PLOS ONE	2.806 (2016)
3	SLAF-seq：An Efficient Method of Large-Scale De Novo SNP Discovery and Genotyping Using High-Throughput Sequencing	171	146	中国水产科学研究院黑龙江水产研究所	2013年	PLOS ONE	2.806 (2016)
4	Genome sequence and genetic diversity of the common carp, Cyprinus carpio	148	132	中国水产科学研究院水产生物应用基因组中心，中国水产科学研究院生物技术研究中心，中国水产科学研究院黑龙江水产研究所	2014年	NATURE GENETICS	27.959 (2016)
5	'Green tides' are overwhelming the coastline of our blue planet：taking the world's largest example	105	95	中国水产科学研究院黄海水产研究所	2011年	ECOLOGICAL RESEARCH	1.283 (2016)
6	Effects of anthraquinone extract from rhubarb Rheum officinale Bail on the crowding stress response and growth of common carp Cyprinus carpio var. Jian	83	65	中国水产科学研究院淡水渔业研究中心	2008年	AQUACULTURE	2.57 (2016)
7	Molecular cloning and expression of two HSP70 genes in the Wuchang bream（Megalobrama amblycephala Yih）	82	64	中国水产科学研究院淡水渔业研究中心	2010年	FISH & SHELLFISH IMMUNOLOGY	3.148 (2016)

（续表）

排序	标题	WOS 所有数据库总被引频次	WOS 核心库被引频次	作者机构	出版年份	期刊名称	期刊影响因子（最近年度）
8	Characterization of Common Carp Transcriptome：Sequencing, De Novo Assembly, Annotation and Comparative Genomics	79	74	中国水产科学研究院水产生物应用基因组中心，中国水产科学研究院生物技术研究中心，中国水产科学研究院黑龙江水产研究所	2012 年	PLOS ONE	2.806（2016）
9	Epigenetic modification and inheritance in sexual reversal of fish	75	68	中国水产科学研究院黄海水产研究所	2014 年	GENOME RESEARCH	11.922（2016）
10	MHC polymorphism and disease resistance to Vibrio anguillarum in 12 selective Japanese flounder（Paralichthys olivaceus）families	68	50	中国水产科学研究院黄海水产研究所	2008 年	FISH & SHELLFISH IMMUNOLOGY	3.148（2016）

1.7 高频词 TOP20

2008—2017 年中国水产科学研究院 SCI 发文高频词（作者关键词）TOP20 见表 1-8。

表 1-8 2008—2017 年中国水产科学研究院 SCI 发文高频词（作者关键词）TOP20

排序	关键词（作者关键词）	频次	排序	关键词（作者关键词）	频次
1	Mitochondrial genome	132	11	microsatellites	39
2	Growth	111	12	Oxidative stress	38
3	gene expression	87	13	temperature	38
4	microsatellite	73	14	Expression	37
5	genetic diversity	69	15	Litopenaeus vannamei	37
6	Cynoglossus semilaevis	58	16	Penaeus monodon	37
7	growth performance	54	17	Fenneropenaeus chinensis	37
8	immune response	52	18	Megalobrama amblycephala	36
9	fish	42	19	Macrobrachium nipponense	35
10	Cloning	42	20	Transcriptome	34

2 中文期刊论文分析

2008—2017 年，中国农业科技文献数据库（CASDD）共收录由中国水产科学研究院作者发表的中文期刊论文 12 749 篇，其中北大中文核心期刊论文 9 491 篇，中国科学引文数据库（CSCD）期刊论文 8 121 篇。

2.1 发文量

2008—2017 年中国水产科学研究院中文文献历年发文趋势（2008—2017 年）见下图。

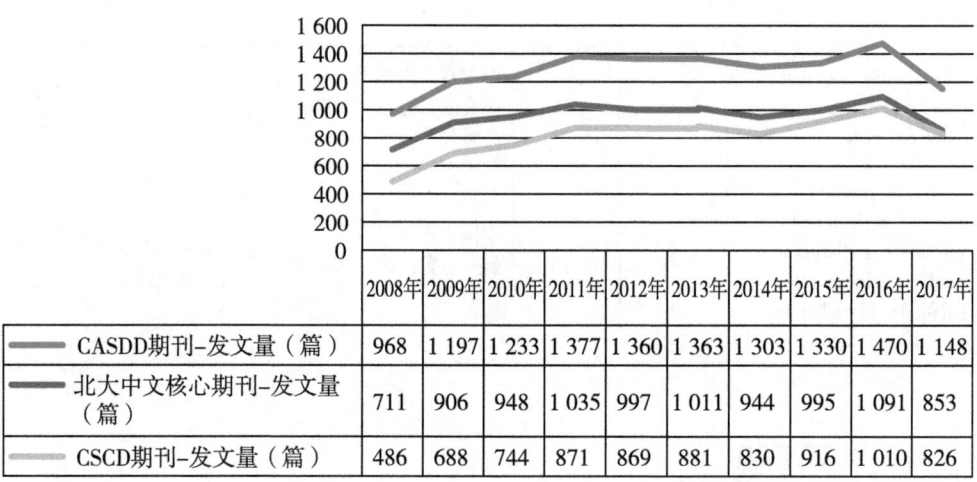

	2008年	2009年	2010年	2011年	2012年	2013年	2014年	2015年	2016年	2017年
CASDD期刊-发文量（篇）	968	1 197	1 233	1 377	1 360	1 363	1 303	1 330	1 470	1 148
北大中文核心期刊-发文量（篇）	711	906	948	1 035	997	1 011	944	995	1 091	853
CSCD期刊-发文量（篇）	486	688	744	871	869	881	830	916	1 010	826

图 中国水产科学研究院中文文献历年发文趋势（2008—2017 年）

2.2 高发文研究所 TOP10

2008—2017 年中国水产科学研究院 CASDD 期刊高发文研究所 TOP10 见表 2-1，2008—2017 年中国水产科学研究院北大中文核心期刊高发文研究所 TOP10 见表 2-2，2008—2017 年中国水产科学研究院中国科学引文数据库（CSCD）期刊高发文研究所 TOP10 见表 2-3。

表 2-1 2008—2017 年中国水产科学研究院 CASDD 期刊高发文研究所 TOP10　　单位：篇

排序	研究所	发文量
1	中国水产科学研究院黄海水产研究所	2 962
2	中国水产科学研究院南海水产研究所	2 037
3	中国水产科学研究院东海水产研究所	1 868
4	中国水产科学研究院淡水渔业研究中心	1 398

（续表）

排序	研究所	发文量
5	中国水产科学研究院珠江水产研究所	1 074
6	中国水产科学研究院黑龙江水产研究所	984
7	中国水产科学研究院	954
8	中国水产科学研究院长江水产研究所	805
9	中国水产科学研究院渔业机械仪器研究所	677
10	中国水产科学研究院渔业工程研究所	99
11	中国水产科学研究院质量与标准研究中心	66

注："中国水产科学研究院"发文包括作者单位只标注为"中国水产科学研究院"、院属实验室等。

表 2-2　2008—2017 年中国水产科学研究院北大中文核心期刊高发文研究所 TOP10　单位：篇

排序	研究所	发文量
1	中国水产科学研究院黄海水产研究所	2 486
2	中国水产科学研究院南海水产研究所	1 490
3	中国水产科学研究院东海水产研究所	1 449
4	中国水产科学研究院淡水渔业研究中心	1 064
5	中国水产科学研究院珠江水产研究所	760
6	中国水产科学研究院	700
7	中国水产科学研究院长江水产研究所	671
8	中国水产科学研究院黑龙江水产研究所	596
9	中国水产科学研究院渔业机械仪器研究所	423
10	中国水产科学研究院渔业工程研究所	50
11	中国水产科学研究院北戴河中心实验站	47

注："中国水产科学研究院"发文包括作者单位只标注为"中国水产科学研究院"、院属实验室等。

表 2-3　2008—2017 年中国水产科学研究院 CSCD 期刊高发文研究所 TOP10　单位：篇

排序	研究所	发文量
1	中国水产科学研究院黄海水产研究所	2 249
2	中国水产科学研究院南海水产研究所	1 438
3	中国水产科学研究院东海水产研究所	1 322
4	中国水产科学研究院淡水渔业研究中心	845
5	中国水产科学研究院珠江水产研究所	691

（续表）

排序	研究所	发文量
6	中国水产科学研究院长江水产研究所	575
7	中国水产科学研究院黑龙江水产研究所	537
8	中国水产科学研究院	518
9	中国水产科学研究院渔业机械仪器研究所	170
10	中国水产科学研究院北戴河中心实验站	37
11	中国水产科学研究院渔业资源与环境研究中心	31

注："中国水产科学研究院"发文包括作者单位只标注为"中国水产科学研究院"、院属实验室等。

2.3 高发文期刊 TOP10

2008—2017 年中国水产科学研究院高发文 CASDD 期刊 TOP10 见表 2-4，2008—2017 年中国水产科学研究院高发文北大中文核心期刊 TOP10 见表 2-5，2008—2017 年中国水产科学研究院高发文 CSCD 期刊 TOP10 见表 2-6。

表 2-4　2008—2017 年中国水产科学研究院高发文期刊（CASDD）TOP10　　单位：篇

排序	期刊名称	发文量	排序	期刊名称	发文量
1	中国水产科学	736	6	水产学杂志	324
2	渔业科学进展	705	7	科学养鱼	320
3	水产学报	591	8	渔业现代化	300
4	海洋渔业	416	9	淡水渔业	275
5	南方水产科学	378	10	广东农业科学	253

表 2-5　2008—2017 年中国水产科学研究院高发文期刊（北大中文核心）TOP10　　单位：篇

排序	期刊名称	发文量	排序	期刊名称	发文量
1	中国水产科学	736	6	淡水渔业	275
2	渔业科学进展	705	7	科学养鱼	255
3	水产学报	591	8	广东农业科学	249
4	海洋渔业	416	9	南方水产科学	239
5	渔业现代化	300	10	水生生物学报	210

表 2-6　2008—2017 年中国水产科学研究院高发文期刊（CSCD）TOP10

单位：篇

排序	期刊名称	发文量	排序	期刊名称	发文量
1	中国水产科学	736	7	广东农业科学	249
2	渔业科学进展	705	8	水生生物学报	210
3	水产学报	591	9	上海海洋大学学报	209
4	海洋渔业	372	10	海洋科学	199
5	南方水产科学	300	10	食品工业科技	199
6	淡水渔业	262			

2.4　合作发文机构 TOP10

2008—2017 年中国水产科学研究院中文期刊合作发文机构 TOP10 见表 2-7。

表 2-7　2008—2017 年中国水产科学研究院合作发文机构 TOP10　　单位：篇

排序	合作发文机构	发文量	排序	合作发文机构	发文量
1	中华人民共和国农业农村部	4 421	6	大连海洋大学	559
2	上海海洋大学	1 764	7	华中农业大学	470
3	中国海洋大学	1 578	8	东北农业大学	283
4	南京农业大学	1 371	9	国家海洋局第一海洋研究所	260
5	中国科学院	956	10	广东海洋大学	189

中国热带农业科学院

1 英文期刊论文分析

分析数据来源于科学引文索引数据库（Web of Science，WOS）收录的文献类型为期刊论文（ARTICLE）、会议论文（PROCEEDINGS PAPER）和述评（REVIEW）的 Science Citation Index Expanded（SCIE）论文数据，数据时间范围为 2008—2017 年，共检索到中国热带农业科学院作者发表的论文 2101 篇。

1.1 发文量

2008—2017 年中国热带农业科学院历年 SCI 发文与被引情况见表 1-1，中国热带农业科学院英文文献历年发文趋势（2008—2017 年）见下图。

表 1-1　2008—2017 年中国热带农业科学院历年 SCI 发文与被引情况

出版年	发文量（篇）	WOS 所有数据库总被引频次	WOS 核心库被引频次
2008 年	43	823	665
2009 年	83	1 699	1 341
2010 年	106	1 738	1 405
2011 年	189	2 114	1 729
2012 年	223	2 358	1 999
2013 年	263	2 132	1 782
2014 年	284	2 113	1 765
2015 年	299	1 572	1 388
2016 年	301	939	831
2017 年	310	199	187

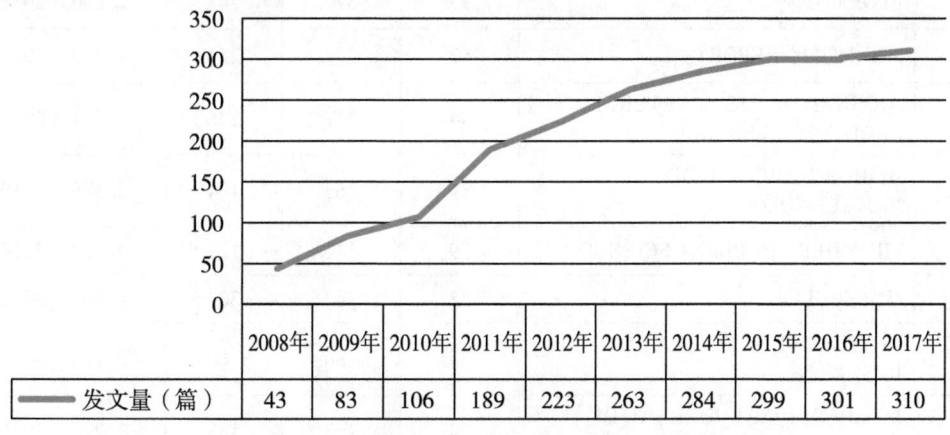

图　中国热带农业科学院英文文献历年发文趋势（2008—2017 年）

1.2 高发文研究所 TOP10

2008—2017 年中国热带农业科学院 SCI 高发文研究所 TOP10 见表 1-2。

表 1-2　2008—2017 年中国热带农业科学院 SCI 高发文研究所 TOP10　　　单位：篇

排序	研究所	发文量
1	中国热带农业科学院热带生物技术研究所	691
2	中国热带农业科学院环境与植物保护研究所	300
3	中国热带农业科学院热带作物品种资源研究所	255
4	中国热带农业科学院橡胶研究所	240
5	中国热带农业科学院农产品加工研究所	218
6	中国热带农业科学院南亚热带作物研究所	164
7	中国热带农业科学院海口实验站	113
8	中国热带农业科学院椰子研究所	71
8	中国热带农业科学院香料饮料研究所	71
9	中国热带农业科学院分析测试中心	66
10	中国热带农业科学院农业机械研究所	32

1.3 高发文期刊 TOP10

2008—2017 年中国热带农业科学院 SCI 高发文期刊 TOP10 见表 1-3。

表 1-3　2008—2017 年中国热带农业科学院 SCI 发文期刊 TOP10

排序	期刊名称	发文量（篇）	WOS 所有数据库总被引频次	WOS 核心库被引频次	期刊影响因子（最近年度）
1	PLOS ONE	93	870	748	2.806 (2016)
2	SCIENTIFIC REPORTS	62	277	254	4.259 (2016)
3	JOURNAL OF ASIAN NATURAL PRODUCTS RESEARCH	44	277	236	1.071 (2016)
4	AFRICAN JOURNAL OF BIOTECHNOLOGY	39	263	194	0.573 (2010)
5	FRONTIERS IN PLANT SCIENCE	39	141	121	4.298 (2016)
6	MOLECULES	38	387	309	2.861 (2016)
7	GENETICS AND MOLECULAR RESEARCH	37	86	66	0.764 (2015)
8	INTERNATIONAL JOURNAL OF MOLECULAR SCIENCES	34	163	138	3.226 (2016)

（续表）

排序	期刊名称	发文量（篇）	WOS 所有数据库总被引频次	WOS 核心库被引频次	期刊影响因子（最近年度）
9	PLANT PHYSIOLOGY AND BIOCHEMISTRY	24	212	155	2.724（2016）
10	MOLECULAR BIOLOGY REPORTS	22	295	224	1.828（2016）

1.4　合作发文国家与地区 TOP10

2008—2017 年中国热带农业科学院 SCI 合作发文国家与地区（合作发文 1 篇以上）TOP10 见表 1-4。

表 1-4　2008—2017 年中国热带农业科学院 SCI 合作发文国家与地区 TOP10

排序	国家与地区	合作发文量	WOS 所有数据库总被引频次	WOS 核心库被引频次
1	美国	152	1 633	1 409
2	澳大利亚	91	1 077	978
3	德国	34	468	424
4	英格兰	24	493	410
5	加拿大	19	270	227
6	泰国	18	154	123
7	法国	16	378	289
8	日本	12	22	17
9	荷兰	11	77	68
10	巴基斯坦	10	5	3
10	俄罗斯	10	18	13
10	韩国	10	34	28

1.5　合作发文机构 TOP10

2008—2017 年中国热带农业科学院 SCI 合作发文机构 TOP10 见表 1-5。

表 1-5　2008—2017 年中国热带农业科学院 SCI 合作发文机构 TOP10

排序	合作发文机构	发文量	WOS 所有数据库总被引频次	WOS 核心库被引频次
1	海南大学	378	2 797	2 276

（续表）

排序	合作发文机构	发文量	WOS所有数据库总被引频次	WOS核心库被引频次
2	中国科学院	215	2 657	2 215
3	华中农业大学	79	466	400
4	中国农业科学院	69	412	331
5	中国农业大学	61	682	556
6	迪肯大学	61	831	774
7	华南农业大学	54	323	276
8	南京农业大学	45	449	386
9	广东海洋大学	37	179	149
10	海南医学院学报	36	419	345

1.6　高被引论文TOP10

2008—2017年中国热带农业科学院发表的SCI高被引论文TOP10见表1-6，中国热带农业科学院以第一或通讯作者完成单位发表的SCI高被引论文TOP10见表1-7。

表1-6　2008—2017年中国热带农业科学院SCI高被引论文TOP10

排序	标题	WOS所有数据库总被引频次	WOS核心库被引频次	作者机构	出版年份	期刊名称	期刊影响因子（最近年度）
1	De novo assembly and characterization of bark transcriptome using Illumina sequencing and development of EST-SSR markers in rubber tree (Hevea brasiliensis Muell. Arg.)	158	142	中国热带农业科学院橡胶研究所	2012年	BMC GENOMICS	3.729（2016）
2	Actinomycetes for Marine Drug Discovery Isolated from Mangrove Soils and Plants in China	157	129	中国热带农业科学院热带生物技术研究所	2009年	MARINE DRUGS	3.503（2016）
3	Development, characterization and cross-species/genera transferability of EST-SSR markers for rubber tree (Hevea brasiliensis)	112	90	中国热带农业科学院热带生物技术研究所	2009年	MOLECULAR BREEDING	2.465（2016）

（续表）

排序	标题	WOS 所有数据库总被引频次	WOS 核心库被引频次	作者机构	出版年份	期刊名称	期刊影响因子（最近年度）
4	Optimization of extraction technology of the Lycium barbarum polysaccharides by Box-Behnken statistical design	110	98	中国热带农业科学院分析测试中心	2008 年	CARBOHYDRATE POLYMERS	4. 811 (2016)
5	The sucrose transporter HbSUT3 plays an active role in sucrose loading to laticifer and rubber productivity in exploited trees of Hevea brasiliensis（para rubber tree）	105	61	中国热带农业科学院橡胶研究所	2010 年	PLANT CELL AND ENVIRONMENT	6. 173 (2016)
6	Differential Expression of Anthocyanin Biosynthetic Genes in Relation to Anthocyanin Accumulation in the Pericarp of Litchi Chinensis Sonn	103	87	中国热带农业科学院南亚热带作物研究所	2011 年	PLOS ONE	2. 806 (2016)
7	Homogeneous isolation of nanocellulose from sugarcane bagasse by high pressure homogenization	103	94	中国热带农业科学院南亚热带作物研究所	2012 年	CARBOHYDRATE POLYMERS	4. 811 (2016)
8	RNA-Seq analysis and de novo transcriptome assembly of Hevea brasiliensis	95	89	中国热带农业科学院橡胶研究所	2011 年	PLANT MOLECULAR BIOLOGY	3. 356 (2016)
9	Recent advances on the GAP promoter derived expression system of Pichia pastoris	94	78	中国热带农业科学院热带生物技术研究所	2009 年	MOLECULAR BIOLOGY REPORTS	1. 828 (2016)
10	The Arabidopsis Chaperone J3 Regulates the Plasma Membrane H+-ATPase through Interaction with the PKS5 Kinase	85	71	中国热带农业科学院橡胶研究所	2010 年	PLANT CELL	8. 688 (2016)

表 1-7　2008—2017 年中国热带农业科学院 SCI 高被引论文 TOP10（第一或通讯作者完成单位）

排序	标题	WOS 所有数据库总被引频次	WOS 核心库被引频次	作者机构	出版年份	期刊名称	期刊影响因子（最近年度）
1	De novo assembly and characterization of bark transcriptome using Illumina sequencing and development of EST-SSR markers in rubber tree（Hevea brasiliensis Muell. Arg.）	158	142	中国热带农业科学院橡胶研究所	2012 年	BMC GENOMICS	3.729（2016）
2	Actinomycetes for Marine Drug Discovery Isolated from Mangrove Soils and Plants in China	157	129	中国热带农业科学院热带生物技术研究所	2009 年	MARINE DRUGS	3.503（2016）
3	Optimization of extraction technology of the Lycium barbarum polysaccharides by Box-Behnken statistical design	110	98	中国热带农业科学院分析测试中心	2008 年	CARBOHYDRATE POLYMERS	4.811（2016）
4	The sucrose transporter HbSUT3 plays an active role in sucrose loading to laticifer and rubber productivity in exploited trees of Hevea brasiliensis（para rubber tree）	105	61	中国热带农业科学院橡胶研究所	2010 年	PLANT CELL AND ENVIRONMENT	6.173（2016）
5	Homogeneous isolation of nanocellulose from sugarcane bagasse by high pressure homogenization	103	94	中国热带农业科学院南亚热带作物研究所	2012 年	CARBOHYDRATE POLYMERS	4.811（2016）
6	Recent advances on the GAP promoter derived expression system of Pichia pastoris	94	78	中国热带农业科学院热带生物技术研究所	2009 年	MOLECULAR BIOLOGY REPORTS	1.828（2016）
7	Recent Advances in Microbial Raw Starch Degrading Enzymes	78	70	中国热带农业科学院热带生物技术研究所	2010 年	APPLIED BIOCHEMISTRY AND BIOTECHNOLOGY	1.751（2016）
8	Polyphenolic compounds and antioxidant properties in mango fruits	75	67	中国热带农业科学院南亚热带作物研究所	2011 年	SCIENTIA HORTICULTURAE	1.624（2016）

（续表）

排序	标题	WOS 所有数据库总被引频次	WOS 核心库被引频次	作者机构	出版年份	期刊名称	期刊影响因子（最近年度）
9	Screening of valid reference genes for real-time RT-PCR data normalization in Hevea brasiliensis and expression validation of a sucrose transporter gene HbSUT3	73	55	中国热带农业科学院橡胶研究所	2011 年	PLANT SCIENCE	3.437（2016）
10	Effects of chitosan coating on postharvest life and quality of guava (Psidium guajava L.) fruit during cold storage	73	64	中国热带农业科学院南亚热带作物研究所	2012 年	SCIENTIA HORTICULTURAE	1.624（2016）

1.7 高频词 TOP20

2008—2017 年中国热带农业科学院 SCI 发文高频词（作者关键词）TOP20 见表 1-8。

表 1-8 2008—2017 年中国热带农业科学院 SCI 发文高频词（作者关键词）TOP20

排序	关键词（作者关键词）	频次	排序	关键词（作者关键词）	频次
1	Hevea brasiliensis	77	11	rubber tree	21
2	gene expression	57	12	Mango	20
3	Natural rubber	41	13	taxonomy	19
4	Banana	38	14	mechanical properties	18
5	cassava	38	15	latex	17
6	Cytotoxicity	27	16	epoxidized natural rubber	17
7	Abiotic stress	27	17	Aquilaria sinensis	17
8	antibacterial activity	26	18	Antioxidant activity	17
9	Transcriptome	26	19	chitosan	17
10	Genetic diversity	23	20	ethylene	16

2 中文期刊论文分析

2008—2017 年，中国农业科技文献数据库（CASDD）共收录由中国热带农业科学院作者发表的中文期刊论文10 963篇，其中北大中文核心期刊论文5 077篇，中国科学引文数据库（CSCD）期刊论文5 207篇。

2.1 发文量

2008—2017年中国热带农业科学院中文文献历年发文趋势（2008—2017年）见下图。

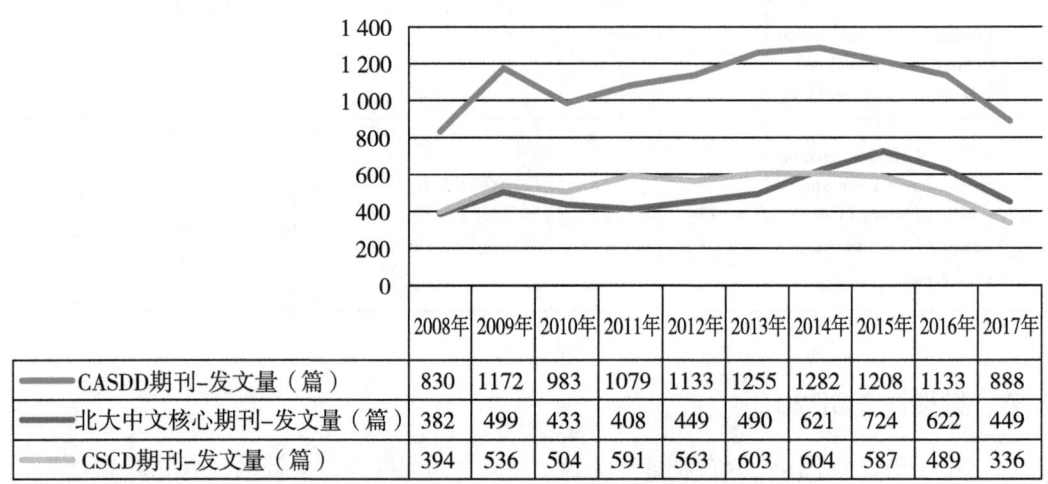

	2008年	2009年	2010年	2011年	2012年	2013年	2014年	2015年	2016年	2017年
CASDD期刊-发文量（篇）	830	1172	983	1079	1133	1255	1282	1208	1133	888
北大中文核心期刊-发文量（篇）	382	499	433	408	449	490	621	724	622	449
CSCD期刊-发文量（篇）	394	536	504	591	563	603	604	587	489	336

图 中国热带农业科学院中文文献历年发文趋势（2008—2017年）

2.2 高发文研究所 TOP10

2008—2017年中国热带农业科学院CASDD期刊高发文研究所TOP10见表2-1，2008—2017年中国热带农业科学院北大中文核心期刊高发文研究所TOP10见表2-2，2008—2017年中国热带农业科学院中国科学引文数据库（CSCD）期刊高发文研究所TOP10见表2-3。

表2-1 2008—2017年中国热带农业科学院CASDD期刊高发文研究所TOP10　单位：篇

排序	研究所	发文量
1	中国热带农业科学院热带作物品种资源研究所	1 951
2	中国热带农业科学院热带生物技术研究所	1 881
3	中国热带农业科学院橡胶研究所	1 647
4	中国热带农业科学院环境与植物保护研究所	1 580
5	中国热带农业科学院南亚热带作物研究所	843
6	中国热带农业科学院科技信息研究所	714
7	中国热带农业科学院椰子研究所	620
8	中国热带农业科学院	613

（续表）

排序	研究所	发文量
9	中国热带农业科学院农产品加工研究所	522
10	中国热带农业科学院香料饮料研究所	462
11	中国热带农业科学院分析测试中心	366

注："中国热带农业科学院"发文包括作者单位只标注为"中国热带农业科学院"、院属实验室等。

表 2-2　2008—2017 年中国热带农业科学院北大中文核心期刊高发文研究所 TOP10　单位：篇

排序	研究所	发文量
1	中国热带农业科学院热带生物技术研究所	1 047
2	中国热带农业科学院热带作物品种资源研究所	941
3	中国热带农业科学院环境与植物保护研究所	810
4	中国热带农业科学院橡胶研究所	686
5	中国热带农业科学院南亚热带作物研究所	466
6	中国热带农业科学院椰子研究所	258
7	中国热带农业科学院农产品加工研究所	236
8	中国热带农业科学院海口实验站	211
9	中国热带农业科学院	208
10	中国热带农业科学院科技信息研究所	197
11	中国热带农业科学院香料饮料研究所	187

注："中国热带农业科学院"发文包括作者单位只标注为"中国热带农业科学院"、院属实验室等。

表 2-3　2008—2017 年中国热带农业科学院 CSCD 期刊高发文研究所 TOP10　单位：篇

排序	研究所	发文量
1	中国热带农业科学院热带生物技术研究所	1 264
2	中国热带农业科学院热带作物品种资源研究所	933
3	中国热带农业科学院环境与植物保护研究所	904
4	中国热带农业科学院橡胶研究所	772
5	中国热带农业科学院南亚热带作物研究所	472
6	中国热带农业科学院椰子研究所	285
7	中国热带农业科学院香料饮料研究所	224
8	中国热带农业科学院海口实验站	203
9	中国热带农业科学院农产品加工研究所	187
10	中国热带农业科学院分析测试中心	166

2.3 高发文期刊 TOP10

2008—2017 年中国热带农业科学院高发文 CASDD 期刊 TOP10 见表 2-4，2008—2017 年中国热带农业科学院高发文北大中文核心期刊 TOP10 见表 2-5，2008—2017 年中国热带农业科学院高发文 CSCD 期刊 TOP10 见表 2-6。

表 2-4　2008—2017 年中国热带农业科学院高发文期刊（CASDD）TOP10　　单位：篇

排序	期刊名称	发文量	排序	期刊名称	发文量
1	热带作物学报	1 838	6	安徽农业科学	346
2	热带农业科学	1 186	7	中国热带农业	300
3	广东农业科学	435	8	世界热带农业信息	166
4	中国农学通报	411	9	热带生物学报	159
5	热带农业工程	404	10	基因组学与应用生物学	132

表 2-5　2008—2017 年中国热带农业科学院高发文期刊（北大中文核心）TOP10　　单位：篇

排序	期刊名称	发文量	排序	期刊名称	发文量
1	热带作物学报	606	6	中国南方果树	129
2	广东农业科学	415	7	果树学报	112
3	中国农学通报	341	8	分子植物育种	106
4	安徽农业科学	286	9	西南农业学报	97
5	基因组学与应用生物学	132	10	江苏农业科学	88

表 2-6　2008—2017 年中国热带农业科学院高发文期刊（CSCD）TOP10　　单位：篇

排序	期刊名称	发文量	排序	期刊名称	发文量
1	热带作物学报	1 838	6	果树学报	112
2	广东农业科学	415	7	西南农业学报	97
3	中国农学通报	207	8	南方农业学报	92
4	基因组学与应用生物学	132	9	生物技术通报	79
5	分子植物育种	131	10	安徽农业科学	72

2.4 合作发文机构 TOP10

2008—2017 年中国热带农业科学院中文期刊合作发文机构 TOP10 见表 2-7。

表 2-7　2008—2017 年中国热带农业科学院合作发文机构 TOP10　　　　单位：篇

排序	合作发文机构	发文量	排序	合作发文机构	发文量
1	海南大学	5 009	6	中国科学院	193
2	中华人民共和国农业农村部	455	7	广东海洋大学	191
3	华南农业大学	362	8	云南省农业科学院	160
4	中国农业科学院	209	9	海南省农业科学院	154
5	华中农业大学	203	10	中国农业大学	152

安徽省农业科学院

1 英文期刊论文分析

分析数据来源于科学引文索引数据库（Web of Science，WOS）收录的文献类型为期刊论文（ARTICLE）、会议论文（PROCEEDINGS PAPER）和述评（REVIEW）的 Science Citation Index Expanded（SCIE）论文数据，数据时间范围为 2008—2017 年，共检索到安徽省农业科学院作者发表的论文 436 篇。

1.1 发文量

2008—2017 年安徽省农业科学院历年 SCI 发文与被引情况见表 1-1，安徽省农业科学院英文文献历年发文趋势（2008—2017 年）见下图。

表 1-1　2008—2017 年安徽省农业科学院历年 SCI 发文与被引情况

出版年	发文量（篇）	WOS 所有数据库总被引频次	WOS 核心库被引频次
2008 年	7	121	103
2009 年	13	228	175
2010 年	10	164	126
2011 年	22	198	162
2012 年	34	533	427
2013 年	45	476	408
2014 年	51	695	573
2015 年	79	682	597
2016 年	87	286	247
2017 年	88	93	88

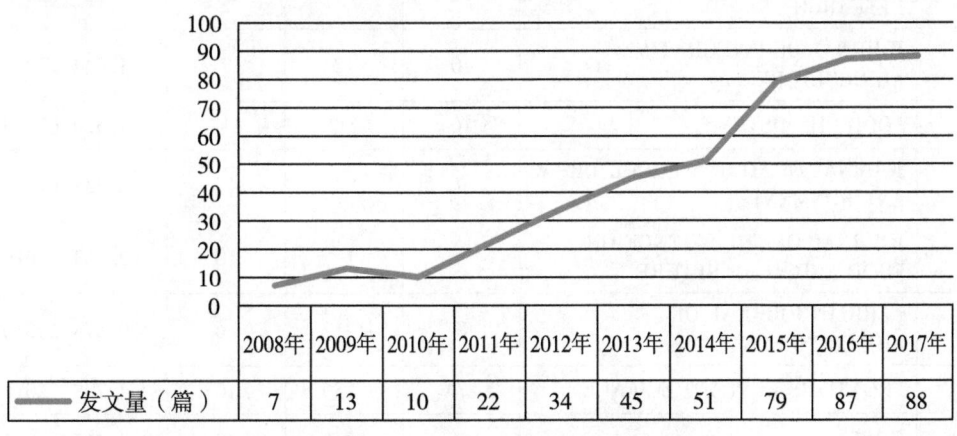

	2008年	2009年	2010年	2011年	2012年	2013年	2014年	2015年	2016年	2017年
发文量（篇）	7	13	10	22	34	45	51	79	87	88

图　安徽省农业科学院英文文献历年发文趋势（2008—2017 年）

1.2　高发文研究所 TOP10

2008—2017 年安徽省农业科学院 SCI 高发文研究所 TOP10 见表 1-2。

表 1-2　2008—2017 年安徽省农业科学院 SCI 高发文研究所 TOP10　　　　单位：篇

排序	研究所	发文量
1	安徽省农业科学院水稻研究所	80
2	安徽省农业科学院植物保护与农产品质量安全研究所	66
3	安徽省农业科学院畜牧兽医研究所	65
4	安徽省农业科学院土壤肥料研究所	49
5	安徽省农业科学院作物研究所	40
6	安徽省农业科学院烟草研究所	26
7	安徽省农业科学院园艺研究所	25
8	安徽省农业科学院水产研究所	24
9	安徽省农业科学院农业工程研究所	22
10	安徽省农业科学院蚕桑研究所	15

1.3　高发文期刊 TOP10

2008—2017 年安徽省农业科学院 SCI 高发文期刊 TOP10 见表 1-3。

表 1-3　2008—2017 年安徽省农业科学院 SCI 发文期刊 TOP10

排序	期刊名称	发文量（篇）	WOS 所有数据库总被引频次	WOS 核心库被引频次	期刊影响因子（最近年度）
1	PLOS ONE	26	190	172	2.806（2016）
2	SCIENTIFIC REPORTS	17	138	119	4.259（2016）
3	GENETICS AND MOLECULAR RESEARCH	15	31	24	0.764（2015）
4	JOURNAL OF INTEGRATIVE AGRICULTURE	10	12	7	1.042（2016）
5	FOOD CHEMISTRY	10	132	117	4.529（2016）
6	JOURNAL OF FOOD AGRICULTURE & ENVIRONMENT	9	24	17	0.435（2012）
7	JOURNAL OF THE SCIENCE OF FOOD AND AGRICULTURE	8	11	10	2.463（2016）
8	AFRICAN JOURNAL OF BIOTECHNOLOGY	8	21	16	0.573（2010）
9	FRONTIERS IN PLANT SCIENCE	7	18	16	4.298（2016）
10	GENE	6	31	25	2.415（2016）

1.4 合作发文国家与地区 TOP10

2008—2017 年安徽省农业科学院 SCI 合作发文国家与地区（合作发文 1 篇以上）TOP10 见表 1-4。

表 1-4 2008—2017 年安徽省农业科学院 SCI 合作发文国家与地区 TOP10

排序	国家与地区	合作发文量	WOS 所有数据库总被引频次	WOS 核心库被引频次
1	美国	32	500	421
2	英格兰	7	142	120
3	新加坡	6	63	54
4	巴基斯坦	5	3	2
5	加拿大	5	52	43
6	菲律宾	5	24	17
7	澳大利亚	4	58	52
8	德国	4	22	20
9	意大利	4	18	17
10	土耳其	3	115	95
10	荷兰	3	20	19
10	中国台湾	3	10	8

1.5 合作发文机构 TOP10

2008—2017 年安徽省农业科学院 SCI 合作发文机构 TOP10 见表 1-5。

表 1-5 2008—2017 年安徽省农业科学院 SCI 合作发文机构 TOP10

排序	合作发文机构	发文量	WOS 所有数据库总被引频次	WOS 核心库被引频次
1	安徽农业大学	90	477	381
2	中国科学院	61	780	649
3	中国农业科学院	50	740	607
4	南京农业大学	45	620	518
5	中国农业大学	33	630	522
6	华中农业大学	29	548	444

（续表）

排序	合作发文机构	发文量	WOS 所有数据库总被引频次	WOS 核心库被引频次
7	合肥工业大学	27	326	281
8	中华人民共和国农业农村部	18	118	101
9	中国科学技术大学	13	119	110
10	合肥学院	12	104	97

1.6 高被引论文 TOP10

2008—2017 年安徽省农业科学院发表的 SCI 高被引论文 TOP10 见表 1-6，安徽省农业科学院以第一或通讯作者完成单位发表的 SCI 高被引论文 TOP10 见表 1-7。

表 1-6 2008—2017 年安徽省农业科学院 SCI 高被引论文 TOP10

排序	标题	WOS 所有数据库总被引频次	WOS 核心库被引频次	作者机构	出版年份	期刊名称	期刊影响因子（最近年度）
1	Producing more grain with lower environmental costs	250	201	安徽省农业科学院土壤肥料研究所	2014 年	NATURE	40.137 (2016)
2	Hydrogen Sulfide Promotes Root Organogenesis in Ipomoea batatas, Salix matsudana and Glycine max	103	76	安徽省农业科学院	2009 年	JOURNAL OF INTEGRATIVE PLANT BIOLOGY	3.962 (2016)
3	Preliminary characterization, antioxidant activity in vitro and hepatoprotective effect on acute alcohol-induced liver injury in mice of polysaccharides from the peduncles of Hovenia dulcis	70	60	安徽省农业科学院园艺研究所	2012 年	FOOD AND CHEMICAL TOXICOLOGY	3.778 (2016)
4	Gene targeting using the Agrobacterium tumefaciens-mediated CRISPR-Cas system in rice	70	49	安徽省农业科学院农业工程研究所，安徽省农业科学院水稻研究所	2014 年	RICE	3.739 (2016)

（续表）

排序	标题	WOS 所有数据库总被引频次	WOS 核心库被引频次	作者机构	出版年份	期刊名称	期刊影响因子（最近年度）
5	Arabidopsis Enhanced Drought Tolerance1/HOMEODOMAIN GLABROUS11 Confers Drought Tolerance in Transgenic Rice without Yield Penalty	68	60	安徽省农业科学院水稻研究所	2013 年	PLANT PHYSIOLOGY	6.456（2016）
6	Generation of inheritable and "transgene clean" targeted genome-modified rice in later generations using the CRISPR/Cas9 system	63	47	安徽省农业科学院水稻研究所	2015 年	SCIENTIFIC REPORTS	4.259（2016）
7	Biofortification of rice grain with zinc through zinc fertilization in different countries	62	52	安徽省农业科学院土壤肥料研究所	2012 年	PLANT AND SOIL	3.052（2016）
8	Cloning and expression of Toll-like receptors 1 and 2 from a teleost fish，the orange-spotted grouper Epinephelus coioides	61	52	安徽省农业科学院水产研究所	2011 年	VETERINARY IMMUNOLOGY AND IMMUNOPATHOLOGY	1.718（2016）
9	Bacterial diversity in soils subjected to long-term chemical fertilization can be more stably maintained with the addition of livestock manure than wheat straw	59	50	安徽省农业科学院土壤肥料研究所	2015 年	SOIL BIOLOGY & BIOCHEMISTRY	4.857（2016）
10	Quantifying atmospheric nitrogen deposition through a nationwide monitoring network across China	54	45	安徽省农业科学院土壤肥料研究所	2015 年	ATMOSPHERIC CHEMISTRY AND PHYSICS	5.318（2016）

表 1-7　2008—2017 年安徽省农业科学院 SCI 高被引论文 TOP10（第一或通讯作者完成单位）

排序	标题	WOS 所有数据库总被引频次	WOS 核心库被引频次	作者机构	出版年份	期刊名称	期刊影响因子（最近年度）
1	Gene targeting using the Agrobacterium tumefaciens-mediated CRISPR-Cas system in rice	70	49	安徽省农业科学院农业工程研究所，安徽省农业科学院水稻研究所	2014 年	RICE	3.739（2016）

（续表）

排序	标题	WOS 所有数据库总被引频次	WOS 核心库被引频次	作者机构	出版年份	期刊名称	期刊影响因子（最近年度）
2	Generation of inheritable and "transgene clean" targeted genome-modified rice in later generations using the CRISPR/Cas9 system	63	47	安徽省农业科学院水稻研究所	2015 年	SCIENTIFIC REPORTS	4.259（2016）
3	An efficient and high-throughput protocol for Agrobacterium-mediated transformation based on phosphomannose isomerase positive selection in Japonica rice（Oryza sativa L. ）	43	33	安徽省农业科学院水稻研究所	2012 年	PLANT CELL REPORTS	2.869（2016）
4	Unravelling mitochondrial retrograde regulation in the abiotic stress induction of rice ALTERNATIVE OXIDASE 1 genes	27	26	安徽省农业科学院农业工程研究所，安徽省农业科学院水稻研究所	2013 年	PLANT CELL AND ENVIRONMENT	6.173（2016）
5	Baseline sensitivity and efficacy of thifluzamide in Rhizoctonia solani	23	19	安徽省农业科学院植物保护与农产品质量安全研究所	2012 年	ANNALS OF APPLIED BIOLOGY	2.046（2016）
6	Generation of targeted mutant rice using a CRISPR-Cpf1 system	23	20	安徽省农业科学院水稻研究所	2017 年	PLANT BIOTECHNOLOGY JOURNAL	7.443（2016）
7	Expression of Arabidopsis HOMEODOMAIN GLABROUS 11 Enhances Tolerance to Drought Stress in Transgenic Sweet Potato Plants	17	11	安徽省农业科学院烟草研究所	2012 年	JOURNAL OF PLANT BIOLOGY	1.437（2016）
8	Carbon Sequestration Efficiency of Organic Amendments in a Long-Term Experiment on a Vertisol in Huang-Huai-Hai Plain, China	16	12	安徽省农业科学院土壤肥料研究所	2014 年	PLOS ONE	2.806（2016）

（续表）

排序	标题	WOS 所有数据库总被引频次	WOS 核心库被引频次	作者机构	出版年份	期刊名称	期刊影响因子（最近年度）
9	Influence of Ultrasound and Proteolytic Enzyme Inhibitors on Muscle Degradation, Tenderness, and Cooking Loss of Hens During Aging	15	14	安徽省农业科学院畜牧兽医研究所	2012 年	CZECH JOURNAL OF FOOD SCIENCES	0.787 (2016)
10	Marker-assisted selection of two-line hybrid rice for disease resistance to rice blast and bacterial blight	15	10	安徽省农业科学院植物保护与农产品质量安全研究所，安徽省农业科学院水稻研究所	2015 年	FIELD CROPS RESEARCH	3.048 (2016)

1.7　高频词 TOP20

2008—2017 年安徽省农业科学院 SCI 发文高频词（作者关键词）TOP20 见表 1-8。

表 1-8　2008—2017 年安徽省农业科学院 SCI 发文高频词（作者关键词）TOP20

排序	关键词（作者关键词）	频次	排序	关键词（作者关键词）	频次
1	Rice	25	11	Subcellular localization	5
2	Gene expression	10	12	mRNA expression	4
3	Proteome	9	13	chicken	4
4	Marker-assisted selection	7	14	Dairy cow	4
5	Multispectral imaging	7	15	Resistance	4
6	soybean	7	16	phylogeny	4
7	Pig	7	17	mice	4
8	Baseline sensitivity	6	18	pear	4
9	polymorphism	5	19	Oryza sativa	4
10	Long-term fertilization	5	20	DNA methylation	4

2　中文期刊论文分析

2008—2017 年，中国农业科技文献数据库（CASDD）共收录由安徽省农业科学院作者发表的中文期刊论文3 571篇，其中北大中文核心期刊论文1 718篇，中国科学引文数据库（CSCD）期刊论文1 062篇。

2.1 发文量

2008—2017年安徽省农业科学院中文文献历年发文趋势（2008—2017年）见下图。

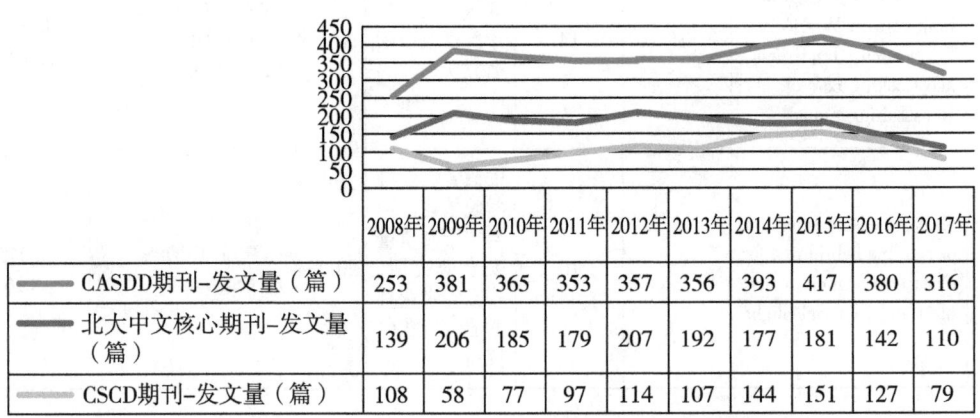

	2008年	2009年	2010年	2011年	2012年	2013年	2014年	2015年	2016年	2017年
CASDD期刊-发文量（篇）	253	381	365	353	357	356	393	417	380	316
北大中文核心期刊-发文量（篇）	139	206	185	179	207	192	177	181	142	110
CSCD期刊-发文量（篇）	108	58	77	97	114	107	144	151	127	79

图 安徽省农业科学院中文文献历年发文趋势（2008—2017年）

2.2 高发文研究所TOP10

2008—2017年安徽省农业科学院CASDD期刊高发文研究所TOP10见表2-1，2008—2017年安徽省农业科学院北大中文核心期刊高发文研究所TOP10见表2-2，2008—2017年安徽省农业科学院中国科学引文数据库（CSCD）期刊高发文研究所TOP10见表2-3。

表2-1 2008—2017年安徽省农业科学院CASDD期刊高发文研究所TOP10　　单位：篇

排序	研究所	发文量
1	安徽省农业科学院畜牧兽医研究所	574
2	安徽省农业科学院水稻研究所	343
3	安徽省农业科学院作物研究所	330
4	安徽省农业科学院土壤肥料研究所	309
5	安徽省农业科学院	285
6	安徽省农业科学院水产研究所	262
7	安徽省农业科学院园艺研究所	261
8	安徽省农业科学院农业经济与信息研究所	237
9	安徽省农业科学院植物保护与农产品质量安全研究所	205
10	安徽省农业科学院烟草研究所	168
11	安徽省农业科学院蚕桑研究所	164

注："安徽省农业科学院"发文包括作者单位只标注为"安徽省农业科学院"、院属实验室等。

表 2-2 　2008—2017 年安徽省农业科学院北大中文核心期刊高发文研究所 TOP10 　单位：篇

排序	研究所	发文量
1	安徽省农业科学院畜牧兽医研究所	263
2	安徽省农业科学院水稻研究所	211
3	安徽省农业科学院作物研究所	205
4	安徽省农业科学院土壤肥料研究所	196
5	安徽省农业科学院园艺研究所	125
6	安徽省农业科学院植物保护与农产品质量安全研究所	123
7	安徽省农业科学院水产研究所	122
8	安徽省农业科学院烟草研究所	106
9	安徽省农业科学院	104
10	安徽省农业科学院农产品加工研究所	69
11	安徽省农业科学院农业经济与信息研究所	67

注："安徽省农业科学院"发文包括作者单位只标注为"安徽省农业科学院"、院属实验室等。

表 2-3 　2008—2017 年安徽省农业科学院 CSCD 期刊高发文研究所 TOP10 　单位：篇

排序	研究所	发文量
1	安徽省农业科学院作物研究所	168
2	安徽省农业科学院水稻研究所	156
3	安徽省农业科学院土壤肥料研究所	130
4	安徽省农业科学院烟草研究所	95
5	安徽省农业科学院植物保护与农产品质量安全研究所	94
6	安徽省农业科学院畜牧兽医研究所	90
7	安徽省农业科学院园艺研究所	72
8	安徽省农业科学院	67
9	安徽省农业科学院水产研究所	60
10	安徽省农业科学院茶叶研究所	50
11	安徽省农业科学院农产品加工研究所	36

注："安徽省农业科学院"发文包括作者单位只标注为"安徽省农业科学院"、院属实验室等。

2.3 高发文期刊 TOP10

2008—2017 年安徽省农业科学院高发文 CASDD 期刊 TOP10 见表 2-4，2008—2017 年安徽省农业科学院高发文北大中文核心期刊 TOP10 见表 2-5，2008—2017 年安徽省农业科学院高发文 CSCD 期刊 TOP10 见表 2-6。

表 2-4　2008—2017 年安徽省农业科学院高发文期刊（CASDD）TOP10　　　单位：篇

排序	期刊名称	发文量	排序	期刊名称	发文量
1	安徽农业科学	595	6	畜牧与饲料科学	69
2	现代农业科技	212	7	安徽农业大学学报	68
3	安徽农学通报	182	8	农业灾害研究	65
4	中国农学通报	170	9	中国畜牧兽医	50
5	农技服务	84	10	杂交水稻	47

表 2-5　2008—2017 年安徽省农业科学院高发文期刊（北大中文核心）TOP10　　　单位：篇

排序	期刊名称	发文量	排序	期刊名称	发文量
1	安徽农业科学	419	6	中国家禽	40
2	中国农学通报	103	7	中国棉花	27
3	安徽农业大学学报	68	8	土壤	26
4	中国畜牧兽医	50	9	麦类作物学报	25
5	杂交水稻	47	10	植物营养与肥料学报	23

表 2-6　2008—2017 年安徽省农业科学院高发文期刊（CSCD）TOP10　　　单位：篇

排序	期刊名称	发文量	排序	期刊名称	发文量
1	中国农学通报	111	6	麦类作物学报	25
2	安徽农业大学学报	68	7	植物营养与肥料学报	23
3	安徽农业科学	63	8	中国油料作物学报	23
4	杂交水稻	47	9	园艺学报	21
5	土壤	26	10	中国农业科学	20

2.4 合作发文机构 TOP10

2008—2017 年安徽省农业科学院中文期刊合作发文机构 TOP10 见表 2-7。

表 2-7　2008—2017 年安徽省农业科学院合作发文机构 TOP10　　　　单位：篇

排序	合作发文机构	发文量	排序	合作发文机构	发文量
1	安徽农业大学	921	6	扬州大学	93
2	中国农业科学院	205	7	中国农业大学	90
3	南京农业大学	155	8	合肥工业大学	88
4	中国科学院	107	9	华中农业大学	81
5	安徽科技学院	100	10	安徽大学	75

北京市农林科学院

1　英文期刊论文分析

分析数据来源于科学引文索引数据库（Web of Science，WOS）收录的文献类型为期刊论文（ARTICLE）、会议论文（PROCEEDINGS PAPER）和述评（REVIEW）的 Science Citation Index Expanded（SCIE）论文数据，数据时间范围为 2008—2017 年，共检索到北京市农林科学院作者发表的论文 1 823篇。

1.1　发文量

2008—2017 年北京市农林科学院历年 SCI 发文与被引情况见表 1-1，北京市农林科学院英文文献历年发文趋势（2008—2017 年）见下图。

表 1-1　2008—2017 年北京市农林科学院历年 SCI 发文与被引情况

出版年	发文量（篇）	WOS 所有数据库总被引频次	WOS 核心库被引频次
2008 年	33	581	463
2009 年	55	1 604	1 260
2010 年	68	1 371	1 134
2011 年	138	1 663	1 318
2012 年	189	3 028	2 641
2013 年	212	1 988	1 723
2014 年	228	1 632	1 377
2015 年	261	1 663	1 491
2016 年	343	1 177	1 089
2017 年	296	329	313

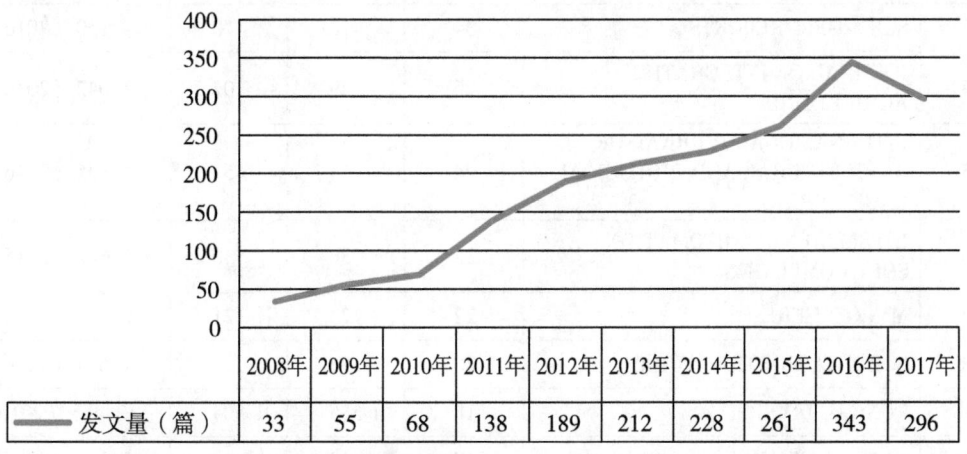

图　北京市农林科学院英文文献历年发文趋势（2008—2017 年）

1.2 高发文研究所 TOP10

2008—2017 年北京市农林科学院 SCI 高发文研究所 TOP10 见表 1-2。

表 1-2 2008—2017 年北京市农林科学院 SCI 高发文研究所 TOP10 单位：篇

排序	研究所	发文量
1	北京市农林科学院农业信息技术研究中心	431
2	北京市农林科学院植物保护环境保护研究所	295
3	北京市农林科学院蔬菜研究中心	229
4	北京市农林科学院智能装备中心	166
5	北京市林业果树科学研究院	136
6	北京市农林科学院农业生物技术研究中心	130
7	北京市农林科学院农业质量标准与检测技术研究中心	101
8	北京市农林科学院农业信息与经济研究所	76
9	北京市农林科学院畜牧兽医研究所	70
10	北京市农林科学院杂交小麦工程技术研究中心	67

1.3 高发文期刊 TOP10

2008—2017 年北京市农林科学院 SCI 高发文期刊 TOP10 见表 1-3。

表 1-3 2008—2017 年北京市农林科学院 SCI 发文期刊 TOP10

排序	期刊名称	发文量（篇）	WOS 所有数据库总被引频次	WOS 核心库被引频次	期刊影响因子（最近年度）
1	SPECTROSCOPY AND SPECTRAL ANALYSIS	63	269	116	0.344（2016）
2	PLOS ONE	53	407	365	2.806（2016）
3	SCIENTIFIC REPORTS	34	78	70	4.259（2016）
4	JOURNAL OF INTEGRATIVE AGRICULTURE	26	129	107	1.042（2016）
5	INTERNATIONAL JOURNAL OF AGRICULTURAL AND BIOLOGICAL ENGINEERING	24	64	51	0.835（2016）
6	INTELLIGENT AUTOMATION AND SOFT COMPUTING	22	36	30	0.644（2016）
7	MYCOSPHERE	22	123	121	0.721（2016）
8	SCIENTIA HORTICULTURAE	20	196	154	1.624（2016）
9	FUNGAL DIVERSITY	18	1 535	1 504	13.465（2016）
10	REMOTE SENSING	17	69	68	3.244（2016）

1.4 合作发文国家与地区 TOP10

2008—2017 年北京市农林科学院 SCI 合作发文国家与地区（合作发文 1 篇以上）TOP10 见表 1-4。

表 1-4 2008—2017 年北京市农林科学院 SCI 合作发文国家与地区 TOP10

排序	国家与地区	合作发文量	WOS 所有数据库总被引频次	WOS 核心库被引频次
1	美国	157	5 066	4 614
2	泰国	63	1 815	1 772
3	意大利	39	2 459	2 380
4	加拿大	32	690	656
5	法国	31	2 096	2 001
6	英格兰	31	2 392	2 268
7	澳大利亚	30	1 502	1 336
8	德国	30	2 789	2 657
9	沙特阿拉伯	23	1 508	1 486
10	日本	21	2 211	2 141
10	印度	21	2 415	2 363
10	荷兰	21	2 892	2 676

1.5 合作发文机构 TOP10

2008—2017 年北京市农林科学院 SCI 合作发文机构 TOP10 见表 1-5。

表 1-5 2008—2017 年北京市农林科学院 SCI 合作发文机构 TOP10

排序	合作发文机构	发文量	WOS 所有数据库总被引频次	WOS 核心库被引频次
1	中国农业大学	229	3 953	3 415
2	中国科学院	209	5 332	4 826
3	中华人民共和国农业农村部	156	608	530
4	中国农业科学院	149	3 466	3 013
5	浙江大学	67	738	610
6	泰国皇太后大学	60	1 700	1 659
7	北京林业大学	41	1 166	1 144
8	北京师范大学	39	1 246	1 054

（续表）

排序	合作发文机构	发文量	WOS 所有数据库总被引频次	WOS 核心库被引频次
9	中国林业科学院	35	495	473
10	首都师范大学	35	278	216

1.6 高被引论文 TOP10

2008—2017 年北京市农林科学院发表的 SCI 高被引论文 TOP10 见表 1-6，北京市农林科学院以第一或通讯作者完成单位发表的 SCI 高被引论文 TOP10 见表 1-7。

表 1-6 2008—2017 年北京市农林科学院 SCI 高被引论文 TOP10

排序	标题	WOS 所有数据库总被引频次	WOS 核心库被引频次	作者机构	出版年份	期刊名称	期刊影响因子（最近年度）
1	The tomato genome sequence provides insights into fleshy fruit evolution	1 123	1 089	北京市农林科学院蔬菜研究中心	2012 年	NATURE	40. 137 (2016)
2	The genome of the cucumber, Cucumis sativus L.	731	621	北京市农林科学院蔬菜研究中心	2009 年	NATURE GENETICS	27. 959 (2016)
3	Families of Dothideomycetes	276	272	北京市农林科学院植物保护环境保护研究所	2013 年	FUNGAL DIVERSITY	13. 465 (2016)
4	The draft genome of watermelon (Citrullus lanatus) and resequencing of 20 diverse accessions	234	199	北京市农林科学院蔬菜研究中心	2013 年	NATURE GENETICS	27. 959 (2016)
5	The Faces of Fungi database: fungal names linked with morphology, phylogeny and human impacts	200	198	北京市农林科学院植物保护环境保护研究所	2015 年	FUNGAL DIVERSITY	13. 465 (2016)
6	Multivariate and geostatistical analyses of the spatial distribution and origin of heavy metals in the agricultural soils in Shunyi, Beijing, China	149	120	北京市农林科学院农业质量标准与检测技术研究中心，北京市农林科学院农业信息技术研究中心	2012 年	SCIENCE OF THE TOTAL ENVIRONMENT	4.9 (2016)

（续表）

排序	标题	WOS 所有数据库总被引频次	WOS 核心库被引频次	作者机构	出版年份	期刊名称	期刊影响因子（最近年度）
7	Naming and outline of Dothideomycetes-2014 including proposals for the protection or suppression of generic names	146	142	北京市农林科学院植物保护环境保护研究所	2014 年	FUNGAL DIVERSITY	13.465（2016）
8	Towards a natural classification and backbone tree for Sordariomycetes	136	135	北京市农林科学院植物保护环境保护研究所	2015 年	FUNGAL DIVERSITY	13.465（2016）
9	Fungal diversity notes 1-110；taxonomic and phylogenetic contributions to fungal species	133	131	北京市农林科学院植物保护环境保护研究所	2015 年	FUNGAL DIVERSITY	13.465（2016）
10	Transcriptome sequencing and comparative analysis of cucumber flowers with different sex types	124	102	北京市农林科学院蔬菜研究中心	2010 年	BMC GENOMICS	3.729（2016）

表 1-7 2008—2017 年北京市农林科学院 SCI 高被引论文 TOP10（第一或通讯作者完成单位）

排序	标题	WOS 所有数据库总被引频次	WOS 核心库被引频次	作者机构	出版年份	期刊名称	期刊影响因子（最近年度）
1	The draft genome of watermelon (Citrullus lanatus) and resequencing of 20 diverse accessions	234	199	北京市农林科学院蔬菜研究中心	2013 年	NATURE GENETICS	27.959（2016）
2	Reference Gene Selection for Real-Time Quantitative Polymerase Chain Reaction of mRNA Transcript Levels in Chinese Cabbage (Brassica rapa L. ssp pekinensis)	102	94	北京市农林科学院蔬菜研究中心	2010 年	PLANT MOLECULAR BIOLOGY REPORTER	1.932（2016）

（续表）

排序	标题	WOS 所有数据库总被引频次	WOS 核心库被引频次	作者机构	出版年份	期刊名称	期刊影响因子（最近年度）
3	A cotton（Gossypium hirsutum）DRE-binding transcription factor gene，GhDREB，confers enhanced tolerance to drought，high salt，and freezing stresses in transgenic wheat	93	65	北京市农林科学院杂交小麦工程技术研究中心	2009 年	PLANT CELL REPORTS	2. 869（2016）
4	Uncovering Small RNA-Mediated Responses to Cold Stress in a Wheat Thermosensitive Genic Male-Sterile Line by Deep Sequencing	81	71	北京市农林科学院杂交小麦工程技术研究中心	2012 年	PLANT PHYSIOLOGY	6. 456（2016）
5	Principles，developments and applications of computer vision for external quality inspection of fruits and vegetables：A review	75	68	北京市农林科学院智能装备中心	2014 年	FOOD RESEARCH INTERNATIONAL	3. 086（2016）
6	The soybean GmbZIP1 transcription factor enhances multiple abiotic stress tolerances in transgenic plants	74	55	北京市农林科学院杂交小麦工程技术研究中心	2011 年	PLANT MOLECULAR BIOLOGY	3. 356（2016）
7	A comparative study for the quantitative determination of soluble solids content，pH and firmness of pears by Vis/NIR spectroscopy	69	61	北京市农林科学院智能装备中心	2013 年	JOURNAL OF FOOD ENGINEERING	3. 099（2016）
8	Extraction of pesticides in water samples using vortex-assisted liquid-liquid microextraction	68	64	北京市农林科学院植物保护环境保护研究所，北京市农林科学院农业质量标准与检测技术研究中心	2010 年	JOURNAL OF CHROMATOGRAPHY A	3. 981（2016）
9	Distribution and dynamics of Bemisia tabaci invasive biotypes in central China	49	29	北京市农林科学院植物保护环境保护研究所	2011 年	BULLETIN OF ENTOMOLOGICAL RESEARCH	1. 758（2016）

（续表）

排序	标题	WOS所有数据库总被引频次	WOS核心库被引频次	作者机构	出版年份	期刊名称	期刊影响因子（最近年度）
10	Extraction of organophosphorus pesticides in water and juice using ultrasound-assisted emulsification-mixroextraction	48	45	北京市农林科学院植物保护环境保护研究所	2010年	JOURNAL OF SEPARATION SCIENCE	2.557 (2016)

1.7 高频词 TOP20

2008—2017 年北京市农林科学院 SCI 发文高频词（作者关键词）TOP20 见表1-8。

表1-8　2008—2017 年北京市农林科学院 SCI 发文高频词（作者关键词）TOP20

排序	关键词（作者关键词）	频次	排序	关键词（作者关键词）	频次
1	Winter wheat	66	11	Soil	18
2	maize	31	12	Powdery mildew	15
3	Phylogeny	30	13	Gene expression	15
4	Hyperspectral Imaging	29	14	biological control	14
5	Taxonomy	26	15	Hyperspectral remote sensing	14
6	remote sensing	26	16	Hyperspectral	14
7	genetic diversity	24	17	anthocyanin	14
8	Mitochondrial genome	22	18	Morphology	13
9	Wheat	21	19	Gene rearrangement	13
10	China	18	20	quality	13

2 中文期刊论文分析

2008—2017 年，中国农业科技文献数据库（CASDD）共收录由北京市农林科学院作者发表的中文期刊论文7 251篇，其中北大中文核心期刊论文5 388篇，中国科学引文数据库（CSCD）期刊论文3 509篇。

2.1 发文量

2008—2017 年北京市农林科学院中文文献历年发文趋势（2008—2017 年）见下图。

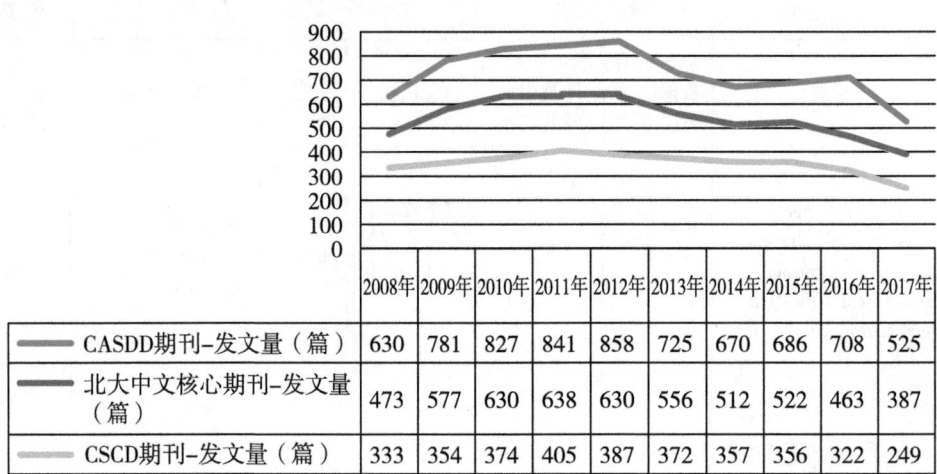

	2008年	2009年	2010年	2011年	2012年	2013年	2014年	2015年	2016年	2017年
CASDD期刊–发文量（篇）	630	781	827	841	858	725	670	686	708	525
北大中文核心期刊–发文量（篇）	473	577	630	638	630	556	512	522	463	387
CSCD期刊–发文量（篇）	333	354	374	405	387	372	357	356	322	249

图　北京市农林科学院中文文献历年发文趋势（2008—2017年）

2.2　高发文研究所TOP10

　　2008—2017年北京市农林科学院CASDD期刊高发文研究所TOP10见表2-1，2008—2017年北京市农林科学院北大中文核心期刊高发文研究所TOP10见表2-2，2008—2017年北京市农林科学院中国科学引文数据库（CSCD）期刊高发文研究所TOP10见表2-3。

表2-1　2008—2017年北京市农林科学院CASDD期刊高发文研究所TOP10　　　单位：篇

排序	研究所	发文量
1	北京市农林科学院农业信息技术研究中心	1 549
2	北京市农林科学院蔬菜研究中心	1 025
3	北京市农林科学院植物保护环境保护研究所	689
4	北京市林业果树科学研究院	615
5	北京市农林科学院畜牧兽医研究所	442
6	北京市农林科学院智能装备中心	416
7	北京市农林科学院农业综合发展研究所	381
8	北京市农林科学院	369
9	北京市农林科学院植物营养与资源研究所	333
10	北京市农林科学院农业生物技术研究中心	325
11	北京市水产科学研究所	304

　　注："北京市农林科学院"发文包括作者单位只标注为"北京市农林科学院"、院属实验室等。

表 2-2　2008—2017 年北京市农林科学院北大中文核心期刊高发文研究所 TOP10　单位：篇

排序	研究所	发文量
1	北京市农林科学院农业信息技术研究中心	1 254
2	北京市农林科学院蔬菜研究中心	762
3	北京市农林科学院植物保护环境保护研究所	538
4	北京市林业果树科学研究院	444
5	北京市农林科学院畜牧兽医研究所	345
6	北京市农林科学院农业综合发展研究所	279
7	北京市农林科学院智能装备中心	269
8	北京市农林科学院植物营养与资源研究所	265
9	北京市农林科学院	248
10	北京市水产科学研究所	238
11	北京市农林科学院农业生物技术研究中心	234

注："北京市农林科学院"发文包括作者单位只标注为"北京市农林科学院"、院属实验室等。

表 2-3　2008—2017 年北京市农林科学院 CSCD 期刊高发文研究所 TOP10　单位：篇

排序	研究所	发文量
1	北京市农林科学院农业信息技术研究中心	942
2	北京市农林科学院蔬菜研究中心	413
3	北京市农林科学院植物保护环境保护研究所	361
4	北京市林业果树科学研究院	313
5	北京市农林科学院植物营养与资源研究所	194
6	北京市农林科学院草业研究中心	193
6	北京市农林科学院农业生物技术研究中心	193
7	北京市农林科学院玉米研究中心	175
7	北京市农林科学院	175
8	北京市农林科学院智能装备中心	164
9	北京市农林科学院农业信息技术研究中心	942
10	北京市农林科学院农业综合发展研究所	135

注："北京市农林科学院"发文包括作者单位只标注为"北京市农林科学院"、院属实验室等。

2.3 高发文期刊 TOP10

2008—2017 年北京市农林科学院高发文 CASDD 期刊 TOP10 见表 2-4，2008—2017 年北京市农林科学院高发文北大中文核心期刊 TOP10 见表 2-5，2008—2017 年北京市农林科学院高发文 CSCD 期刊 TOP10 见表 2-6。

表 2-4　2008—2017 年北京市农林科学院高发文期刊（CASDD）TOP10　　单位：篇

排序	期刊名称	发文量	排序	期刊名称	发文量
1	农业工程学报	339	6	中国农学通报	234
2	北方园艺	291	7	农机化研究	169
3	农业工程技术	255	8	农业机械学报	130
4	安徽农业科学	243	9	华北农学报	112
5	中国蔬菜	235	10	中国农业科学	108

表 2-5　2008—2017 年北京市农林科学院高发文期刊（北大中文核心）TOP10　　单位：篇

排序	期刊名称	发文量	排序	期刊名称	发文量
1	农业工程学报	339	6	农机化研究	169
2	北方园艺	291	7	农业机械学报	130
3	中国蔬菜	235	8	华北农学报	112
4	安徽农业科学	213	9	中国农业科学	108
5	中国农学通报	210	10	光谱学与光谱分析	102

表 2-6　2008—2017 年北京市农林科学院高发文期刊（CSCD）TOP10　　单位：篇

排序	期刊名称	发文量	排序	期刊名称	发文量
1	农业工程学报	339	6	光谱学与光谱分析	102
2	农业机械学报	130	7	园艺学报	99
3	中国农学通报	128	8	食品工业科技	98
4	华北农学报	112	9	玉米科学	70
5	中国农业科学	108	10	食品科学	65

2.4 合作发文机构 TOP10

2008—2017 年北京市农林科学院中文期刊合作发文机构 TOP10 见表 2-7。

表 2-7　2008—2017 年北京市农林科学院中文期刊合作发文机构 TOP10　　　单位：篇

排序	合作发文机构	发文量	排序	合作发文机构	发文量
1	中国农业大学	1 143	6	首都师范大学	334
2	中国农业科学院	490	7	南京农业大学	255
3	中华人民共和国农业农村部	349	8	北京林业大学	229
4	中国科学院	337	9	沈阳农业大学	227
5	河北农业大学	335	10	北京农学院	215

重庆市农业科学院

1 英文期刊论文分析

分析数据来源于科学引文索引数据库（Web of Science，WOS）收录的文献类型为期刊论文（ARTICLE）、会议论文（PROCEEDINGS PAPER）和述评（REVIEW）的 Science Citation Index Expanded（SCIE）论文数据，数据时间范围为 2008—2017 年，共检索到重庆市农业科学院作者发表的论文 136 篇。

1.1 发文量

2008—2017 年重庆市农业科学院历年 SCI 发文与被引情况见表 1-1，重庆市农业科学院英文文献历年发文趋势（2008—2017 年）见下图。

表 1-1 2008—2017 年重庆市农业科学院历年 SCI 发文与被引情况

出版年	发文量（篇）	WOS 所有数据库总被引频次	WOS 核心库被引频次
2008 年	3	74	56
2009 年	3	74	63
2010 年	9	49	35
2011 年	4	65	48
2012 年	3	33	25
2013 年	10	118	90
2014 年	19	173	137
2015 年	25	125	115
2016 年	24	90	79
2017 年	36	21	19

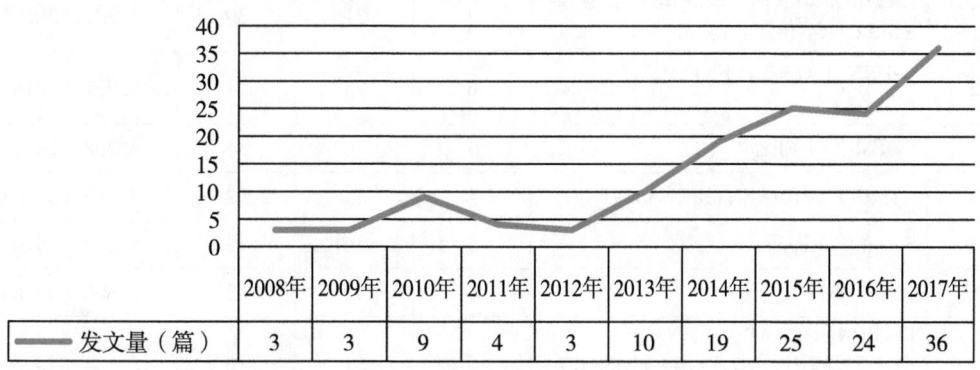

图 重庆市农业科学院英文文献历年发文趋势（2008—2017 年）

1.2 高发文研究所 TOP10

2008—2017 年重庆市农业科学院 SCI 高发文研究所 TOP10 见表 1-2。

表 1-2 2008—2017 年重庆市农业科学院 SCI 高发文研究所 TOP10 单位：篇

排序	研究所	发文量
1	重庆市农业科学院农业资源与环境研究所	63
2	重庆市农业科学院蔬菜花卉研究所	10
3	重庆市农业科学院水稻研究所	9
3	重庆市农业科学院农业工程研究所	9
4	重庆市农业科学院茶叶研究所	5
5	重庆市农业科学院玉米研究所	4
6	重庆市农业科学院农业科技信息中心	3
6	重庆市农业科学院果树研究所	3
6	重庆市农业科学院特色作物研究所	3
7	重庆市农业科学院生物技术研究中心	1

1.3 高发文期刊 TOP10

2008—2017 年重庆市农业科学院 SCI 高发文期刊 TOP10 见表 1-3。

表 1-3 2008—2017 年重庆市农业科学院 SCI 发文期刊 TOP10

排序	期刊名称	发文量（篇）	WOS 所有数据库总被引频次	WOS 核心库被引频次	期刊影响因子（最近年度）
1	ENVIRONMENTAL SCIENCE AND POLLUTION RESEARCH	9	31	30	2.741（2016）
2	JOURNAL OF ENVIRONMENTAL SCIENCES	6	75	51	2.937（2016）
3	CHEMOSPHERE	5	70	54	4.208（2016）
4	ATMOSPHERIC ENVIRONMENT	5	71	62	3.629（2016）
5	Scientific Reports	5	16	13	4.259（2016）
6	PLOS ONE	4	37	32	2.806（2016）
7	INTERNATIONAL JOURNAL OF SYSTEMATIC AND EVOLUTIONARY MICROBIOLOGY	4	11	10	2.134（2016）

（续表）

排序	期刊名称	发文量（篇）	WOS 所有数据库总被引频次	WOS 核心库被引频次	期刊影响因子（最近年度）
8	JOURNAL OF AGRICULTURAL AND FOOD CHEMISTRY	4	41	36	3.154（2016）
9	BIORESOURCE TECHNOLOGY	3	45	31	5.651（2016）
10	CHINESE SCIENCE BULLETIN	3	13	7	1.649（2016）

1.4 合作发文国家与地区 TOP10

2008—2017 年重庆市农业科学院 SCI 合作发文国家与地区（合作发文 1 篇以上）TOP10 见表 1-4。

表 1-4　2008—2017 年重庆市农业科学院 SCI 合作发文国家与地区 TOP10

排序	国家与地区	合作发文量	WOS 所有数据库总被引频次	WOS 核心库被引频次
1	美国	12	74	60
2	瑞典	7	64	60

注：2008—2017 年合作发文 1 篇以上的国家与地区数量不足 10 个

1.5 合作发文机构 TOP10

2008—2017 年重庆市农业科学院 SCI 合作发文机构 TOP10 见表 1-5。

表 1-5　2008—2017 年重庆市农业科学院 SCI 合作发文机构 TOP10

排序	合作发文机构	发文量	WOS 所有数据库总被引频次	WOS 核心库被引频次
1	西南大学	71	517	417
2	重庆市农业资源与环境研究重点实验室	45	403	325
3	中国科学院	17	109	91
4	四川农业大学	10	6	6
5	中国农业科学院	10	86	67
6	重庆大学	9	63	51
7	南京农业大学	8	13	13
8	华中农业大学	6	36	28
9	瑞典农业科学大学	6	34	31

（续表）

排序	合作发文机构	发文量	WOS 所有数据库 总被引频次	WOS 核心库 被引频次
10	中国农业科学院	5	28	21
10	重庆出入境检验检疫局	5	28	28

1.6 高被引论文 TOP10

2008—2017 年重庆市农业科学院发表的 SCI 高被引论文 TOP10 见表 1-6，重庆市农业科学院以第一或通讯作者完成单位发表的 SCI 高被引论文 TOP10 见表 1-7。

表 1-6 2008—2017 年重庆市农业科学院 SCI 高被引论文 TOP10

排序	标题	WOS 所有数据库总被引频次	WOS 核心库被引频次	作者机构	出版年份	期刊名称	期刊影响因子（最近年度）
1	Spatial and temporal distribution of gaseous elemental mercury in Chongqing, China	42	33	重庆市农业科学院农业资源与环境研究所	2009 年	ENVIRONMENTAL MONITORING AND ASSESSMENT	1.687 (2016)
2	Genome-Wide Identification, Classification, and Expression Analysis of Autophagy-Associated Gene Homologues in Rice (Oryza sativa L.)	36	29	重庆市农业科学院	2011 年	DNA RESEARCH	5.404 (2016)
3	Effect of dissolved organic matter on adsorption and desorption of mercury by soils	35	22	重庆市农业科学院农业资源与环境研究所	2008 年	JOURNAL OF ENVIRONMENTAL SCIENCES	2.937 (2016)
4	Effect of organic matter and calcium carbonate on behaviors of cadmium adsorption-desorption on/from purple paddy soils	35	26	重庆市农业科学院农业资源与环境研究所	2014 年	CHEMOSPHERE	4.208 (2016)
5	Short-time variation of mercury speciation in the urban of Goteborg during GOTE-2005	30	29	重庆市农业科学院农业资源与环境研究所	2008 年	ATMOSPHERIC ENVIRONMENT	3.629 (2016)
6	Biodegradation of nicosulfuron by a Talaromyces flavus LZM1	28	20	重庆市农业科学院农业工程研究所	2013 年	BIORESOURCE TECHNOLOGY	5.651 (2016)

（续表）

排序	标题	WOS 所有数据库总被引频次	WOS 核心库被引频次	作者机构	出版年份	期刊名称	期刊影响因子（最近年度）
7	Mercury fluxes from air/surface interfaces in paddy field and dry land	25	16	重庆市农业科学院农业资源与环境研究所	2011 年	APPLIED GEOCHEMISTRY	2.581（2016）
8	Detection of Organophosphorus Pesticides Using Potentiometric Enzymatic Membrane Biosensor Based on Methylcellulose Immobilization	22	22	重庆市农业科学院农业资源与环境研究所	2009 年	ANALYTICAL SCIENCES	1.228（2016）
9	Gaseous mercury emissions from subtropical forested and open field soils in a national nature reserve, southwest China	22	16	重庆市农业科学院农业资源与环境研究所	2013 年	ATMOSPHERIC ENVIRONMENT	3.629（2016）
10	Spatial and temporal distributions of total and methyl mercury in precipitation in core urban areas, Chongqing, China	20	15	重庆市农业科学院农业资源与环境研究所	2012 年	ATMOSPHERIC CHEMISTRY AND PHYSICS	5.318（2016）

表1-7　2008—2017 年重庆市农业科学院 SCI 高被引论文 TOP10（第一或通讯作者完成单位）

排序	标题	WOS 所有数据库总被引频次	WOS 核心库被引频次	作者机构	出版年份	期刊名称	期刊影响因子（最近年度）
1	Mutation of OsDET1 increases chlorophyll content in rice	10	6	重庆市农业科学院水稻研究所	2013 年	PLANT SCIENCE	3.437（2016）
2	The complete mitochondrial genome of a tea pest looper, Buzura suppressaria (Lepidoptera: Geometridae)	4	4	重庆市农业科学院茶叶研究所	2016 年	MITOCHONDRIAL DNA PART A	未发布
3	Shading Contributes to the Reduction of Stem Mechanical Strength by Decreasing Cell Wall Synthesis in Japonica Rice (Oryza sativa L.)	1	1	重庆市农业科学院水稻研究所	2017 年	FRONTIERS IN PLANT SCIENCE	4.298（2016）

注：被引频次大于 0 的全部发文数量不足 10 篇。

1.7 高频词 TOP20

2008—2017年重庆市农业科学院 SCI 发文高频词（作者关键词）TOP20 见表 1-8。

表 1-8　2008—2017 年重庆市农业科学院 SCI 发文高频词（作者关键词）TOP20

排序	关键词（作者关键词）	频次	排序	关键词（作者关键词）	频次
1	Mercury	8	11	transcriptional regulation	3
2	mitochondrial genome	6	12	phosphorus	3
3	HPLC-ESI-MS/MS	5	13	heavy metals	3
4	Soil	5	14	cellulose	3
5	adsorption	4	15	anthocyanin	3
6	Methylmercury	4	16	tea pest	3
7	Endosulfan	3	17	natural organic matter	3
8	maize	3	18	Cadmium	3
9	Three Gorges Reservoir	3	19	curriculum system	2
10	eggplant	3	20	Dissolved organic matter	2

2 中文期刊论文分析

2008—2017 年，中国农业科技文献数据库（CASDD）共收录由重庆市农业科学院作者发表的中文期刊论文 1417 篇，其中北大中文核心期刊论文 552 篇，中国科学引文数据库（CSCD）期刊论文 455 篇。

2.1 发文量

2008—2017 年重庆市农业科学院中文文献历年发文趋势（2008—2017 年）见下图。

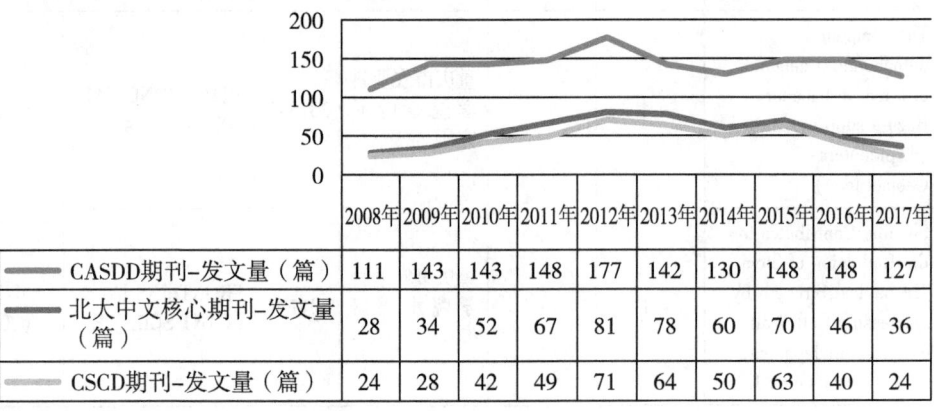

	2008年	2009年	2010年	2011年	2012年	2013年	2014年	2015年	2016年	2017年
CASDD期刊-发文量（篇）	111	143	143	148	177	142	130	148	148	127
北大中文核心期刊-发文量（篇）	28	34	52	67	81	78	60	70	46	36
CSCD期刊-发文量（篇）	24	28	42	49	71	64	50	63	40	24

图　重庆市农业科学院中文文献历年发文趋势（2008—2017 年）

2.2 高发文研究所 TOP10

2008—2017 年重庆市农业科学院 CASDD 期刊高发文研究所 TOP10 见表 2-1，2008—2017 年重庆市农业科学院北大中文核心期刊高发文研究所 TOP10 见表 2-2，2008—2017 年重庆市农业科学院中国科学引文数据库（CSCD）期刊高发文研究所 TOP10 见表 2-3。

表 2-1　2008—2017 年重庆市农业科学院 CASDD 期刊高发文研究所 TOP10　　单位：篇

排序	研究所	发文量
1	重庆市农业科学院	605
2	重庆市农业科学院茶叶研究所	130
3	重庆市农业科学院果树研究所	129
4	重庆市农业科学院特色作物研究所	111
5	重庆市农业科学院蔬菜花卉研究所	106
6	重庆市农业科学院玉米研究所	77
7	重庆市农业科学院水稻研究所	66
8	重庆市农业科学院农产品贮藏加工研究所	58
9	重庆中一种业有限公司	55
10	重庆科光种苗有限公司	45
11	重庆市农业科学院生物技术研究中心	41

注："重庆市农业科学院"发文包括作者单位只标注为"重庆市农业科学院"、院属实验室等。

表 2-2　2008—2017 年重庆市农业科学院北大中文核心期刊高发文研究所 TOP10　　单位：篇

排序	研究所	发文量
1	重庆市农业科学院	178
2	重庆市农业科学院茶叶研究所	65
3	重庆市农业科学院果树研究所	59
4	重庆市农业科学院玉米研究所	50
5	重庆市农业科学院蔬菜花卉研究所	48
6	重庆市农业科学院特色作物研究所	42
7	重庆市农业科学院水稻研究所	33
8	重庆市农业科学院农产品贮藏加工研究所	32
9	重庆市农业科学院生物技术研究中心	30
10	重庆中一种业有限公司	21

（续表）

排序	研究所	发文量
11	重庆市农业科学院农业质量标准检测技术研究所	18
11	重庆科光种苗有限公司	18

注："重庆市农业科学院"发文包括作者单位只标注为"重庆市农业科学院"、院属实验室等。

表 2-3　2008—2017 年重庆市农业科学院 CSCD 期刊高发文研究所 TOP10　　单位：篇

排序	研究所	发文量
1	重庆市农业科学院	120
2	重庆市农业科学院茶叶研究所	62
3	重庆市农业科学院果树研究所	57
4	重庆市农业科学院玉米研究所	43
5	重庆市农业科学院特色作物研究所	38
6	重庆市农业科学院蔬菜花卉研究所	36
7	重庆市农业科学院水稻研究所	32
8	重庆市农业科学院生物技术研究中心	31
9	重庆市农业科学院农产品贮藏加工研究所	31
10	重庆中一种业有限公司	21
11	重庆市农业科学院农业质量标准检测技术研究所	18

注："重庆市农业科学院"发文包括作者单位只标注为"重庆市农业科学院"、院属实验室等。

2.3　高发文期刊 TOP10

2008—2017 年重庆市农业科学院高发文 CASDD 期刊 TOP10 见表 2-4，2008—2017 年重庆市农业科学院高发文北大中文核心期刊 TOP10 见表 2-5，2008—2017 年重庆市农业科学院高发文 CSCD 期刊 TOP10 见表 2-6。

表 2-4　2008—2017 年重庆市农业科学院高发文期刊（CASDD）TOP10　　单位：篇

排序	期刊名称	发文量	排序	期刊名称	发文量
1	南方农业	413	7	农业科技通讯	25
2	西南农业学报	166	8	杂交水稻	22
3	植物医生	52	9	辣椒杂志	22
4	中国农学通报	41	10	中国蔬菜	18
5	安徽农业科学	28	10	湖北农业科学	18
6	种子	27			

表 2-5　2008—2017 年重庆市农业科学院高发文期刊（北大中文核心）TOP10　　单位：篇

排序	期刊名称	发文量	排序	期刊名称	发文量
1	西南农业学报	166	7	西南大学学报（自然科学版）	16
2	种子	27	8	湖北农业科学	16
3	中国农学通报	23	9	食品科学	10
4	杂交水稻	22	10	分子植物育种	10
5	安徽农业科学	21	10	中国南方果树	10
6	中国蔬菜	18			

表 2-6　2008—2017 年重庆市农业科学院高发文期刊（CSCD）TOP10　　单位：篇

排序	期刊名称	发文量	排序	期刊名称	发文量
1	西南农业学报	166	7	分子植物育种	11
2	中国农学通报	33	8	食品科学	10
3	种子	24	9	大豆科学	9
4	杂交水稻	22	10	植物遗传资源学报	8
5	西南大学学报（自然科学版）	16	10	食品工业科技	8
6	南方农业学报	14			

2.4　合作发文机构 TOP10

2008—2017 年重庆市农业科学院中文期刊合作发文机构 TOP10 见表 2-7。

表 2-7　2008—2017 年重庆市农业科学院中文期刊合作发文机构 TOP10　　单位：篇

排序	合作发文机构	发文量	排序	合作发文机构	发文量
1	西南大学	309	6	重庆市畜牧科学院	22
2	中国农业科学院	94	7	中华人民共和国农业农村部	21
3	四川农业大学	63	8	东北农业大学	18
4	重庆大学	38	9	南方山地园艺学教育部重点实验室	17
5	宜宾职业技术学院	26	10	重庆师范大学	16

福建省农业科学院

1 英文期刊论文分析

分析数据来源于科学引文索引数据库（Web of Science，WOS）收录的文献类型为期刊论文（ARTICLE）、会议论文（PROCEEDINGS PAPER）和述评（REVIEW）的 Science Citation Index Expanded（SCIE）论文数据，数据时间范围为 2008—2017 年，共检索到福建省农业科学院作者发表的论文 462 篇。

1.1 发文量

2008—2017 年福建省农业科学院历年 SCI 发文与被引情况见表 1-1，福建省农业科学院英文文献历年发文趋势（2008—2017 年）见下图。

表 1-1　2008—2017 年福建省农业科学院历年 SCI 发文与被引情况

出版年	发文量（篇）	WOS 所有数据库总被引频次	WOS 核心库被引频次
2008 年	13	272	231
2009 年	18	465	372
2010 年	32	553	414
2011 年	40	1 688	1 506
2012 年	41	667	547
2013 年	31	362	305
2014 年	46	335	289
2015 年	53	351	310
2016 年	91	457	412
2017 年	97	98	86

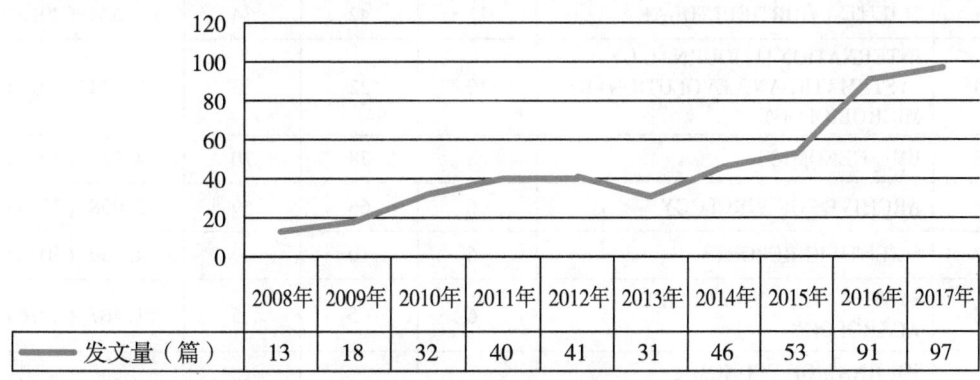

	2008年	2009年	2010年	2011年	2012年	2013年	2014年	2015年	2016年	2017年
发文量（篇）	13	18	32	40	41	31	46	53	91	97

图　福建省农业科学院英文文献历年发文趋势（2008—2017 年）

全国农科院系统科技期刊论文产出统计报告（2008—2017 年）

1.2　高发文研究所 TOP10

2008—2017 年福建省农业科学院 SCI 高发文研究所 TOP10 见表 1-2。

表 1-2　2008—2017 年福建省农业科学院 SCI 高发文研究所 TOP10　　　　　单位：篇

排序	研究所	发文量
1	福建省农业科学院植物保护研究所	72
2	福建省农业科学院生物技术研究所	57
3	福建省农业科学院畜牧兽医研究所	52
4	福建省农业科学院农业生物资源研究所	47
5	福建省农业科学院土壤肥料研究所	37
6	福建省农业科学院果树研究所	35
7	福建省农业科学院水稻研究所	29
8	福建省农业科学院农业工程技术研究所	26
9	福建省农业科学院食用菌研究所	22
10	福建省农业科学院茶叶研究所	20

1.3　高发文期刊 TOP10

2008—2017 年福建省农业科学院 SCI 高发文期刊 TOP10 见表 1-3。

表 1-3　2008—2017 年福建省农业科学院 SCI 发文期刊 TOP10

排序	期刊名称	发文量（篇）	WOS 所有数据库总被引频次	WOS 核心库被引频次	期刊影响因子（最近年度）
1	PLOS ONE	12	84	73	2.806（2016）
2	PARASITOLOGY RESEARCH	12	192	187	2.329（2016）
3	SCIENTIA HORTICULTURAE	11	42	34	1.624（2016）
4	INTERNATIONAL JOURNAL OF SYSTEMATIC AND EVOLUTIONARY MICROBIOLOGY	10	22	13	2.134（2016）
5	BMC GENOMICS	8	78	70	3.729（2016）
6	ARCHIVES OF VIROLOGY	6	66	59	2.058（2016）
7	SCIENTIFIC REPORTS	6	10	9	4.259（2016）
8	SYSTEMATIC AND APPLIED ACAROLOGY	6	5	5	1.467（2016）
9	JOURNAL OF ECONOMIC ENTOMOLOGY	6	24	22	1.824（2016）

· 80 ·

（续表）

排序	期刊名称	发文量（篇）	WOS 所有数据库总被引频次	WOS 核心库被引频次	期刊影响因子（最近年度）
10	INTERNATIONAL JOURNAL OF BIOLOGICAL MACROMOLECULES	5	78	62	3.671（2016）

1.4　合作发文国家与地区 TOP10

2008—2017 年福建省农业科学院 SCI 合作发文国家与地区（合作发文 1 篇以上）TOP10 见表 1-4。

表 1-4　2008—2017 年福建省农业科学院 SCI 合作发文国家与地区 TOP10

排序	国家与地区	合作发文量	WOS 所有数据库总被引频次	WOS 核心库被引频次
1	美国	45	1 634	1 528
2	意大利	20	1 357	1 308
3	印度	19	281	271
4	日本	18	170	164
5	德国	16	1 165	1 114
6	加拿大	16	1 227	1 174
7	沙特阿拉伯	15	259	254
8	中国台湾	13	1 104	1 065
9	澳大利亚	12	1 147	1 084
10	荷兰	9	1 163	1 109

1.5　合作发文机构 TOP10

2008—2017 年福建省农业科学院 SCI 合作发文机构 TOP10 见表 1-5。

表 1-5　2008—2017 年福建省农业科学院 SCI 合作发文机构 TOP10

排序	合作发文机构	发文量	WOS 所有数据库总被引频次	WOS 核心库被引频次
1	福建农林大学	108	593	459
2	中国科学院	40	518	442
3	厦门大学	33	385	340
4	中国农业科学院	28	678	579

（续表）

排序	合作发文机构	发文量	WOS 所有数据库总被引频次	WOS 核心库被引频次
5	复旦大学	20	1 365	1 267
6	巴哈蒂尔大学	17	260	255
7	比萨大学	16	260	255
8	中国农业大学	14	256	178
9	南京农业大学	14	55	42
10	沙特国王大学	14	238	234

1.6 高被引论文 TOP10

2008—2017 年福建省农业科学院发表的 SCI 高被引论文 TOP10 见表 1-6，福建省农业科学院以第一或通讯作者完成单位发表的 SCI 高被引论文 TOP10 见表 1-7。

表 1-6 2008—2017 年福建省农业科学院 SCI 高被引论文 TOP10

排序	标题	WOS 所有数据库总被引频次	WOS 核心库被引频次	作者机构	出版年份	期刊名称	期刊影响因子（最近年度）
1	Animal biodiversity: An outline of higher-level classification and taxonomic richness	1 039	1 004	福建省农业科学院植物保护研究所	2011 年	ZOOTAXA	0.972 (2016)
2	The Magnaporthe oryzae Effector AvrPiz-t Targets the RING E3 Ubiquitin Ligase APIP6 to Suppress Pathogen-Associated Molecular Pattern-Triggered Immunity in Rice	141	120	福建省农业科学院生物技术研究所	2012 年	PLANT CELL	8.688 (2016)
3	Tembusu Virus in Ducks, China	101	67	福建省农业科学院	2011 年	EMERGING INFECTIOUS DISEASES	8.222 (2016)
4	Variation in the active diazotrophic community in rice paddy-nifH PCR-DGGE analysis of rhizosphere and bulk soil	70	60	福建省农业科学院生物技术中心	2008 年	APPLIED SOIL ECOLOGY	2.786 (2016)

（续表）

排序	标题	WOS 所有数据库总被引频次	WOS 核心库被引频次	作者机构	出版年份	期刊名称	期刊影响因子（最近年度）
5	Lethal effect of imidacloprid on the coccinellid predator Serangium japonicum and sublethal effects on predator voracity and on functional response to the whitefly Bemisia tabaci	68	65	福建省农业科学院植物保护研究所	2012 年	ECOTOXICOLOGY	1. 951 (2016)
6	Antityrosinase and antimicrobial activities of 2-phenylethanol, 2-phenylacetaldehyde and 2-phenylacetic acid	61	54	福建省农业科学院农业生物资源研究所	2011 年	FOOD CHEMISTRY	4. 529 (2016)
7	Adapted Tembusu-Like Virus in Chickens and Geese in China	61	48	福建省农业科学院畜牧兽医研究所	2012 年	JOURNAL OF CLINICAL MICROBIOLOGY	3. 712 (2016)
8	Disruption of xCT inhibits cancer cell metastasis via the caveolin-1/beta-catenin pathway	60	57	福建省农业科学院生物技术中心	2009 年	ONCOGENE	7. 519 (2016)
9	CO_2 assimilation, ribulose-1, 5-bisphosphate carboxylase/oxygenase, carbohydrates and photosynthetic electron transport probed by the JIP-test, of tea leaves in response to phosphorus supply	57	44	福建省农业科学院茶叶研究所	2009 年	BMC PLANT BIOLOGY	3. 964 (2016)
10	Comparative Transcriptional Profiling and Preliminary Study on Heterosis Mechanism of Super-Hybrid Rice	54	45	福建省农业科学院生物技术研究所	2010 年	MOLECULAR PLANT	8. 827 (2016)

表 1-7　2008—2017 年福建省农业科学院 SCI 高被引论文 TOP10（第一或通讯作者完成单位）

排序	标题	WOS 所有数据库总被引频次	WOS 核心库被引频次	机构作者	出版年份	期刊名称	期刊影响因子（最近年度）
1	Antityrosinase and antimicrobial activities of 2-phenylethanol, 2-phenylacetaldehy de and 2-phenylacetic acid	61	54	福建省农业科学院农业生物资源研究所	2011 年	FOOD CHEMISTRY	4.529（2016）
2	Monitoring of resistance to spirodiclofen and five other acaricides in Panonychus citri collected from Chinese citrus orchards	51	40	福建省农业科学院植物保护研究所	2010 年	PEST MANAGEMENT SCIENCE	3.253（2016）
3	Control of grain size and rice yield by GL2-mediated brassinosteroid responses	42	32	福建省农业科学院水稻研究所	2016 年	NATURE PLANTS	10.3（2016）
4	Antityrosinase and Antimicrobial Activities of trans-Cinnamaldehy de Thiosemicarbazone	41	34	福建省农业科学院农业生物资源研究所	2009 年	JOURNAL OF AGRICULTURAL AND FOOD CHEMISTRY	3.154（2016）
5	Expression of barley SUSIBA2 transcription factor yields high-starch low-methane rice	34	31	福建省农业科学院生物技术研究所	2015 年	NATURE	40.137（2016）
6	Water hyacinth (Eichhornia crassipes) waste as an adsorbent for phosphorus removal from swine wastewater	29	25	福建省农业科学院农业生态研究所，福建省农业科学院生物技术研究所	2010 年	BIORESOURCE TECHNOLOGY	5.651（2016）
7	Molecular characterization and phylogenetic analysis of porcine epidemic diarrhea virus (PEDV) samples from field cases in Fujian, China	27	24	福建省农业科学院生物技术研究所	2012 年	VIRUS GENES	1.431（2016）
8	Genetic Characterization of a Potentially Novel Goose Parvovirus Circulating in Muscovy Duck Flocks in Fujian Province, China	23	17	福建省农业科学院畜牧兽医研究所	2013 年	JOURNAL OF VETERINARY MEDICAL SCIENCE	0.845（2016）

（续表）

排序	标题	WOS 所有数据库总被引频次	WOS 核心库被引频次	机构作者	出版年份	期刊名称	期刊影响因子（最近年度）
9	Phosphorus availability and rice grain yield in a paddy soil in response to long-term fertilization	21	15	福建省农业科学院土壤肥料研究所	2012 年	BIOLOGY AND FERTILITY OF SOILS	3.683（2016）
10	Isolation and characterization of a Chinese strain of Tembusu virus from Hy-Line Brown layers with acute egg-drop syndrome in Fujian, China	21	19	福建省农业科学院畜牧兽医研究所	2014 年	ARCHIVES OF VIROLOGY	2.058（2016）

1.7 高频词 TOP20

2008—2017 年福建省农业科学院 SCI 发文高频词（作者关键词）TOP20 见表 1-8。

表 1-8 2008—2017 年福建省农业科学院 SCI 发文高频词（作者关键词）TOP20

排序	关键词（作者关键词）	频次	排序	关键词（作者关键词）	频次
1	rice	10	11	biosafety	6
2	China	10	12	biological control	5
3	Oryza sativa	8	13	risk assessment	5
4	Phylogenetic analysis	8	14	Ralstonia solanacearum	5
5	Gene expression	8	15	Azolla	5
6	Arbovirus	7	16	Pathogenicity	5
7	Camellia sinensis	7	17	Yield	5
8	goose parvovirus	6	18	antioxidant activity	5
9	Genetic diversity	6	19	Culicidae	4
10	Nanobiotechnology	6	20	antifungal activity	4

2 中文期刊论文分析

2008—2017 年，中国农业科技文献数据库（CASDD）共收录由福建省农业科学院作者发表的中文期刊论文 6 333篇，其中北大中文核心期刊 2 111篇，中国科学引文数据库（CSCD）期刊论文 1 722篇。

2.1 发文量

2008—2017年福建省农业科学院中文文献历年发文趋势（2008—2017年）见下图。

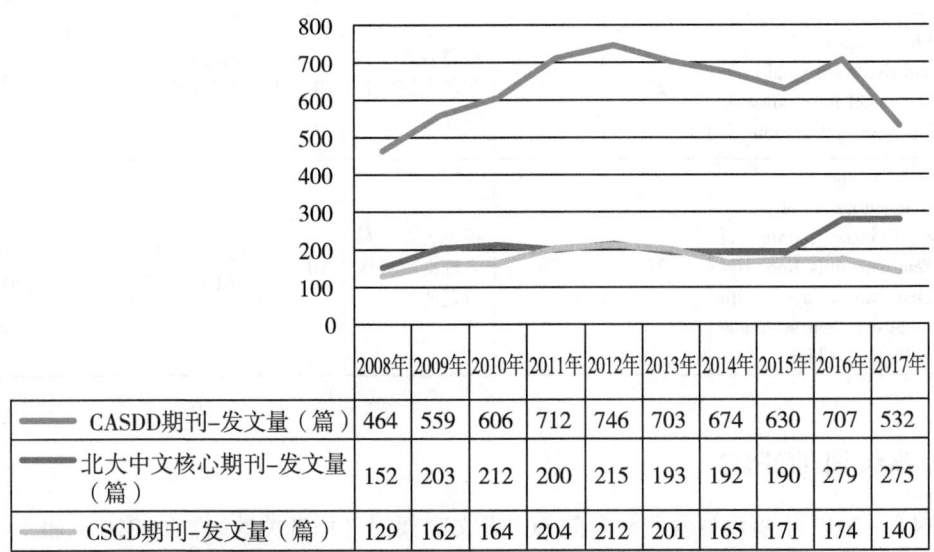

	2008年	2009年	2010年	2011年	2012年	2013年	2014年	2015年	2016年	2017年
CASDD期刊-发文量（篇）	464	559	606	712	746	703	674	630	707	532
北大中文核心期刊-发文量（篇）	152	203	212	200	215	193	192	190	279	275
CSCD期刊-发文量（篇）	129	162	164	204	212	201	165	171	174	140

图 福建省农业科学院中文文献历年发文趋势（2008—2017年）

2.2 高发文研究所 TOP10

2008—2017年福建省农业科学院 CASDD 期刊高发文研究所 TOP10 见表2-1，2008—2017年福建省农业科学院北大中文核心期刊高发文研究所 TOP10 见表2-2，2008—2017年福建省农业科学院中国科学引文数据库（CSCD）期刊高发文研究所 TOP10 见表2-3。

表 2-1　2008—2017 年福建省农业科学院 CASDD 期刊高发文研究所 TOP10　　单位：篇

排序	研究所	发文量
1	福建省农业科学院畜牧兽医研究所	907
2	福建省农业科学院果树研究所	647
3	福建省农业科学院茶叶研究所	512
4	福建省农业科学院农业生态研究所	497
5	福建省农业科学院水稻研究所	470
6	福建省农业科学院土壤肥料研究所	452
7	福建省农业科学院农业生物资源研究所	415
8	福建省农业科学院	411
9	福建省农业科学院植物保护研究所	409

排序	研究所	发文量
10	福建省农业科学院作物研究所	389
11	福建省农业科学院农业经济与科技信息研究所	347

注："福建省农业科学院"发文包括作者单位只标注为"福建省农业科学院"、院属实验室等。

表 2-2 2008—2017 年福建省农业科学院北大中文核心期刊高发文研究所 TOP10 单位：篇

排序	研究所	发文量
1	福建省农业科学院畜牧兽医研究所	344
2	福建省农业科学院土壤肥料研究所	238
3	福建省农业科学院果树研究所	235
4	福建省农业科学院农业生态研究所	203
5	福建省农业科学院农业生物资源研究所	158
6	福建省农业科学院植物保护研究所	149
7	福建省农业科学院作物研究所	142
8	福建省农业科学院水稻研究所	124
8	福建省农业科学院茶叶研究所	124
9	福建省农业科学院农业工程技术研究所	104
10	福建省农业科学院生物技术研究所	103

表 2-3 2008—2017 年福建省农业科学院 CSCD 期刊高发文研究所 TOP10 单位：篇

排序	研究所	发文量
1	福建省农业科学院土壤肥料研究所	251
2	福建省农业科学院畜牧兽医研究所	214
3	福建省农业科学院农业生态研究所	196
4	福建省农业科学院果树研究所	159
5	福建省农业科学院植物保护研究所	153
6	福建省农业科学院作物研究所	136
7	福建省农业科学院水稻研究所	132
8	福建省农业科学院农业生物资源研究所	125
9	福建省农业科学院生物技术研究所	105
10	福建省农业科学院茶叶研究所	102

2.3 高发文期刊 TOP10

2008—2017 年福建省农业科学院高发文 CASDD 期刊 TOP10 见表 2-4，2008—2017 年福建省农业科学院高发文北大中文核心期刊 TOP10 见表 2-5，2008—2017 年福建省农业科学院高发文 CSCD 期刊 TOP10 见表 2-6。

表 2-4 2008—2017 年福建省农业科学院高发文期刊（CASDD）TOP10 　　单位：篇

排序	期刊名称	发文量	排序	期刊名称	发文量
1	福建农业学报	1 276	6	台湾农业探索	182
2	福建农业科技	294	7	热带作物学报	181
3	中国农学通报	285	8	东南园艺	130
4	福建稻麦科技	194	9	茶叶科学技术	124
5	福建畜牧兽医	189	10	福建果树	117

表 2-5 2008—2017 年福建省农业科学院高发文期刊（北大中文核心）TOP10 　　单位：篇

排序	期刊名称	发文量	排序	期刊名称	发文量
1	中国农学通报	193	6	农业生物技术学报	44
2	福建农业学报	156	7	茶叶科学	43
3	中国南方果树	93	8	杂交水稻	42
4	福建农林大学学报（自然科学版）	72	9	农业环境科学学报	42
5	热带作物学报	48	10	中国生态农业学报	39

表 2-6 2008—2017 年福建省农业科学院高发文期刊（CSCD）TOP10

排序	期刊名称	发文量	排序	期刊名称	发文量
1	热带作物学报	181	6	茶叶科学	43
2	中国农学通报	135	7	杂交水稻	42
3	福建农林大学学报（自然科学版）	72	8	农业环境科学学报	42
4	分子植物育种	66	9	中国生态农业学报	39
5	农业生物技术学报	44	10	园艺学报	34

2.4 合作发文机构 TOP10

2008—2017 年福建省农业科学院中文期刊合作发文机构 TOP10 见表 2-7。

表2-7 2008—2017年福建省农业科学院中文期刊合作发文机构TOP10 单位：篇

排序	合作发文机构	发文量	排序	合作发文机构	发文量
1	福建农林大学	1 360	6	厦门大学	63
2	福建师范大学	203	7	中国农业大学	63
3	中国农业科学院	120	8	福建省建宁县农业局	53
4	中华人民共和国农业农村部	88	9	湖南农业大学	53
5	福州大学	84	10	中国鼠疫布氏菌病预防控制基地	48

甘肃省农业科学院

1 英文期刊论文分析

分析数据来源于科学引文索引数据库（Web of Science，WOS）收录的文献类型为期刊论文（ARTICLE）、会议论文（PROCEEDINGS PAPER）和述评（REVIEW）的 Science Citation Index Expanded（SCIE）论文数据，数据时间范围为 2008—2017 年，共检索到甘肃省农业科学院作者发表的论文 149 篇。

1.1 发文量

2008—2017 年甘肃省农业科学院历年 SCI 发文与被引情况见表 1-1，甘肃省农业科学院英文文献历年发文趋势（2008—2017 年）见下图。

表 1-1 2008—2017 年甘肃省农业科学院历年 SCI 发文与被引情况

出版年	发文量（篇）	WOS 所有数据库总被引频次	WOS 核心库被引频次
2008 年	5	83	71
2009 年	7	372	275
2010 年	7	231	185
2011 年	11	200	140
2012 年	17	233	196
2013 年	14	200	162
2014 年	21	122	110
2015 年	20	106	94
2016 年	29	69	54
2017 年	18	15	15

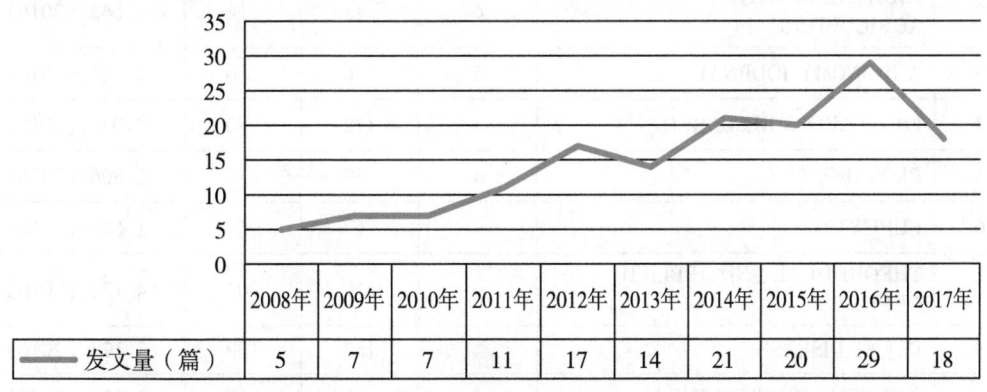

图　甘肃省农业科学院英文文献历年发文趋势（2008—2017 年）

1.2 高发文研究所 TOP10

2008—2017 年甘肃省农业科学院 SCI 高发文研究所 TOP10 见表 1-2。

表 1-2　2008—2017 年甘肃省农业科学院 SCI 高发文研究所 TOP10　　　　单位：篇

排序	研究所	发文量
1	甘肃省农业科学院植物保护研究所	28
2	甘肃省农业科学院土壤肥料与节水农业研究所	27
3	甘肃省农业科学院旱地农业研究所	15
4	甘肃省农业科学院小麦研究所	14
4	甘肃省农业科学院作物研究所	14
5	甘肃省农业科学院林果花卉研究所	12
6	甘肃省农业科学院蔬菜研究所	9
7	甘肃省农业科学院农产品贮藏加工研究所	5
8	甘肃省农业科学院马铃薯研究所	4
9	甘肃省农业科学院生物技术研究所	2
10	甘肃省农业科学院畜草与绿化农业研究所	1

1.3 高发文期刊 TOP10

2008—2017 年甘肃省农业科学院 SCI 高发文期刊 TOP10 见表 1-3。

表 1-3　2008—2017 年甘肃省农业科学院 SCI 发文期刊 TOP10

排序	期刊名称	发文量（篇）	WOS 所有数据库总被引频次	WOS 核心库被引频次	期刊影响因子（最近年度）
1	PLANT AND SOIL	7	163	115	3.052（2016）
2	JOURNAL OF INTEGRATIVE AGRICULTURE	6	15	14	1.042（2016）
3	AGRONOMY JOURNAL	5	6	6	1.614（2016）
4	FIELD CROPS RESEARCH	5	112	80	3.048（2016）
5	PLOS ONE	4	39	36	2.806（2016）
6	EUPHYTICA	4	67	54	1.626（2016）
7	THEORETICAL AND APPLIED GENETICS	4	119	101	4.132（2016）
8	PLANT DISEASE	4	187	139	3.173（2016）
9	SCIENTIA HORTICULTURAE	4	21	17	1.624（2016）

（续表）

排序	期刊名称	发文量（篇）	WOS 所有数据库总被引频次	WOS 核心库被引频次	期刊影响因子（最近年度）
10	JOURNAL OF AGRICULTURAL AND FOOD CHEMISTRY	3	7	5	3.154（2016）

1.4 合作发文国家与地区 TOP10

2008—2017 年甘肃省农业科学院 SCI 合作发文国家与地区（合作发文 1 篇以上）TOP10 见表 1-4。

表 1-4 2008—2017 年甘肃省农业科学院 SCI 合作发文国家与地区 TOP10

排序	国家与地区	合作发文量（篇）	WOS 所有数据库总被引频次	WOS 核心库被引频次
1	澳大利亚	14	355	283
2	美国	10	144	126
3	西班牙	6	90	82
4	北爱尔兰	5	144	98
5	加拿大	4	51	48
6	荷兰	4	108	85
7	日本	3	3	1
8	英格兰	3	55	40
9	韩国	2	3	2

注：2008—2017 年合作发文 1 篇以上的国家与地区数量不足 10 个

1.5 合作发文机构 TOP10

2008—2017 年甘肃省农业科学院 SCI 合作发文机构 TOP10 见表 1-5。

表 1-5 2008—2017 年甘肃省农业科学院 SCI 合作发文机构 TOP10

排序	合作发文机构	发文量（篇）	WOS 所有数据库总被引频次	WOS 核心库被引频次
1	中国农业科学院	42	780	432
2	甘肃农业大学	30	80	62
3	兰州大学	30	166	142
4	中国农业大学	27	407	297

（续表）

排序	合作发文机构	发文量（篇）	WOS 所有数据库总被引频次	WOS 核心库被引频次
5	中国科学院	15	139	118
6	西北农林科技大学	10	324	251
7	四川省农业科学院	7	197	149
8	兰州科技大学	6	7	7
9	西班牙国家研究委员会-塞古拉应用土壤学和生物学中心	4	46	40
10	西澳大学	4	56	38
10	石河子大学	4	67	52

1.6 高被引论文 TOP10

2008—2017 年甘肃省农业科学院发表的 SCI 高被引论文 TOP10 见表 1-6，甘肃省农业科学院以第一或通讯作者完成单位发表的 SCI 高被引论文 TOP10 见表 1-7。

表 1-6 2008—2017 年甘肃省农业科学院 SCI 高被引论文 TOP10

排序	标题	WOS 所有数据库总被引频次	WOS 核心库被引频次	作者机构	出版年份	期刊名称	期刊影响因子（最近年度）
1	Long-term effect of chemical fertilizer, straw, and manure on soil chemical and biological properties in northwest China	156	122	甘肃省农业科学院旱地农业研究所	2010 年	GEODERMA	4.036 (2016)
2	Race Dynamics, Diversity, and Virulence Evolution in Puccinia striiformis f. sp tritici, the Causal Agent of Wheat Stripe Rust in China from 2003 to 2007	136	91	甘肃省农业科学院植物保护研究所	2009 年	PLANT DISEASE	3.173 (2016)
3	Overyielding and interspecific interactions mediated by nitrogen fertilization in strip intercropping of maize with faba bean, wheat and barley	66	43	甘肃省农业科学院土壤肥料与节水农业研究所	2011 年	PLANT AND SOIL	3.052 (2016)

（续表）

排序	标题	WOS 所有数据库总被引频次	WOS 核心库被引频次	作者机构	出版年份	期刊名称	期刊影响因子（最近年度）
4	QTL mapping for adult-plant resistance to stripe rust in Italian common wheat cultivars Libellula and Strampelli	65	50	甘肃省农业科学院小麦研究所	2009 年	THEORETICAL AND APPLIED GENETICS	4.132（2016）
5	Yield advantage and water saving in maize/pea intercrop	53	38	甘肃省农业科学院土壤肥料与节水农业研究所	2012 年	FIELD CROPS RESEARCH	3.048（2016）
6	Extraction of Cuminum cyminum essential oil by combination technology of organic solvent with low boiling point and steam distillation	43	38	甘肃省农业科学院农产品贮藏加工研究所，甘肃省农业科学院畜草与绿化农业研究所	2009 年	FOOD CHEMISTRY	4.529（2016）
7	Intercropping alleviates the inhibitory effect of N fertilization on nodulation and symbiotic N-2 fixation of faba bean	43	30	甘肃省农业科学院土壤肥料与节水农业研究所	2009 年	PLANT AND SOIL	3.052（2016）
8	Virulence Characterization of International Collections of the Wheat Stripe Rust Pathogen，Puccinia striiformis f. sp tritici	43	42	甘肃省农业科学院植物保护研究所	2013 年	PLANT DISEASE	3.173（2016）
9	Distribution of the photoperiod insensitive Ppd-D1a allele in Chinese wheat cultivars	42	32	甘肃省农业科学院作物研究所	2009 年	EUPHYTICA	1.626（2016）
10	Identification of Genomic Regions Controlling Adult-Plant Stripe Rust Resistance in Chinese Landrace Pingyuan 50 Through Bulked Segregant Analysis	42	35	甘肃省农业科学院小麦研究所	2010 年	PHYTOPATHOLOGY	2.896（2016）

表 1-7　2008—2017 年甘肃省农业科学院 SCI 高被引论文 TOP10（第一或通讯作者完成单位）

排序	标题	WOS 所有数据库总被引频次	WOS 核心库被引频次	作者机构	出版年份	期刊名称	期刊影响因子（最近年度）
1	Complexation of carbendazim with hydroxypropyl-beta-cyclodextrin to improve solubility and fungicidal activity	24	21	甘肃省农业科学院农产品贮藏加工研究所	2012 年	CARBOHYDRATE POLYMERS	4.811 (2016)
2	De novo assembly of the desert tree Haloxylon ammodendron (C. A. Mey.) based on RNA-Seq data provides insight into drought response, gene discovery and marker identification	21	20	甘肃省农业科学院作物研究所	2014 年	BMC GENOMICS	3.729 (2016)
3	Molecular cloning and expression analysis of CmMlo1 in melon	19	12	甘肃省农业科学院蔬菜研究所	2012 年	MOLECULAR BIOLOGY REPORTS	1.828 (2016)
4	Phosphomannose-isomerase as a selectable marker for transgenic plum (Prunus domestica L.)	12	9	甘肃省农业科学院林果花卉研究所	2013 年	PLANT CELL TISSUE AND ORGAN CULTURE	2.002 (2016)
5	A high density genetic map and QTL for agronomic and yield traits in Foxtail millet [Setaria italica (L.) P. Beauv.]	11	9	甘肃省农业科学院作物研究所	2016 年	BMC GENOMICS	3.729 (2016)
6	Complexation of chlorpropham with hydroxypropyl-beta-cyclodextrin and its application in potato sprout inhibition	9	9	甘肃省农业科学院农产品贮藏加工研究所	2014 年	CARBOHYDRATE POLYMERS	4.811 (2016)
7	Isolation, characterization, and expression analysis of CmMLO2 in muskmelon	8	5	甘肃省农业科学院蔬菜研究所	2013 年	MOLECULAR BIOLOGY REPORTS	1.828 (2016)
8	Mulching increases water-use efficiency of peach production on the rainfed semiarid Loess Plateau of China	6	6	甘肃省农业科学院林果花卉研究所	2015 年	AGRICULTURAL WATER MANAGEMENT	2.848 (2016)

（续表）

排序	标题	WOS 所有数据库总被引频次	WOS 核心库被引频次	作者机构	出版年份	期刊名称	期刊影响因子（最近年度）
9	Efficient in vitro shoot regeneration from mature apricot (Prunus armeniaca L.) cotyledons	3	3	甘肃省农业科学院林果花卉研究所	2013 年	SCIENTIA HORTICULTURAE	1.624 (2016)
10	Intercropping influenced the occurrence of stripe rust and powdery mildew in wheat	2	1	甘肃省农业科学院植物保护研究所	2015 年	CROP PROTECTION	1.834 (2016)
10	Oil Content and Fatty Acid Components of Oilseed Flax under Different Environments in China	2	2	甘肃省农业科学院作物研究所	2016 年	AGRONOMY JOURNAL	1.614 (2016)

1.7 高频词 TOP20

2008—2017 年甘肃省农业科学院 SCI 发文高频词（作者关键词）TOP20 见表 1-8。

表 1-8   2008—2017 年甘肃省农业科学院 SCI 发文高频词（作者关键词）TOP20

排序	关键词（作者关键词）	频次	排序	关键词（作者关键词）	频次
1	Intercropping	10	11	Expression	3
2	yield	7	12	Stripe rust	3
3	maize	7	13	Cloning	3
4	wheat	6	14	Potato	3
5	Triticum aestivum	5	15	phosphorus	3
6	Inclusion complex	4	16	grain yield	3
7	long-term fertilization	4	17	drought tolerance	3
8	Quantitative trait locus	3	18	Molecular markers	3
9	Root length density	3	19	Genetic engineering	2
10	Melon	3	20	Soil enzyme activities	2

2 中文期刊论文分析

2008—2017 年，中国农业科技文献数据库（CASDD）共收录由甘肃省农业科学院作者发表的中文期刊论文 3174 篇，其中北大中文核心期刊 1629 篇，中国科学引文数据库（CSCD）期刊论文 1282 篇。

2.1 发文量

2008—2017 年甘肃省农业科学院中文文献历年发文趋势（2008—2017 年）见下图。

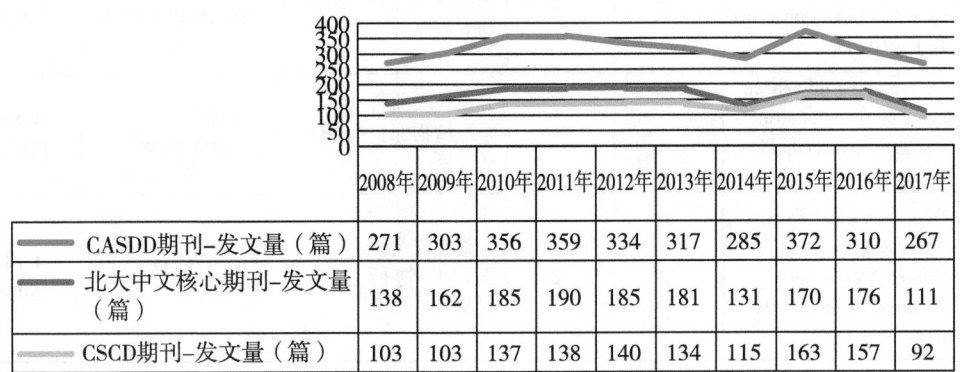

	2008年	2009年	2010年	2011年	2012年	2013年	2014年	2015年	2016年	2017年
CASDD期刊-发文量（篇）	271	303	356	359	334	317	285	372	310	267
北大中文核心期刊-发文量（篇）	138	162	185	190	185	181	131	170	176	111
CSCD期刊-发文量（篇）	103	103	137	138	140	134	115	163	157	92

图　甘肃省农业科学院中文文献历年发文趋势（2008—2017 年）

2.2 高发文研究所 TOP10

2008—2017 年甘肃省农业科学院 CASDD 期刊高发文研究所 TOP10 见表 2-1，2008—2017 年甘肃省农业科学院北大中文核心期刊高发文研究所 TOP10 见表 2-2，2008—2017 年甘肃省农业科学院中国科学引文数据库（CSCD）期刊高发文研究所 TOP10 见表 2-3。

表 2-1　2008—2017 年甘肃省农业科学院 CASDD 期刊高发文研究所 TOP10　　单位：篇

排序	研究所	发文量
1	甘肃省农业科学院	425
2	甘肃省农业科学院旱地农业研究所	349
3	甘肃省农业科学院植物保护研究所	346
4	甘肃省农业科学院蔬菜研究所	325
4	甘肃省农业科学院土壤肥料与节水农业研究所	325
5	甘肃省农业科学院作物研究所	317
6	甘肃省农业科学院林果花卉研究所	247
7	甘肃省农业科学院农产品贮藏加工研究所	217
8	甘肃省农业科学院生物技术研究所	187
9	甘肃省农业科学院经济作物与啤酒原料研究所	153
10	甘肃省农业科学院畜草与绿化农业研究所	150
11	甘肃省农业科学院马铃薯研究所	119

注："甘肃省农业科学院"发文包括作者单位只标注为"甘肃省农业科学院"、院属实验室等。

表 2-2　2008—2017 年甘肃省农业科学院北大中文核心期刊高发文研究所 TOP10　单位：篇

排序	研究所	发文量
1	甘肃省农业科学院旱地农业研究所	243
2	甘肃省农业科学院植物保护研究所	221
3	甘肃省农业科学院	217
4	甘肃省农业科学院土壤肥料与节水农业研究所	215
5	甘肃省农业科学院蔬菜研究所	186
6	甘肃省农业科学院作物研究所	151
7	甘肃省农业科学院林果花卉研究所	137
8	甘肃省农业科学院生物技术研究所	117
9	甘肃省农业科学院农产品贮藏加工研究所	100
10	甘肃省农业科学院畜草与绿化农业研究所	57
11	甘肃省农业科学院小麦研究所	50

注："甘肃省农业科学院"发文包括作者单位只标注为"甘肃省农业科学院"、院属实验室等。

表 2-3　2008—2017 年甘肃省农业科学院 CSCD 期刊高发文研究所 TOP10　单位：篇

排序	研究所	发文量
1	甘肃省农业科学院旱地农业研究所	230
2	甘肃省农业科学院土壤肥料与节水农业研究所	197
3	甘肃省农业科学院	193
4	甘肃省农业科学院植物保护研究所	191
5	甘肃省农业科学院作物研究所	139
6	甘肃省农业科学院生物技术研究所	108
7	甘肃省农业科学院蔬菜研究所	93
8	甘肃省农业科学院林果花卉研究所	80
9	甘肃省农业科学院农产品贮藏加工研究所	53
10	甘肃省农业科学院小麦研究所	51
11	甘肃省农业科学院畜草与绿化农业研究所	45

注："甘肃省农业科学院"发文包括作者单位只标注为"甘肃省农业科学院"、院属实验室等。

2.3　高发文期刊 TOP10

2008—2017 年甘肃省农业科学院高发文 CASDD 期刊 TOP10 见表 2-4，2008—2017 年甘肃省农业科学院高发文北大中文核心期刊 TOP10 见表 2-5，2008—2017 年甘肃省农业科学院高发文 CSCD 期刊 TOP10 见表 2-6。

表 2-4　2008—2017 年甘肃省农业科学院高发文期刊（CASDD）TOP10　　　单位：篇

排序	期刊名称	发文量	排序	期刊名称	发文量
1	甘肃农业科技	701	6	中国蔬菜	79
2	北方园艺	128	7	农业科技通讯	76
3	干旱地区农业研究	115	8	甘肃农业大学学报	76
4	西北农业学报	90	9	麦类作物学报	72
5	中国种业	85	10	植物保护	66

表 2-5　2008—2017 年甘肃省农业科学院高发文期刊（北大中文核心）TOP10　　　单位：篇

排序	期刊名称	发文量	排序	期刊名称	发文量
1	北方园艺	128	6	麦类作物学报	72
2	干旱地区农业研究	115	7	植物保护	66
3	西北农业学报	90	8	草业学报	52
4	中国蔬菜	79	9	核农学报	50
5	甘肃农业大学学报	76	10	作物杂志	43

表 2-6　2008—2017 年甘肃省农业科学院高发文期刊（CSCD）TOP10　　　单位：篇

排序	期刊名称	发文量	排序	期刊名称	发文量
1	干旱地区农业研究	115	6	草业学报	52
2	西北农业学报	90	7	核农学报	50
3	甘肃农业大学学报	76	8	作物杂志	43
4	麦类作物学报	72	9	中国农业科学	37
5	植物保护	66	10	中国农学通报	37

2.4　合作发文机构 TOP10

2008—2017 年甘肃省农业科学院中文期刊合作发文机构 TOP10 见表 2-7。

表 2-7　2008—2017 年甘肃省农业科学院中文期刊合作发文机构 TOP10　　　　单位：篇

排序	合作发文机构	发文量	排序	合作发文机构	发文量
1	甘肃农业大学	1 329	6	中华人民共和国农业农村部	65
2	中国农业科学院	244	7	中国科学院	43
3	西北农林科技大学	177	8	天水市农业科学研究所	34
4	甘肃省天水市农业科学研究所	92	9	甘肃省农业技术推广总站	33
5	中国农业大学	76	10	南京农业大学	29

广东省农业科学院

1 英文期刊论文分析

分析数据来源于科学引文索引数据库（Web of Science，WOS）收录的文献类型为期刊论文（ARTICLE）、会议论文（PROCEEDINGS PAPER）和述评（REVIEW）的 Science Citation Index Expanded（SCIE）论文数据，数据时间范围为 2008—2017 年，共检索到广东省农业科学院作者发表的论文 1 485篇。

1.1 发文量

2008—2017 年广东省农业科学院历年 SCI 发文与被引情况见表 1-1，广东省农业科学院英文文献历年发文趋势（2008—2017 年）见下图。

表 1-1　2008—2017 年广东省农业科学院历年 SCI 发文与被引情况

出版年	发文量（篇）	WOS 所有数据库总被引频次	WOS 核心库被引频次
2008 年	32	918	741
2009 年	54	1 608	1 344
2010 年	55	1 832	1 585
2011 年	107	1 495	1 286
2012 年	135	2 007	1 676
2013 年	171	2 047	1 757
2014 年	199	1 587	1 383
2015 年	224	1 555	1 379
2016 年	243	968	875
2017 年	265	213	200

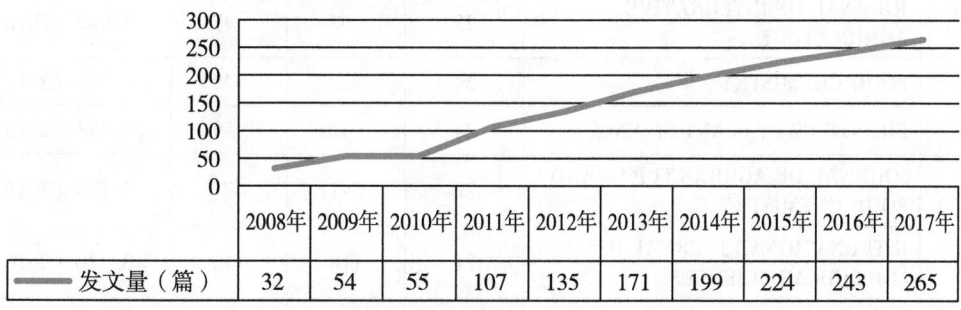

图　广东省农业科学院英文文献历年发文趋势（2008—2017 年）

1.2 高发文研究所 TOP10

2008—2017 年广东省农业科学院 SCI 高发文研究所 TOP10 见表 1-2。

表 1-2 2008—2017 年广东省农业科学院 SCI 高发文研究所 TOP10　　　单位：篇

排序	研究所	发文量
1	广东省农业科学院作物研究所	254
2	广东省农业科学院动物科学研究所	249
3	广东省农业科学院农业资源与环境研究所	241
4	广东省农业科学院蚕业与农产品加工研究所	176
5	广东省农业科学院植物保护研究所	152
6	广东省农业科学院动物卫生研究所	120
7	广东省农业科学院果树研究所	106
8	广东省农业科学院水稻研究所	71
9	广东省农业科学院蔬菜研究所	46
10	广东省农业科学院农业生物基因研究中心	45

1.3 高发文期刊 TOP10

2008—2017 年广东省农业科学院 SCI 高发文期刊 TOP10 见表 1-3。

表 1-3 2008—2017 年广东省农业科学院 SCI 发文期刊 TOP10

排序	期刊名称	发文量（篇）	WOS 所有数据库总被引频次	WOS 核心库被引频次	期刊影响因子（最近年度）
1	PLOS ONE	68	970	851	2.806（2016）
2	SCIENTIFIC REPORTS	35	117	107	4.259（2016）
3	GENETICS AND MOLECULAR RESEARCH	29	80	72	0.764（2015）
4	POULTRY SCIENCE	25	112	102	1.908（2016）
5	JOURNAL OF INTEGRATIVE AGRICULTURE	25	62	47	1.042（2016）
6	FOOD CHEMISTRY	24	423	348	4.529（2016）
7	FRONTIERS IN PLANT SCIENCE	24	42	35	4.298（2016）
8	JOURNAL OF AGRICULTURAL AND FOOD CHEMISTRY	22	541	471	3.154（2016）
9	INTERNATIONAL JOURNAL OF MOLECULAR SCIENCES	21	118	110	3.226（2016）
10	ARCHIVES OF VIROLOGY	21	128	102	2.058（2016）

1.4 合作发文国家与地区 TOP10

2008—2017 年广东省农业科学院 SCI 合作发文国家与地区（合作发文 1 篇以上）
TOP10 见表 1-4。

表 1-4 2008—2017 年广东省农业科学院 SCI 合作发文国家与地区 TOP10

排序	国家与地区	合作发文量	WOS 所有数据库 总被引频次	WOS 核心库 被引频次
1	美国	178	2 541	2 215
2	澳大利亚	32	334	300
3	菲律宾	20	501	421
4	巴基斯坦	15	95	86
5	印度	13	209	183
6	加拿大	13	287	249
7	德国	11	104	100
8	中国台湾	9	57	45
9	日本	9	22	19
10	新西兰	8	51	51

1.5 合作发文机构 TOP10

2008—2017 年广东省农业科学院 SCI 合作发文机构 TOP10 见表 1-5。

表 1-5 2008—2017 年广东省农业科学院 SCI 合作发文机构 TOP10

排序	合作发文机构	发文量	WOS 所有数据库 总被引频次	WOS 核心库 被引频次
1	华南农业大学	477	3 689	3 145
2	中国科学院	182	2 737	2 393
3	广东省生态环境与土壤研究所	174	3 110	2 744
4	华中农业大学	76	898	765
5	中山大学	61	592	505
6	中国农业科学院	58	476	410
7	中国农业大学	58	980	852
8	华南理工大学	49	1122	965
9	暨南大学	37	162	134
10	浙江大学	32	439	370

1.6　高被引论文 TOP10

2008—2017 年广东省农业科学院发表的 SCI 高被引论文 TOP10 见表 1-6，广东省农业科学院以第一或通讯作者完成单位发表的 SCI 高被引论文 TOP10 见表 1-7。

表 1-6　2008—2017 年广东省农业科学院 SCI 高被引论文 TOP10

排序	标题	WOS 所有数据库总被引频次	WOS 核心库被引频次	作者机构	出版年份	期刊名称	期刊影响因子（最近年度）
1	De novo assembly and characterization of root transcriptome using Illumina paired-end sequencing and development of cSSR markers in sweetpotato（Ipomoea batatas）	275	250	广东省农业科学院作物研究所	2010 年	BMC GENOMICS	3.729（2016）
2	Electricity generation from starch processing wastewater using microbial fuel cell technology	199	178	广东省农业科学院农业资源与环境研究所	2009 年	BIOCHEMICAL ENGINEERING JOURNAL	2.892（2016）
3	Phenolic Profiles and Antioxidant Activity of Black Rice Bran of Different Commercially Available Varieties	148	128	广东省农业科学院蚕业与农产品加工研究所	2010 年	JOURNAL OF AGRICULTURAL AND FOOD CHEMISTRY	3.154（2016）
4	Improving nitrogen fertilization in rice by site-specific N management. A review	147	130	广东省农业科学院水稻研究所	2010 年	AGRONOMY FOR SUSTAINABLE DEVELOPMENT	4.101（2016）
5	A Germin-Like Protein Gene Family Functions as a Complex Quantitative Trait Locus Conferring Broad-Spectrum Disease Resistance in Rice	136	112	广东省农业科学院植物保护研究所，广东省农业科学院水稻研究所	2009 年	PLANT PHYSIOLOGY	6.456（2016）
6	A polypyrrole/anthraquinone-2, 6-disulphonic disodium salt（PPy/AQDS）-modified anode to improve performance of microbial fuel cells	128	113	广东省农业科学院农业资源与环境研究所	2010 年	BIOSENSORS & BIOELECTRONICS	7.78（2016）

（续表）

排序	标题	WOS 所有数据库总被引频次	WOS 核心库被引频次	作者机构	出版年份	期刊名称	期刊影响因子（最近年度）
7	Organophosphorus flame retardants and plasticizers: Sources, occurrence, toxicity and human exposure	121	113	广东省农业科学院农业资源与环境研究所	2015 年	ENVIRONMENTAL POLLUTION	5.099 (2016)
8	Utility of EST-derived SSR in cultivated peanut (Arachis hypogaea L.) and Arachis wild species	119	97	广东省农业科学院作物研究所	2009 年	BMC PLANT BIOLOGY	3.964 (2016)
9	Structural features and antioxidant activity of tannin from persimmon pulp	114	88	广东省农业科学院蚕业与农产品加工研究所	2008 年	FOOD RESEARCH INTERNATIONAL	3.086 (2016)
10	De novo assembly and Characterisation of the Transcriptome during seed development, and generation of genic-SSR markers in Peanut (Arachis hypogaea L.)	110	103	广东省农业科学院作物研究所	2012 年	BMC GENOMICS	3.729 (2016)

表 1-7 2008—2017 年广东省农业科学院 SCI 高被引论文 TOP10（第一或通讯作者完成单位）

排序	标题	WOS 所有数据库总被引频次	WOS 核心库被引频次	作者机构	出版年份	期刊名称	期刊影响因子（最近年度）
1	De novo assembly and characterization of root transcriptome using Illumina paired-end sequencing and development of cSSR markers in sweetpotato (Ipomoea batatas)	275	250	广东省农业科学院作物研究所	2010 年	BMC GENOMICS	3.729 (2016)

（续表）

排序	标题	WOS 所有数据库总被引频次	WOS 核心库被引频次	作者机构	出版年份	期刊名称	期刊影响因子（最近年度）
2	Organophosphorus flame retardants and plasticizers：Sources，occurrence，toxicity and human exposure	121	113	广东省农业科学院农业资源与环境研究所	2015 年	ENVIRONMENTAL POLLUTION	5.099 (2016)
3	Utility of EST-derived SSR in cultivated peanut (Arachis hypogaea L.) and Arachis wild species	119	97	广东省农业科学院作物研究所	2009 年	BMC PLANT BIOLOGY	3.964 (2016)
4	Bio-Electro-Fenton Process Driven by Microbial Fuel Cell for Wastewater Treatment	95	83	广东省农业科学院农业资源与环境研究所	2010 年	ENVIRONMENTAL SCIENCE & TECHNOLOGY	6.198 (2016)
5	Enhanced reductive dechlorination of DDT in an anaerobic system of dissimilatory iron-reducing bacteria and iron oxide	80	60	广东省农业科学院农业资源与环境研究所	2010 年	ENVIRONMENTAL POLLUTION	5.099 (2016)
6	A SSR-based composite genetic linkage map for the cultivated peanut (Arachis hypogaea L.) genome	73	63	广东省农业科学院作物研究所	2010 年	BMC PLANT BIOLOGY	3.964 (2016)
7	TiO2 hydrosols with high activity for photocatalytic degradation of formaldehyde in a gaseous phase	66	61	广东省农业科学院农业资源与环境研究所	2008 年	JOURNAL OF HAZARDOUS MATERIALS	6.065 (2016)
8	Fe (Ⅲ) oxide reduction and carbon tetrachloride dechlorination by a newly isolated Klebsiella pneumoniae strain L17	62	48	广东省农业科学院农业资源与环境研究所	2009 年	JOURNAL OF APPLIED MICROBIOLOGY	2.099 (2016)
9	Dietary arginine supplementation enhances antioxidative capacity and improves meat quality of finishing pigs	62	56	广东省农业科学院动物科学研究所	2010 年	AMINO ACIDS	3.173 (2016)
10	Microbial fuel cell with an azo-dye-feeding cathode	58	49	广东省农业科学院农业资源与环境研究所	2009 年	APPLIED MICROBIOLOGY AND BIOTECHNOLOGY	3.42 (2016)

1.7 高频词 TOP20

2008—2017 年广东省农业科学院 SCI 发文高频词（作者关键词）TOP20 见表 1-8。

表 1-8 2008—2017 年广东省农业科学院 SCI 发文高频词（作者关键词）TOP20

排序	关键词（作者关键词）	频次	排序	关键词（作者关键词）	频次
1	chicken	51	11	growth performance	16
2	antioxidant activity	32	12	phenolics	15
3	Rice	30	13	Resistance	14
4	gene expression	26	14	pig	14
5	genetic diversity	25	15	Phylogenetic analysis	14
6	China	22	16	apoptosis	13
7	growth	22	17	photosynthesis	13
8	transcriptome	16	18	Flavonoids	12
9	litchi	16	19	yield	12
10	Banana	16	20	polysaccharide	11

2 中文期刊论文分析

2008—2017 年，中国农业科技文献数据库（CASDD）共收录由广东省农业科学院作者发表的中文期刊论文 5820 篇，其中北大中文核心期刊论文 3994 篇，中国科学引文数据库（CSCD）期刊论文 3618 篇。

2.1 发文量

2008—2017 年广东省农业科学院中文文献历年发文趋势（2008—2017 年）见下图。

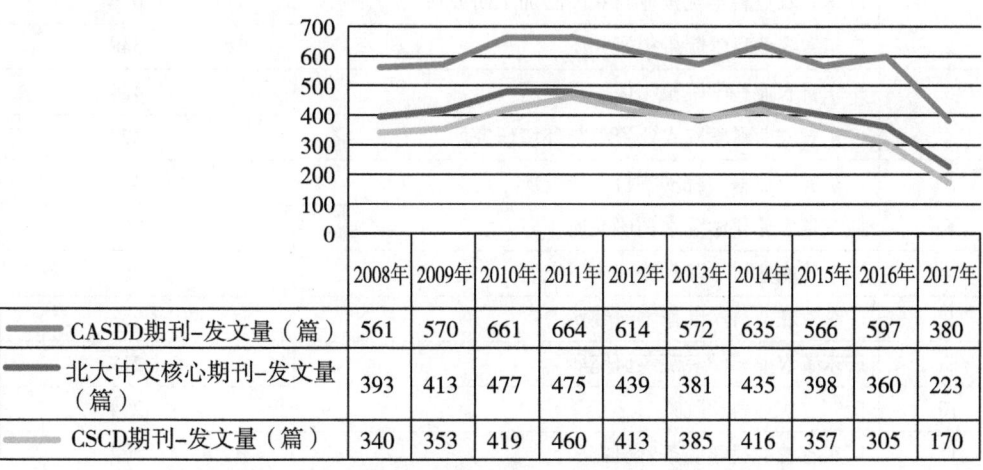

	2008年	2009年	2010年	2011年	2012年	2013年	2014年	2015年	2016年	2017年
CASDD期刊-发文量（篇）	561	570	661	664	614	572	635	566	597	380
北大中文核心期刊-发文量（篇）	393	413	477	475	439	381	435	398	360	223
CSCD期刊-发文量（篇）	340	353	419	460	413	385	416	357	305	170

图 广东省农业科学院中文文献历年发文趋势（2008—2017 年）

2.2 高发文研究所 TOP10

2008—2017 年广东省农业科学院 CASDD 期刊高发文研究所 TOP10 见表 2-1，2008—2017 年广东省农业科学院北大中文核心期刊高发文研究所 TOP10 见表 2-2，2008—2017 年广东省农业科学院中国科学引文数据库（CSCD）期刊高发文研究所 TOP10 见表 2-3。

表 2-1　2008—2017 年广东省农业科学院 CASDD 期刊高发文研究所 TOP10　　单位：篇

排序	研究所	发文量
1	广东省农业科学院蚕业与农产品加工研究所	889
2	广东省农业科学院果树研究所	813
3	广东省农业科学院植物保护研究所	613
4	广东省农业科学院动物科学研究所	519
5	广东省农业科学院农业资源与环境研究所	445
6	广东省农业科学院动物卫生研究所	432
7	广东省农业科学院水稻研究所	401
8	广东省农业科学院作物研究所	349
9	广东省农业科学院蔬菜研究所	329
10	广东省农业科学院	310
11	广东省农业科学院茶叶研究所	282

注："广东省农业科学院"发文包括作者单位只标注为"广东省农业科学院"、院属实验室等。

表 2-2　2008—2017 年广东省农业科学院北大中文核心期刊高发文研究所 TOP10　　单位：篇

排序	研究所	发文量
1	广东省农业科学院蚕业与农产品加工研究所	616
2	广东省农业科学院果树研究所	548
3	广东省农业科学院植物保护研究所	486
4	广东省农业科学院农业资源与环境研究所	377
5	广东省农业科学院动物科学研究所	318
6	广东省农业科学院水稻研究所	295
7	广东省农业科学院动物卫生研究所	280
8	广东省农业科学院作物研究所	233
9	广东省农业科学院蔬菜研究所	211
10	广东省农业科学院	204
11	广东省农业科学院茶叶研究所	202

注："广东省农业科学院"发文包括作者单位只标注为"广东省农业科学院"、院属实验室等。

表 2-3 2008—2017 年广东省农业科学院 CSCD 期刊高发文研究所 TOP10　　　单位：篇

排序	研究所	发文量
1	广东省农业科学院果树研究所	559
2	广东省农业科学院植物保护研究所	490
3	广东省农业科学院蚕业与农产品加工研究所	474
4	广东省农业科学院农业资源与环境研究所	391
5	广东省农业科学院水稻研究所	293
6	广东省农业科学院作物研究所	249
7	广东省农业科学院蔬菜研究所	222
8	广东省农业科学院茶叶研究所	194
9	广东省农业科学院	188
10	广东省农业科学院动物卫生研究所	182
11	广东省农业科学院动物科学研究所	173

注："广东省农业科学院"发文包括作者单位只标注为"广东省农业科学院"、院属实验室等。

2.3 高发文期刊 TOP10

2008—2017 年广东省农业科学院高发文 CASDD 期刊 TOP10 见表 2-4，2008—2017 年广东省农业科学院高发文北大中文核心期刊 TOP10 见表 2-5，2008—2017 年广东省农业科学院高发文 CSCD 期刊 TOP10 见表 2-6。

表 2-4 2008—2017 年广东省农业科学院高发文期刊（CASDD）TOP10　　　单位：篇

排序	期刊名称	发文量	排序	期刊名称	发文量
1	广东农业科学	1 322	6	食品科学	92
2	热带作物学报	227	7	园艺学报	89
3	中国农学通报	152	8	分子植物育种	88
4	广东蚕业	103	9	现代食品科技	85
5	蚕业科学	97	10	动物营养学报	83

表 2-5 2008—2017 年广东省农业科学院高发文期刊（北大中文核心）TOP10　　　单位：篇

排序	期刊名称	发文量	排序	期刊名称	发文量
1	广东农业科学	1 282	6	园艺学报	89
2	热带作物学报	108	7	动物营养学报	83
3	中国农学通报	102	8	食品工业科技	62
4	蚕业科学	97	9	中国农业科学	59
5	食品科学	92	10	环境昆虫学报	59

表 2-6　2008—2017 年广东省农业科学院高发文期刊（CSCD）TOP10　　　单位：篇

排序	期刊名称	发文量	排序	期刊名称	发文量
1	广东农业科学	1 282	7	分子植物育种	88
2	热带作物学报	227	8	动物营养学报	67
3	中国农学通报	101	9	食品工业科技	62
4	蚕业科学	97	10	中国农业科学	59
5	食品科学	92	10	环境昆虫学报	59
6	园艺学报	89			

2.4　合作发文机构 TOP10

2008—2017 年广东省农业科学院中文期刊合作发文机构 TOP10 见表 2-7。

表 2-7　2008—2017 年广东省农业科学院中文期刊合作发文机构 TOP10　　　单位：篇

排序	合作发文机构	发文量	排序	合作发文机构	发文量
1	华南农业大学	1 497	6	吉林大学	239
2	中国热带农业科学院	1470	7	华南师范大学	143
3	华中农业大学	281	8	中国农业科学院	140
4	海南大学	274	9	仲恺农业工程学院	137
5	中华人民共和国农业农村部	246	10	江西农业大学	128

广西农业科学院

1 英文期刊论文分析

分析数据来源于科学引文索引数据库（Web of Science，WOS）收录的文献类型为期刊论文（ARTICLE）、会议论文（PROCEEDINGS PAPER）和述评（REVIEW）的 Science Citation Index Expanded（SCIE）论文数据，数据时间范围为 2008—2017 年，共检索到广西农业科学院作者发表的论文 320 篇。

1.1 发文量

2008—2017 年广西农业科学院历年 SCI 发文与被引情况见表 1-1，广西农业科学院英文文献历年发文趋势（2008—2017 年）见下图。

表 1-1 2008—2017 年广西农业科学院历年 SCI 发文与被引情况

出版年	发文量（篇）	WOS 所有数据库总被引频次	WOS 核心库被引频次
2008 年	9	158	120
2009 年	8	124	96
2010 年	23	229	165
2011 年	22	330	279
2012 年	31	480	371
2013 年	30	324	261
2014 年	28	217	184
2015 年	57	369	319
2016 年	43	111	102
2017 年	69	56	50

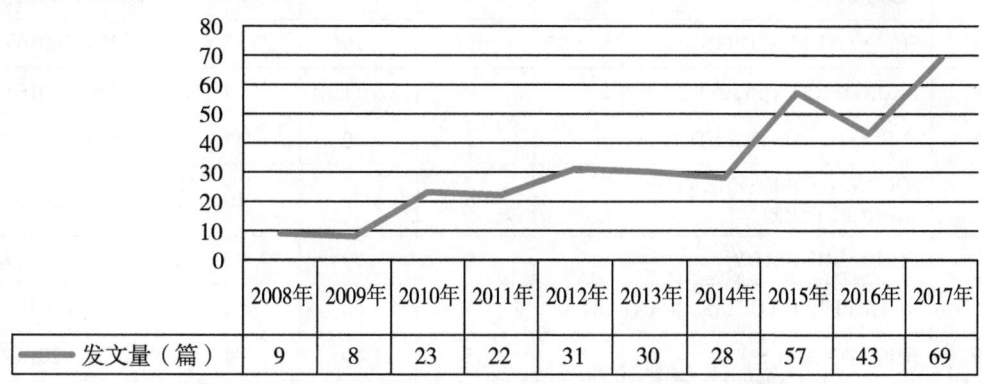

图 广西农业科学院英文文献历年发文趋势（2008—2017 年）

1.2 高发文研究所 TOP10

2008—2017 年广西农业科学院 SCI 高发文研究所 TOP10 见表 1-2。

表 1-2　2008—2017 年广西农业科学院 SCI 高发文研究所 TOP10　　　　单位：篇

排序	研究所	发文量
1	广西作物遗传改良生物技术重点开放实验室	60
2	广西农业科学院甘蔗研究所	48
3	广西农业科学院农产品加工研究所	36
4	广西农业科学院经济作物研究所	34
5	广西农业科学院植物保护研究所	27
6	广西农业科学院生物技术研究所	25
7	广西农业科学院水稻研究所	23
8	广西农业科学院园艺研究所	20
9	广西农业科学院农业资源与环境研究所	18
10	广西农业科学院葡萄与葡萄酒研究所	9

1.3 高发文期刊 TOP10

2008—2017 年广西农业科学院 SCI 高发文期刊 TOP10 见表 1-3。

表 1-3　2008—2017 年广西农业科学院 SCI 发文期刊 TOP10

排序	期刊名称	发文量（篇）	WOS 所有数据库总被引频次	WOS 核心库被引频次	期刊影响因子（最近年度）
1	SUGAR TECH	37	170	133	0.829（2016）
2	PLOS ONE	9	66	61	2.806（2016）
3	SCIENTIFIC REPORTS	9	19	17	4.259（2016）
4	FRONTIERS IN PLANT SCIENCE	8	11	9	4.298（2016）
5	SCIENTIA HORTICULTURAE	7	70	57	1.624（2016）
6	JOURNAL OF INTEGRATIVE AGRICULTURE	6	29	19	1.042（2016）
7	FOOD CHEMISTRY	6	99	80	4.529（2016）
8	ACTA PHYSIOLOGIAE PLANTARUM	5	68	58	1.364（2016）
9	BMC GENOMICS	5	49	44	3.729（2016）
10	PLANT SCIENCE	4	75	54	3.437（2016）

1.4 合作发文国家与地区 TOP10

2008—2017 年广西农业科学院 SCI 合作发文国家与地区（合作发文 1 篇以上）TOP10见表 1-4。

表 1-4 2008—2017 年广西农业科学院 SCI 合作发文国家与地区 TOP10

排序	国家与地区	合作发文量	WOS 所有数据库总被引频次	WOS 核心库被引频次
1	美国	23	235	198
2	澳大利亚	7	64	60
3	马来西亚	7	69	64
4	捷克共和国	6	48	45
5	印度	6	70	68
6	瑞士	4	56	56
7	西班牙	4	66	53
8	加拿大	4	70	60
9	日本	3	16	14
10	墨西哥	3	41	40
10	英格兰	3	4	2

1.5 合作发文机构 TOP10

2008—2017 年广西农业科学院 SCI 合作发文机构 TOP10 见表 1-5。

表 1-5 2008—2017 年广西农业科学院 SCI 合作发文机构 TOP10

排序	合作发文机构	发文量	WOS 所有数据库总被引频次	WOS 核心库被引频次
1	广西大学	106	816	639
2	中国农业科学院	58	343	277
3	中国科学院	30	189	154
4	中国农业大学	23	156	141
5	华南农业大学	21	155	135
6	中华人民共和国农业农村部	13	116	92
7	上海交通大学	12	22	21
8	福建农林大学	9	130	90
9	中国热带农业科学院	8	42	29

（续表）

排序	合作发文机构	发文量	WOS 所有数据库总被引频次	WOS 核心库被引频次
10	南京农业大学	7	56	45
10	浙江大学	7	108	87
10	广东省农业科学院	7	104	85
10	美国农业部农业科学研究院	7	95	83

1.6 高被引论文 TOP10

2008—2017年广西农业科学院发表的 SCI 高被引论文 TOP10 见表1-6，广西农业科学院以第一或通讯作者完成单位发表的 SCI 高被引论文 TOP10 见表1-7。

表1-6 2008—2017年广西农业科学院 SCI 高被引论文 TOP10

排序	标题	WOS 所有数据库总被引频次	WOS 核心库被引频次	作者机构	出版年份	期刊名称	期刊影响因子（最近年度）
1	Start codon targeted polymorphism for evaluation of functional genetic variation and relationships in cultivated peanut (Arachis hypogaea L.) genotypes	71	52	广西作物遗传改良生物技术重点开放实验室，广西农业科学院经济作物研究所	2011年	MOLECULAR BIOLOGY REPORTS	1.828 (2016)
2	Molecular characterization of banana NAC transcription factors and their interactions with ethylene signalling component EIL during fruit ripening	71	60	广西农业科学院农产品加工研究所	2012年	JOURNAL OF EXPERIMENTAL BOTANY	5.83 (2016)
3	Antioxidant activity of polyphenol and anthocyanin extracts from fruits of Kadsura coccinea (Lem.) AC Smith	58	46	广西农业科学院园艺研究所	2009年	FOOD CHEMISTRY	4.529 (2016)
4	Transcriptome analysis of rice root heterosis by RNA-Seq	45	40	广西农业科学院水稻研究所	2013年	BMC GENOMICS	3.729 (2016)
5	Sugarcane Agriculture and Sugar Industry in China	44	40	广西农业科学院甘蔗研究所	2015年	SUGAR TECH	0.829 (2016)

（续表）

排序	标题	WOS所有数据库总被引频次	WOS核心库被引频次	作者机构	出版年份	期刊名称	期刊影响因子（最近年度）
6	Competitive interaction between two functional S-haplotypes confer self-compatibility on tetraploid Chinese cherry（Prunus pseudocerasus Lindl. CV. Nanjing Chuisi）	41	34	广西农业科学院园艺研究所	2008年	PLANT CELL REPORTS	2.869（2016）
7	Plant Growth-Promoting Nitrogen-Fixing Enterobacteria Are in Association with Sugarcane Plants Growing in Guangxi，China	38	29	广西农业科学院	2012年	MICROBES AND ENVIRONMENTS	2.909（2016）
8	Nitric oxide improves aluminum tolerance by regulating hormonal equilibrium in the root apices of rye and wheat	37	29	广西农业科学院经济作物研究所	2012年	PLANT SCIENCE	3.437（2016）
9	In vitro and ex vitro rooting of Siratia grosvenorii，a traditional medicinal plant	36	27	广西农业科学院生物技术研究所	2010年	ACTA PHYSIOLOGIAE PLANTARUM	1.364（2016）
10	Nitric oxide signaling in aluminum stress in plants	35	26	广西农业科学院经济作物研究所	2012年	PROTOPLASMA	2.87（2016）

表1-7 2008—2017年广西农业科学院SCI高被引论文TOP10（第一或通讯作者完成单位）

排序	标题	WOS所有数据库总被引频次	WOS核心库被引频次	作者机构	出版年份	期刊名称	期刊影响因子（最近年度）
1	Start codon targeted polymorphism for evaluation of functional genetic variation and relationships in cultivated peanut（Arachis hypogaea L.）genotypes	71	52	广西作物遗传改良生物技术重点开放实验室，广西农业科学院经济作物研究所	2011年	MOLECULAR BIOLOGY REPORTS	1.828（2016）
2	Antioxidant activity of polyphenol and anthocyanin extracts from fruits of Kadsura coccinea（Lem.）AC Smith	58	46	广西农业科学院园艺研究所	2009年	FOOD CHEMISTRY	4.529（2016）

（续表）

排序	标题	WOS 所有数据库总被引频次	WOS 核心库被引频次	作者机构	出版年份	期刊名称	期刊影响因子（最近年度）
3	Sugarcane Agriculture and Sugar Industry in China	44	40	广西农业科学院甘蔗研究所	2015 年	SUGAR TECH	0.829 (2016)
4	In vitro and ex vitro rooting of Siratia grosvenorii, a traditional medicinal plant	36	27	广西农业科学院生物技术研究所	2010 年	ACTA PHYSIOLOGIAE PLANTARUM	1.364 (2016)
5	Effects of a phospholipase D inhibitor on postharvest enzymatic browning and oxidative stress of litchi fruit	27	24	广西作物遗传改良生物技术重点开放实验室，广西农业科学院农产品加工研究所，广西农业科学院园艺研究所	2011 年	POSTHARVEST BIOLOGY AND TECHNOLOGY	3.248 (2016)
6	Highly sensitive determination of capsaicin using a carbon paste electrode modified with amino-functionalized mesoporous silica	23	21	广西农业科学院农产品质量安全与检测技术研究所，广西农业科学院甘蔗研究所	2012 年	COLLOIDS AND SURFACES B-BIOINTERFACES	3.887 (2016)
7	Effect of Long-Term Vinasse Application on Physico-chemical Properties of Sugarcane Field Soils	21	19	广西农业科学院农业资源与环境研究所	2012 年	SUGAR TECH	0.829 (2016)
8	Highly sensitive electrochemical sensor based on pyrrolidinium ionic liquid modified ordered mesoporous carbon paste electrode for determination of carbendazim	20	20	广西农业科学院农产品质量安全与检测技术研究所	2015 年	ANALYTICAL METHODS	1.9 (2016)
9	Improved growth and quality of Siraitia grosvenorii plantlets using a temporary immersion system	17	14	广西农业科学院生物技术研究所	2010 年	PLANT CELL TISSUE AND ORGAN CULTURE	2.002 (2016)
10	Membrane deterioration, enzymatic browning and oxidative stress in fresh fruits of three litchi cultivars during six-day storage	16	11	广西作物遗传改良生物技术重点开放实验室，广西农业科学院农产品加工研究所，广西农业科学院园艺研究所	2012 年	SCIENTIA HORTICULTURAE	1.624 (2016)

1.7 高频词 TOP20

2008—2017 年广西农业科学院 SCI 发文高频词（作者关键词）TOP20 见表 1-8。

表 1-8 2008—2017 年广西农业科学院 SCI 发文高频词（作者关键词）TOP20

排序	关键词（作者关键词）	频次	排序	关键词（作者关键词）	频次
1	Sugarcane	42	11	Reactive oxygen species	5
2	genetic diversity	11	12	Abscisic acid	5
3	Gene expression	9	13	Development	5
4	Peanut	9	14	soybean	5
5	China	6	15	Oxidative stress	4
6	Transcriptome	6	16	Polyphenoloxidase	4
7	Rice	6	17	Maize	4
8	Nitric oxide	6	18	Absorption	4
9	banana	6	19	Polyphenols	4
10	Plasmopara viticola	6	20	rice（Oryza sativa L.）	4

2 中文期刊论文分析

2008—2017 年，中国农业科技文献数据库（CASDD）共收录由广西农业科学院作者发表的中文期刊论文 4 676篇，其中北大中文核心期刊 2 176篇，中国科学引文数据库（CSCD）期刊论文 2 120篇。

2.1 发文量

2008—2017 年广西农业科学院中文文献历年发文趋势（2008—2017 年）见下图。

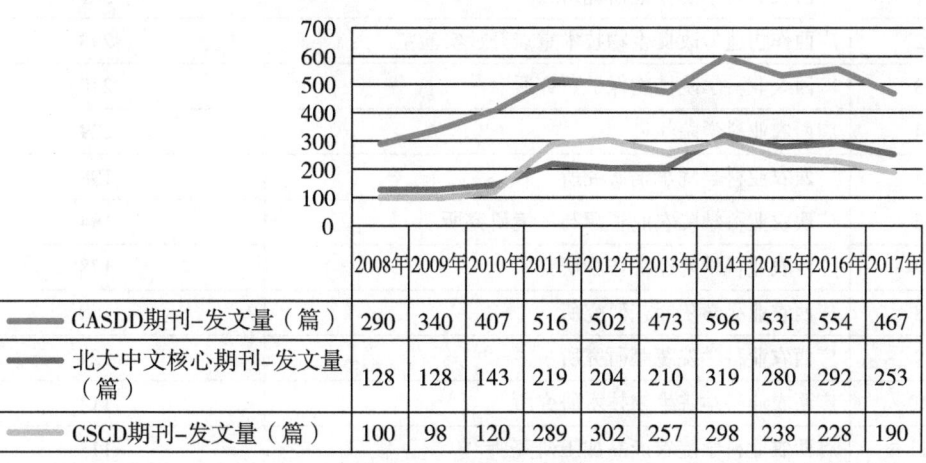

	2008年	2009年	2010年	2011年	2012年	2013年	2014年	2015年	2016年	2017年
CASDD期刊-发文量（篇）	290	340	407	516	502	473	596	531	554	467
北大中文核心期刊-发文量（篇）	128	128	143	219	204	210	319	280	292	253
CSCD期刊-发文量（篇）	100	98	120	289	302	257	298	238	228	190

图 广西农业科学院中文文献历年发文趋势（2008—2017 年）

2.2 高发文研究所 TOP10

2008—2017 年广西农业科学院 CASDD 期刊高发文研究所 TOP10 见表 2-1，2008—2017 年广西农业科学院北大中文核心期刊高发文研究所 TOP10 见表 2-2，2008—2017 年广西农业科学院中国科学引文数据库（CSCD）期刊高发文研究所 TOP10 见表 2-3。

表 2-1　2008—2017 年广西农业科学院 CASDD 期刊高发文研究所 TOP10　　　单位：篇

排序	研究所	发文量
1	广西农业科学院甘蔗研究所	716
2	广西农业科学院	514
3	广西作物遗传改良生物技术重点开放实验室	463
4	广西农业科学院植物保护研究所	411
5	广西农业科学院农业资源与环境研究所	395
6	广西农业科学院水稻研究所	362
7	广西农业科学院经济作物研究所	349
8	广西农业科学院园艺研究所	314
9	广西农业科学院蔬菜研究所	251
10	广西农业科学院生物技术研究所	229
11	广西农业科学院微生物研究所	194

注："广西农业科学院"发文包括作者单位只标注为"广西农业科学院"、院属实验室等。

表 2-2　2008—2017 年广西农业科学院北大中文核心期刊高发文研究所 TOP10　　　单位：篇

排序	研究所	发文量
1	广西农业科学院甘蔗研究所	361
2	广西作物遗传改良生物技术重点开放实验室	293
3	广西农业科学院植物保护研究所	248
4	广西农业科学院	229
5	广西农业科学院水稻研究所	198
6	广西农业科学院农业资源与环境研究所	194
7	广西农业科学院经济作物研究所	178
8	广西农业科学院园艺研究所	160
9	广西农业科学院蔬菜研究所	124
10	广西农业科学院生物技术研究所	114
11	广西农业科学院农产品加工研究所	113

注："广西农业科学院"发文包括作者单位只标注为"广西农业科学院"、院属实验室等。

表 2-3　2008—2017 年广西农业科学院 CSCD 期刊高发文研究所 TOP10　　　单位：篇

排序	研究所	发文量
1	广西农业科学院甘蔗研究所	401
2	广西作物遗传改良生物技术重点开放实验室	336
3	广西农业科学院植物保护研究所	243
4	广西农业科学院	231
5	广西农业科学院水稻研究所	217
6	广西农业科学院农业资源与环境研究所	192
7	广西农业科学院经济作物研究所	180
8	广西农业科学院园艺研究所	128
9	广西农业科学院微生物研究所	112
10	广西农业科学院蔬菜研究所	104
11	广西农业科学院生物技术研究所	97

注："广西农业科学院"发文包括作者单位只标注为"广西农业科学院"、院属实验室等。

2.3　高发文期刊 TOP10

2008—2017 年广西农业科学院高发文 CASDD 期刊 TOP10 见表 2-4，2008—2017 年广西农业科学院高发文北大中文核心期刊 TOP10 见表 2-5，2008—2017 年广西农业科学院高发文 CSCD 期刊 TOP10 见表 2-6。

表 2-4　2008—2017 年广西农业科学院高高发文期刊（CASDD）TOP10　　　单位：篇

排序	期刊名称	发文量	排序	期刊名称	发文量
1	南方农业学报	697	6	广东农业科学	121
2	西南农业学报	302	7	广西农学报	102
3	广西农业科学	254	8	中国糖料	86
4	现代农业科技	167	9	南方园艺	82
5	安徽农业科学	148	10	中国农学通报	81

表 2-5　2008—2017 年广西农业科学院高发文期刊（北大中文核心）TOP10　　　单位：篇

排序	期刊名称	发文量	排序	期刊名称	发文量
1	南方农业学报	334	6	中国南方果树	68
2	西南农业学报	302	7	中国农学通报	66
3	广东农业科学	119	8	中国蔬菜	57
4	安徽农业科学	106	9	种子	44
5	北方园艺	68	10	热带作物学报	39

表 2-6 2008—2017 年广西农业科学院高发文期刊（CSCD）TOP10   单位：篇

排序	期刊名称	发文量	排序	期刊名称	发文量
1	南方农业学报	697	6	广西植物	38
2	西南农业学报	302	7	基因组学与应用生物学	37
3	广东农业科学	119	8	杂交水稻	36
4	热带作物学报	80	9	种子	34
5	中国农学通报	55	10	生物技术通报	33

2.4 合作发文机构 TOP10

2008—2017 年广西农业科学院中文期刊合作发文机构 TOP10 见表 2-7。

表 2-7 2008—2017 年广西农业科学院中文期刊合作发文机构 TOP10   单位：篇

排序	合作发文机构	发文量	排序	合作发文机构	发文量
1	广西大学	2 370	6	广西特色作物研究院	65
2	中国农业科学院	714	7	中国科学院	56
3	广西科学院	708	8	中华人民共和国农业农村部	52
4	华南农业大学	352	9	湖南农业大学	48
5	广西农业职业技术学院	73	10	南昌大学	43

贵州省农业科学院

1 英文期刊论文分析

分析数据来源于科学引文索引数据库（Web of Science，WOS）收录的文献类型为期刊论文（ARTICLE）、会议论文（PROCEEDINGS PAPER）和述评（REVIEW）的 Science Citation Index Expanded（SCIE）论文数据，数据时间范围为 2008—2017 年，共检索到贵州省农业科学院作者发表的论文 191 篇。

1.1 发文量

2008—2017 年贵州省农业科学院历年 SCI 发文与被引情况见表 1-1，贵州省农业科学院英文文献历年发文趋势（2008—2017 年）见下图。

表 1-1　2008—2017 年贵州省农业科学院历年 SCI 发文与被引情况

出版年	发文量（篇）	WOS 所有数据库总被引频次	WOS 核心库被引频次
2008 年	3	134	108
2009 年	5	624	523
2010 年	0	0	0
2011 年	7	128	112
2012 年	7	105	84
2013 年	16	485	449
2014 年	18	237	219
2015 年	29	885	875
2016 年	55	435	424
2017 年	51	148	146

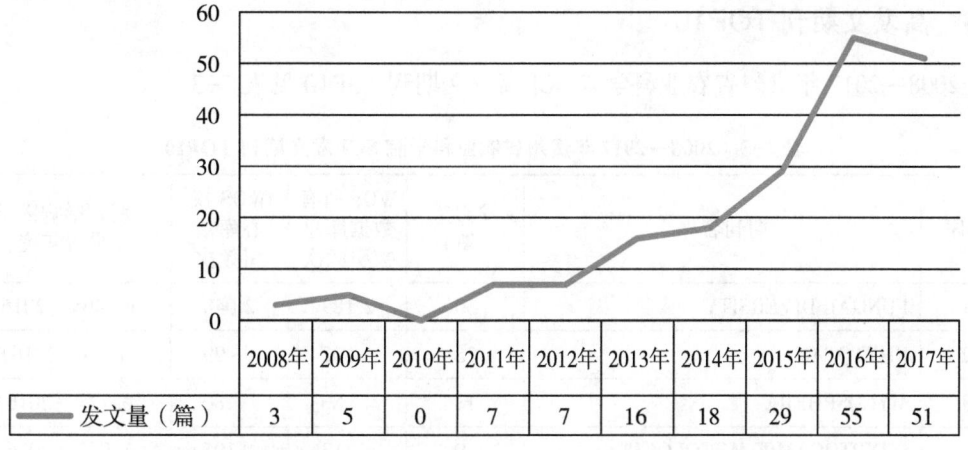

图　贵州省农业科学院英文文献历年发文趋势（2008—2017 年）

1.2 高发文研究所 TOP10

2008—2017 年贵州省农业科学院 SCI 高发文研究所 TOP10 见表 1-2。

表 1-2　2008—2017 年贵州省农业科学院 SCI 高发文研究所 TOP10　　　　单位：篇

排序	研究所	发文量
1	贵州省农业生物技术研究所	107
2	贵州省植物保护研究所	26
3	贵州省油菜研究所	11
4	贵州省茶叶研究所	9
4	贵州省旱粮研究所	9
5	贵州省草业研究所	8
6	贵州省农业科学院果树科学（柑橘/火龙果）研究所	7
7	贵州省园艺研究所	4
8	贵州省亚热带作物（生物质能源）研究所	3
8	贵州省油料（香料）研究所	3
9	贵州省畜牧兽医研究所	2
9	贵州省农作物品种资源研究所（贵州省现代中药材研究所）	2
9	贵州省水稻研究所	2
10	贵州省农业科技信息研究所	1
10	贵州省蚕业（辣椒）研究所	1

1.3 高发文期刊 TOP10

2008—2017 年贵州省农业科学院 SCI 高发文期刊 TOP10 见表 1-3。

表 1-3　2008—2017 年贵州省农业科学院 SCI 发文期刊 TOP10

排序	期刊名称	发文量（篇）	WOS 所有数据库总被引频次	WOS 核心库被引频次	期刊影响因子（最近年度）
1	FUNGAL DIVERSITY	30	2 189	2 048	13.465（2016）
2	PHYTOTAXA	25	102	99	1.24（2016）
3	MYCOSPHERE	18	80	80	0.721（2016）
4	CRYPTOGAMIE MYCOLOGIE	9	113	105	1.982（2016）

（续表）

排序	期刊名称	发文量（篇）	WOS 所有数据库总被引频次	WOS 核心库被引频次	期刊影响因子（最近年度）
5	PLOS ONE	9	117	105	2.806（2016）
6	MYCOLOGICAL PROGRESS	8	36	36	1.616（2016）
7	FRONTIERS IN PLANT SCIENCE	5	8	7	4.298（2016）
8	GENE	3	10	9	2.415（2016）
9	SCIENTIFIC REPORTS	3	3	2	4.259（2016）
10	INTERNATIONAL JOURNAL OF MOLECULAR SCIENCES	3	11	9	3.226（2016）

1.4 合作发文国家与地区 TOP10

2008—2017 年贵州省农业科学院 SCI 合作发文国家与地区（合作发文 1 篇以上）TOP10 见表 1-4。

表 1-4 2008—2017 年贵州省农业科学院 SCI 合作发文国家与地区 TOP10

排序	国家与地区	合作发文量	WOS 所有数据库总被引频次	WOS 核心库被引频次
1	泰国	98	2 651	2 491
2	沙特阿拉伯	51	1 660	1 629
3	印度	34	1 340	1 327
4	意大利	30	1 289	1 276
5	新西兰	25	1 929	1 813
6	美国	18	1 262	1 207
7	阿曼苏丹国	18	238	238
8	葡萄牙	17	798	791
9	德国	14	940	930
10	俄罗斯	13	545	539
10	日本	13	1 058	1 009
10	法国	13	632	620

1.5 合作发文机构 TOP10

2008—2017 年贵州省农业科学院 SCI 合作发文机构 TOP10 见表 1-5。

表 1-5　2008—2017 年贵州省农业科学院 SCI 合作发文机构 TOP10

排序	合作发文机构	发文量	WOS 所有数据库总被引频次	WOS 核心库被引频次
1	泰国皇太后大学	94	2 428	2 290
2	中国科学院	71	1 962	1 885
3	沙特阿拉伯国王大学	43	1 520	1 490
4	贵州大学	42	1 358	1 326
5	印度果阿大学	28	1 136	1 126
6	阿扎德住宅协会	26	1 124	1 114
7	世界混农林业中心	19	559	554
8	北京农林科学院	19	1 240	1 228
9	苏丹卡布斯大学	18	238	238
10	清迈大学	17	532	529

1.6　高被引论文 TOP10

2008—2017 年贵州省农业科学院发表的 SCI 高被引论文 TOP10 见表 1-6，贵州省农业科学院以第一或通讯作者完成单位发表的 SCI 高被引论文 TOP10 见表 1-7。

表 1-6　2008—2017 年贵州省农业科学院 SCI 高被引论文 TOP10

排序	标题	WOS 所有数据库总被引频次	WOS 核心库被引频次	作者机构	出版年份	期刊名称	期刊影响因子（最近年度）
1	Families of Dothideomycetes	276	272	贵州省农业生物技术研究所	2013 年	FUNGAL DIVERSITY	13.465 (2016)
2	A polyphasic approach for studying Colletotrichum	225	190	贵州省农业科学院	2009 年	FUNGAL DIVERSITY	13.465 (2016)
3	The Faces of Fungi database: fungal names linked with morphology, phylogeny and human impacts	200	198	贵州省农业生物技术研究所	2015 年	FUNGAL DIVERSITY	13.465 (2016)
4	Colletotrichum-names in current use	196	158	贵州省农业科学院	2009 年	FUNGAL DIVERSITY	13.465 (2016)
5	Towards a natural classification and backbone tree for Sordariomycetes	136	135	贵州省农业生物技术研究所	2015 年	FUNGAL DIVERSITY	13.465 (2016)

（续表）

排序	标题	WOS 所有数据库总被引频次	WOS 核心库被引频次	作者机构	出版年份	期刊名称	期刊影响因子（最近年度）
6	Fungal diversity notes 1-110：taxonomic and phylogenetic contributions to fungal species	133	131	贵州省农业生物技术研究所	2015 年	FUNGAL DIVERSITY	13.465 (2016)
7	Fungal diversity notes 111-252-taxonomic and phylogenetic contributions to fungal taxa	112	110	贵州省农业生物技术研究所	2015 年	FUNGAL DIVERSITY	13.465 (2016)
8	Colletotrichum：a catalogue of confusion	109	95	贵州省农业科学院	2009 年	FUNGAL DIVERSITY	13.465 (2016)
9	Whole rDNA analysis reveals novel and endophytic fungi in Bletilla ochracea (Orchidaceae)	102	82	贵州省农业生物技术研究所，贵州省植物保护研究所	2008 年	FUNGAL DIVERSITY	13.465 (2016)
10	Colletotrichum anthracnose of Amaryllidaceae	94	80	贵州省农业科学院	2009 年	FUNGAL DIVERSITY	13.465 (2016)

表 1-7　2008—2017 年贵州省农业科学院 SCI 高被引论文 TOP10（第一或通讯作者完成单位）

排序	标题	WOS 所有数据库总被引频次	WOS 核心库被引频次	作者机构	出版年份	期刊名称	期刊影响因子（最近年度）
1	Towards a natural classification and backbone tree for Sordariomycetes	136	135	贵州省农业生物技术研究所	2015 年	FUNGAL DIVERSITY	13.465 (2016)
2	Fungal diversity notes 1-110：taxonomic and phylogenetic contributions to fungal species	133	131	贵州省农业生物技术研究所	2015 年	FUNGAL DIVERSITY	13.465 (2016)
3	Fungal diversity notes 111-252-taxonomic and phylogenetic contributions to fungal taxa	112	110	贵州省农业生物技术研究所	2015 年	FUNGAL DIVERSITY	13.465 (2016)
4	Families of Sordariomycetes	55	55	贵州省农业生物技术研究所	2016 年	FUNGAL DIVERSITY	13.465 (2016)
5	Colletotrichum species on Orchidaceae in southwest China	52	46	贵州省农业生物技术研究所	2011 年	CRYPTOGAMIE MYCOLOGIE	1.982 (2016)

（续表）

排序	标题	WOS 所有数据库总被引频次	WOS 核心库被引频次	作者机构	出版年份	期刊名称	期刊影响因子（最近年度）
6	Towards a natural classification and backbone tree for Lophiostomataceae, Floricolaceae, and Amorosiaceae fam. nov.	34	34	贵州省农业生物技术研究所	2015 年	FUNGAL DIVERSITY	13.465 (2016)
7	Microfungi on Tectona grandis（teak）in Northern Thailand	28	28	贵州省农业生物技术研究所	2017 年	FUNGAL DIVERSITY	13.465 (2016)
8	Revision and phylogeny of Leptosphaeriaceae	22	22	贵州省农业生物技术研究所	2015 年	FUNGAL DIVERSITY	13.465 (2016)
9	Marker-assisted selection for pyramiding the waxy and opaque-16 genes in maize using cross and backcross schemes	14	9	贵州省农业生物技术研究所，贵州省旱粮研究所	2013 年	MOLECULAR BREEDING	2.465 (2016)
10	Synthesis and biological evaluation of novel 6-chloro-quinazolin derivatives as potential antitumor agents	14	11	贵州省农业科学院果树科学（柑橘/火龙果）研究所	2014 年	EUROPEAN JOURNAL OF MEDICINAL CHEMISTRY	4.519 (2016)

1.7 高频词 TOP20

2008—2017 年贵州省农业科学院 SCI 发文高频词（作者关键词）TOP20 见表 1-8。

表 1-8 2008—2017 年贵州省农业科学院 SCI 发文高频词（作者关键词）TOP20

排序	关键词（作者关键词）	频次	排序	关键词（作者关键词）	频次
1	phylogeny	55	11	Asexual fungi	6
2	taxonomy	52	12	systematics	6
3	new species	21	13	LSU	6
4	Dothideomycetes	20	14	asexual morph	6
5	morphology	18	15	Basidiomycota	6
6	Sordariomycetes	14	16	Deltamethrin	5
7	Pleosporales	13	17	Plutella xylostella	5
8	Ascomycota	10	18	multilocus phylogeny	4
9	New genus	8	19	plant disease	4
10	anthracnose	6	20	Brassica napus	4

2 中文期刊论文分析

2008—2017 年，中国农业科技文献数据库（CASDD）共收录由贵州省农业科学院作者发表的中文期刊论文 5 750篇，其中北大中文核心期刊论文 3 116篇，中国科学引文数据库（CSCD）期刊论文 1 867篇。

2.1 发文量

2008—2017 年贵州省农业科学院中文文献历年发文趋势（2008—2017 年）见下图。

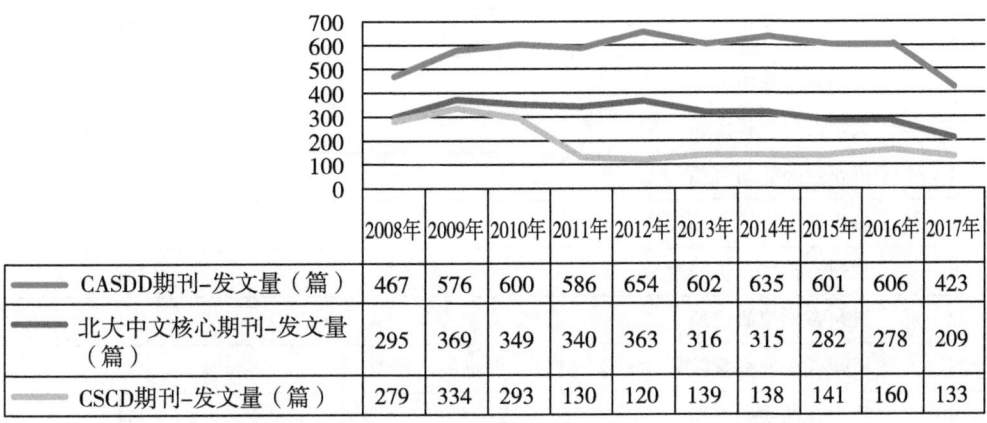

	2008年	2009年	2010年	2011年	2012年	2013年	2014年	2015年	2016年	2017年
CASDD期刊-发文量（篇）	467	576	600	586	654	602	635	601	606	423
北大中文核心期刊-发文量（篇）	295	369	349	340	363	316	315	282	278	209
CSCD期刊-发文量（篇）	279	334	293	130	120	139	138	141	160	133

图 贵州省农业科学院中文文献历年发文趋势（2008—2017 年）

2.2 高发文研究所 TOP10

2008—2017 年贵州省农业科学院 CASDD 期刊高发文研究所 TOP10 见表 2-1，2008—2017 年贵州省农业科学院北大中文核心期刊高发文研究所 TOP10 见表 2-2，2008—2017 年贵州省农业科学院中国科学引文数据库（CSCD）期刊高发文研究所 TOP10 见表 2-3。

表 2-1 2008—2017 年贵州省农业科学院 CASDD 期刊高发文研究所 TOP10 单位：篇

排序	研究所	发文量
1	贵州省畜牧兽医研究所	793
2	贵州省草业研究所	542
3	贵州省农业生物技术研究所	521
4	贵州省茶叶研究所	462
5	贵州省蚕业（辣椒）研究所	412
6	贵州省亚热带作物（生物质能源）研究所	352
7	贵州省园艺研究所	331
8	贵州省土壤肥料研究所	313

（续表）

排序	研究所	发文量
9	贵州省油菜研究所	295
10	贵州省植物保护研究所	267
10	贵州省农业科学院果树科学（柑橘/火龙果）研究所	267

表2-2　2008—2017年贵州省农业科学院北大中文核心期刊高发文研究所TOP10　单位：篇

排序	研究所	发文量
1	贵州省农业生物技术研究所	377
2	贵州省草业研究所	318
3	贵州省畜牧兽医研究所	300
4	贵州省园艺研究所	192
5	贵州省土壤肥料研究所	189
6	贵州省植物保护研究所	188
7	贵州省旱粮研究所	186
8	贵州省农业科学院果树科学（柑橘/火龙果）研究所	172
9	贵州省油菜研究所	171
10	贵州省亚热带作物（生物质能源）研究所	170

表2-3　2008—2017年贵州省农业科学院CSCD期刊高发文研究所TOP10　单位：篇

排序	研究所	发文量
1	贵州省草业研究所	232
2	贵州省农业生物技术研究所	230
3	贵州省土壤肥料研究所	140
4	贵州省植物保护研究所	130
5	贵州省旱粮研究所	127
6	贵州省园艺研究所	121
7	贵州省农业科学院果树科学（柑橘/火龙果）研究所	112
8	贵州省油菜研究所	110
9	贵州省亚热带作物（生物质能源）研究所	108
10	贵州省农业科学院	107
11	贵州省水稻研究所	104

注："贵州省农业科学院"发文包括作者单位只标注为"贵州省农业科学院"、院属实验室等。

2.3 高发文期刊 TOP10

2008—2017 年贵州省农业科学院高发文 CASDD 期刊 TOP10 见表 2-4，2008—2017 年贵州省农业科学院高发文北大中文核心期刊 TOP10 见表 2-5，2008—2017 年贵州省农业科学院高发文 CSCD 期刊 TOP10 见表 2-6。

表 2-4 2008—2017 年贵州省农业科学院高发文期刊（CASDD）TOP10　　　单位：篇

排序	期刊名称	发文量	排序	期刊名称	发文量
1	贵州农业科学	1 291	6	贵州畜牧兽医	185
2	农技服务	456	7	贵州茶叶	174
3	种子	341	8	耕作与栽培	120
4	西南农业学报	203	9	上海畜牧兽医通讯	118
5	安徽农业科学	201	10	现代农业科技	101

表 2-5　2008—2017 年贵州省农业科学院高发文期刊（北大中文核心）TOP10　　单位：篇

排序	期刊名称	发文量	排序	期刊名称	发文量
1	贵州农业科学	1 223	6	江苏农业科学	79
2	种子	341	7	湖北农业科学	58
3	西南农业学报	203	8	广东农业科学	48
4	安徽农业科学	157	9	草业科学	44
5	黑龙江畜牧兽医	100	10	北方园艺	40

表 2-6　2008—2017 年贵州省农业科学院高发文期刊（CSCD）TOP10　　　单位：篇

排序	期刊名称	发文量	排序	期刊名称	发文量
1	贵州农业科学	573	6	安徽农业科学	38
2	种子	310	7	草业学报	26
3	西南农业学报	203	8	南方农业学报	25
4	广东农业科学	48	9	分子植物育种	23
5	草业科学	44	10	中国农学通报	23

2.4 合作发文机构 TOP10

2008—2017 年贵州省农业科学院中文期刊合作发文机构 TOP10 见表 2-7。

表 2-7 2008—2017 年贵州省农业科学院中文期刊合作发文机构 TOP10　　　　单位：篇

排序	合作发文机构	发文量	排序	合作发文机构	发文量
1	贵州大学	1098	7	扬州大学	71
2	西南大学	322	8	中国热带农业科学院	66
3	贵州师范大学	217	9	贵州省种子管理站	60
4	四川农业大学	153	10	四川省草原科学研究院	50
5	中国农业科学院	136	10	中国科学院	50
6	南京农业大学	74	10	云南农业大学	50

海南省农业科学院

1 英文期刊论文分析

分析数据来源于科学引文索引数据库（Web of Science，WOS）收录的文献类型为期刊论文（ARTICLE）、会议论文（PROCEEDINGS PAPER）和述评（REVIEW）的 Science Citation Index Expanded（SCIE）论文数据，数据时间范围为 2008—2017 年，共检索到海南省农业科学院作者发表的论文 114 篇。

1.1 发文量

2008—2017 年海南省农业科学院历年 SCI 发文与被引情况见表 1-1，海南省农业科学院英文文献历年发文趋势（2008—2017 年）见下图。

表 1-1　2008—2017 年海南省农业科学院历年 SCI 发文与被引情况

出版年	发文量（篇）	WOS 所有数据库总被引频次	WOS 核心库被引频次
2008 年	2	33	32
2009 年	5	70	55
2010 年	8	207	142
2011 年	8	156	125
2012 年	13	245	207
2013 年	5	82	67
2014 年	6	30	26
2015 年	15	20	17
2016 年	27	45	41
2017 年	25	19	19

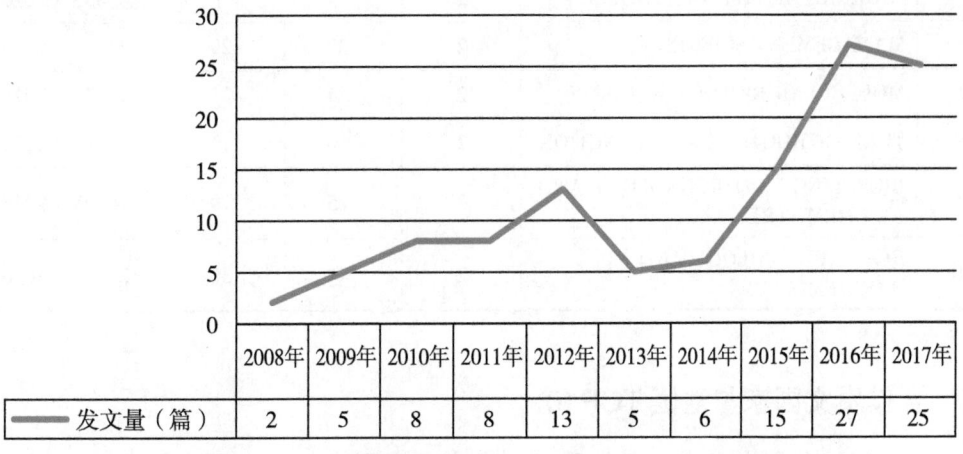

	2008年	2009年	2010年	2011年	2012年	2013年	2014年	2015年	2016年	2017年
发文量（篇）	2	5	8	8	13	5	6	15	27	25

图　海南省农业科学院英文文献历年发文趋势（2008—2017 年）

1.2 高发文研究所 TOP10

2008—2017 年海南省农业科学院 SCI 高发文研究所 TOP10 见表 1-2。

表 1-2 2008—2017 年海南省农业科学院 SCI 高发文研究所 TOP10　　　　单位：篇

排序	研究所	发文量
1	海南省农业科学院畜牧兽医研究所	22
2	海南省农业科学院热带果树研究所	18
3	海南省农业科学院植物保护研究所	7
4	海南省农业科学院热带园艺研究所	6
5	海南省农业科学院粮食作物研究所	4

注：全部发文研究所数量不足 10 个。

1.3 高发文期刊 TOP10

2008—2017 年海南省农业科学院 SCI 高发文期刊 TOP10 见表 1-3。

表 1-3 2008—2017 年海南省农业科学院 SCI 发文期刊 TOP10

排序	期刊名称	发文量（篇）	WOS 所有数据库总被引频次	WOS 核心库被引频次	期刊影响因子（最近年度）
1	PLOS ONE	9	221	183	2.806（2016）
2	SCIENTIFIC REPORTS	6	14	14	4.259（2016）
3	JOURNAL OF AGRICULTURAL AND FOOD CHEMISTRY	3	91	73	3.154（2016）
4	PRODUCTION AND OPERATIONS MANAGEMENT	3	6	6	1.95（2016）
5	JOURNAL OF PHYTOPATHOLOGY	2	9	8	0.853（2016）
6	MANAGEMENT SCIENCE	2	39	29	2.822（2016）
7	MOLECULAR BIOLOGY REPORTS	2	24	21	1.828（2016）
8	TREES-STRUCTURE AND FUNCTION	2	16	11	1.842（2016）
9	BIOSCIENCE BIOTECHNOLOGY AND BIOCHEMISTRY	2	25	19	1.295（2016）
10	PLANT PHYSIOLOGY AND BIOCHEMISTRY	2	41	30	2.724（2016）

1.4 合作发文国家与地区 TOP10

2008—2017 年海南省农业科学院 SCI 合作发文国家与地区（合作发文 1 篇以上）

TOP10 见表 1-4。

表 1-4　2008—2017 年海南省农业科学院 SCI 合作发文国家与地区 TOP10

排序	国家与地区	合作发文量	WOS 所有数据库 总被引频次	WOS 核心库 被引频次
1	美国	29	269	222
2	俄罗斯	3	1	1
3	巴西	2	101	83
4	英格兰	2	3	3
5	法国	2	101	83
6	印度	2	101	83
7	新加坡	2	3	3
8	德国	2	11	10
9	荷兰	2	7	6

注：2008—2017 年合作发文 1 篇以上的国家与地区数量不足 10 个

1.5　合作发文机构 TOP10

2008—2017 年海南省农业科学院 SCI 合作发文机构 TOP10 见表 1-5。

表 1-5　2008—2017 年海南省农业科学院 SCI 合作发文机构 TOP10

排序	合作发文机构	发文量	WOS 所有数据库 总被引频次	WOS 核心库 被引频次
1	中国热带农业科学院	37	368	299
2	中国农业科学院	21	154	115
3	华南农业大学	21	232	191
4	加州大学伯克利分校	14	65	54
5	海南大学	11	68	55
6	中国科学院	6	68	51
7	西北农林大学	4	23	19
8	河南科技大学	3	23	19
9	华中农业大学	3	13	11
10	江苏省农业科学院	3	1	1
10	香港中文大学	3	41	31
10	华南理工大学	3	91	73
10	罗门哈斯电子材料亚洲有限公司	3	8	8

1.6 高被引论文TOP10

2008—2017年海南省农业科学院发表的SCI高被引论文TOP10见表1-6，海南省农业科学院以第一或通讯作者完成单位发表的SCI高被引论文TOP10见表1-7。

表1-6 2008—2017年海南省农业科学院SCI高被引论文TOP10

排序	标题	WOS所有数据库总被引频次	WOS核心库被引频次	作者机构	出版年份	期刊名称	期刊影响因子（最近年度）
1	Differential Expression of Anthocyanin Biosynthetic Genes in Relation to Anthocyanin Accumulation in the Pericarp of Litchi Chinensis Sonn	103	87	海南省农业科学院热带果树研究所	2011年	PLOS ONE	40.137（2016）
2	Overexpression of an ERF transcription factor TSRF1 improves rice drought tolerance	91	61	海南省农业科学院	2010年	PLANT BIOTECHNOLOGY JOURNAL	3.962（2016）
3	Genome-Wide Association Study Identified a Narrow Chromosome 1 Region Associated with Chicken Growth Traits	59	48	海南省农业科学院畜牧兽医研究所	2012年	PLOS ONE	3.778（2016）
4	Adsorption and Dilatational Rheology of Heat-Treated Soy Protein at the Oil-Water Interface：Relationship to Structural Properties	51	47	海南省农业科学院热带果树研究所	2012年	JOURNAL OF AGRICULTURAL AND FOOD CHEMISTRY	3.154（2016）
5	Cloning and molecular characterization of fructose-1,6-bisphos phate aldolase gene regulated by high-salinity and drought in Sesuvium portulacastrum	32	27	海南省农业科学院	2009年	PLANT CELL REPORTS	2.869（2016）
6	HbMT2, an ethephon-induced metallothionein gene from Hevea brasiliensis responds to H2O2 stress	27	20	海南省农业科学院	2010年	PLANT PHYSIOLOGY AND BIOCHEMISTRY	2.724（2016）

（续表）

排序	标题	WOS 所有数据库总被引频次	WOS 核心库被引频次	作者机构	出版年份	期刊名称	期刊影响因子（最近年度）
7	Expression Profiling of a Novel Calcium-Dependent Protein Kinase Gene, LeCPK2, from Tomato (Solanum lycopersicum) under Heat and Pathogen-Related Hormones	23	17	海南省农业科学院	2009 年	BIOSCIENCE BIOTECHNOLOGY AND BIOCHEMISTRY	1.295 (2016)
8	Growth Kinetics of Amyloid-like Fibrils Derived from Individual Subunits of Soy beta-Conglycinin	22	14	海南省农业科学院热带果树研究所	2011 年	JOURNAL OF AGRICULTURAL AND FOOD CHEMISTRY	3.154 (2016)
9	Structural Rearrangement of Ethanol-Denatured Soy Proteins by High Hydrostatic Pressure Treatment	18	12	海南省农业科学院热带果树研究所	2011 年	JOURNAL OF AGRICULTURAL AND FOOD CHEMISTRY	3.154 (2016)
10	Expression profiling of HbWRKY1, an ethephon-induced WRKY gene in latex from Hevea brasiliensis in responding to wounding and drought	16	11	海南省农业科学院	2012 年	TREES-STRUCTURE AND FUNCTION	1.842 (2016)

表 1-7　2008—2017 年海南省农业科学院 SCI 高被引论文 TOP10（第一或通讯作者完成单位）

排序	标题	WOS 所有数据库总被引频次	WOS 核心库被引频次	作者机构	出版年份	期刊名称	期刊影响因子（最近年度）
1	Distribution and linkage disequilibrium analysis of polymorphisms of MC4R, LEP, H-FABP genes in the different populations of pigs, associated with economic traits in DIV2 line	12	10	海南省农业科学院畜牧兽医研究所	2012 年	MOLECULAR BIOLOGY REPORTS	1.828 (2016)

（续表）

排序	标题	WOS 所有数据库总被引频次	WOS 核心库被引频次	作者机构	出版年份	期刊名称	期刊影响因子（最近年度）
2	Low genetic diversity and local adaptive divergence of Dracaena cambodiana（Liliaceae）populations associated with historical population bottlenecks and natural selection：an endangered long-lived tree endemic to Hainan Island，China	6	6	海南省农业科学院粮食作物研究所	2012 年	PLANT BIOLOGY	2. 106（2016）
3	Identification of putative odorant binding protein genes in Asecodes hispinarum，a parasitoid of coconut leaf beetle（Brontispa longissima）by antennal RNA-Seq analysis	5	3	海南省农业科学院热带果树研究所	2015 年	BIOCHEMICAL AND BIOPHYSICAL RESEARCH COMMUNICATIONS	2. 466（2016）
4	Probing the role of cation-pi interaction in the thermotolerance and catalytic performance of endopolygalacturonases	2	2	海南省农业科学院畜牧兽医研究所	2016 年	SCIENTIFIC REPORTS	4. 259（2016）
5	Characterisation of Meloidogyne species on Southern Herbs in Hainan island using perineal pattern and esterase phenotype and amplified mitochondrial DNA restriction fragment length polymorphism analysis	1	0	海南省农业科学院植物保护研究所	2011 年	RUSSIAN JOURNAL OF NEMATOLOGY	0. 533（2016）
6	Suitability of Bactrocera dorsalis（Diptera：Tephritidae）Pupae for Spalangia endius（Hymenoptera：Pteromalidae）	1	1	海南省农业科学院植物保护研究所	2015 年	ENVIRONMENTAL ENTOMOLOGY	1. 601（2016）

(续表)

排序	标题	WOS所有数据库总被引频次	WOS核心库被引频次	作者机构	出版年份	期刊名称	期刊影响因子（最近年度）
7	The influences of ambient temperature and crude protein levels on performance and serum biochemical parameters in broilers	1	1	海南省农业科学院畜牧兽医研究所	2016年	JOURNAL OF ANIMAL PHYSIOLOGY AND ANIMAL NUTRITION	1.244 (2016)
8	Lower Expression of SLC27A1 Enhances Intramuscular Fat Deposition in Chicken via Down-Regulated Fatty Acid Oxidation Mediated by CPT1A	1	1	海南省农业科学院畜牧兽医研究所	2017年	FRONTIERS IN PHYSIOLOGY	4.134 (2016)
9	Toxicities of monoterpenes against housefly, Musca domestica L.（Diptera：Muscidae）	1	1	海南省农业科学院植物保护研究所	2017年	ENVIRONMENTAL SCIENCE AND POLLUTION RESEARCH	2.741 (2016)

注：被引频次大于0的全部发文数量不足10篇。

1.7 高频词 TOP20

2008—2017年海南省农业科学院SCI发文高频词（作者关键词）TOP20见表1-8。

表1-8 2008—2017年海南省农业科学院SCI发文高频词（作者关键词）TOP20

排序	关键词（作者关键词）	频次	排序	关键词（作者关键词）	频次
1	Ethephon	4	11	biological control	2
2	Sesuvium portulacastrum	3	12	Suppression subtractive hybridization	2
3	Hevea brasiliensis	3	13	Arsenic	2
4	Cadmium	3	14	Antioxidative enzyme	2
5	calcium-dependent protein kinase	3	15	rapeseed（Brassica napus L.）	2
6	Gene expression	3	16	PRRSV	2
7	rice	3	17	Chromosome segment substitution lines	2
8	Pekin duck	3	18	parasitoid	2
9	Expression	2	19	Tissue distribution	2
10	beta-conglycinin	2	20	Growth	2

2 中文期刊论文分析

2008—2017 年，中国农业科技文献数据库（CASDD）共收录由海南省农业科学院作者发表的中文期刊论文 1 015 篇，其中北大中文核心期刊论文 595 篇，中国科学引文数据库（CSCD）期刊论文 328 篇。

2.1 发文量

2008—2017 年海南省农业科学院中文文献历年发文趋势（2008—2017 年）见下图。

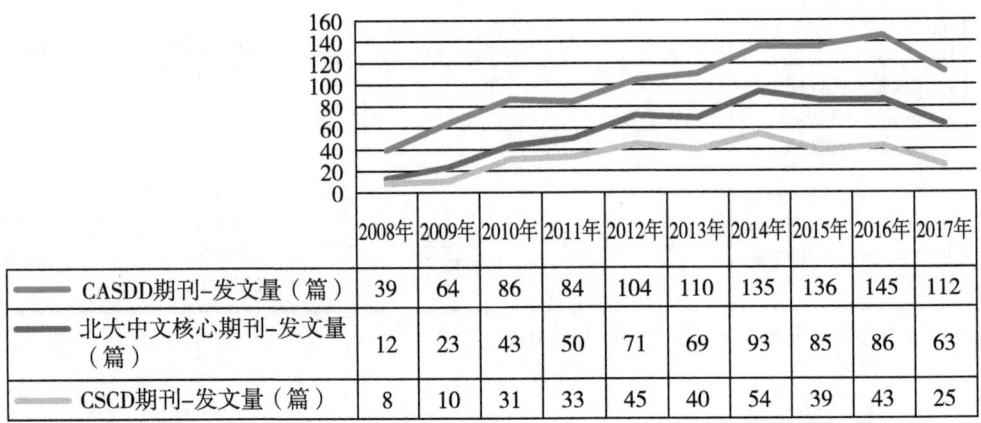

	2008年	2009年	2010年	2011年	2012年	2013年	2014年	2015年	2016年	2017年
CASDD期刊–发文量（篇）	39	64	86	84	104	110	135	136	145	112
北大中文核心期刊–发文量（篇）	12	23	43	50	71	69	93	85	86	63
CSCD期刊–发文量（篇）	8	10	31	33	45	40	54	39	43	25

图 海南省农业科学院中文文献历年发文趋势（2008—2017 年）

2.2 高发文研究所 TOP10

2008—2017 年海南省农业科学院 CASDD 期刊高发文研究所 TOP10 见表 2-1，2008—2017 年海南省农业科学院北大中文核心期刊高发文研究所 TOP10 见表 2-2，2008—2017 年海南省农业科学院中国科学引文数据库（CSCD）期刊高发文研究所 TOP10 见表 2-3。

表 2-1 2008—2017 年海南省农业科学院 CASDD 期刊高发文研究所 TOP10 单位：篇

排序	研究所	发文量
1	海南省农业科学院植物保护研究所	181
2	海南省农业科学院畜牧兽医研究所	168
3	海南省农业科学院粮食作物研究所	142
4	海南省农业科学院蔬菜研究所	129
5	海南省农业科学院热带果树研究所	105
6	海南省农业科学院热带园艺研究所	84
7	海南省农业科学院农业环境与土壤研究所	79
8	海南省农业科学院	76

（续表）

排序	研究所	发文量
9	海南省农业科学院农产品加工设计研究所	69
10	海南省腰果研究中心	4
11	海南省农业科学院院机关	3

注："海南省农业科学院"发文包括作者单位只标注为"海南省农业科学院"、院属实验室等。

表2-2　2008—2017年海南省农业科学院北大中文核心期刊高发文研究所TOP10　单位：篇

排序	研究所	发文量
1	海南省农业科学院畜牧兽医研究所	124
2	海南省农业科学院植物保护研究所	113
3	海南省农业科学院粮食作物研究所	89
4	海南省农业科学院热带果树研究所	64
5	海南省农业科学院蔬菜研究所	58
6	海南省农业科学院农产品加工设计研究所	49
7	海南省农业科学院农业环境与土壤研究所	48
8	海南省农业科学院	40
9	海南省农业科学院热带园艺研究所	28
10	海南省农业科学院院机关	1
10	海南省腰果研究中心	1

注："海南省农业科学院"发文包括作者单位只标注为"海南省农业科学院"、院属实验室等。

表2-3　2008—2017年海南省农业科学院CSCD期刊高发文研究所TOP10　单位：篇

排序	研究所	发文量
1	海南省农业科学院植物保护研究所	78
2	海南省农业科学院粮食作物研究所	74
3	海南省农业科学院农业环境与土壤研究所	42
4	海南省农业科学院蔬菜研究所	35
5	海南省农业科学院	32
6	海南省农业科学院热带果树研究所	27
7	海南省农业科学院畜牧兽医研究所	25
8	海南省农业科学院农产品加工设计研究所	18
9	海南省农业科学院热带园艺研究所	11
10	海南省腰果研究中心	1
10	海南省农业科学院院机关	1

注："海南省农业科学院"发文包括作者单位只标注为"海南省农业科学院"、院属实验室等。

2.3 高发文期刊 TOP10

2008—2017 年海南省农业科学院高发文 CASDD 期刊 TOP10 见表 2-4，2008—2017 年海南省农业科学院高发文北大中文核心期刊 TOP10 见表 2-5，2008—2017 年海南省农业科学院高发文 CSCD 期刊 TOP10 见表 2-6。

表 2-4 2008—2017 年海南省农业科学院高发文期刊（CASDD）TOP10 　　单位：篇

排序	期刊名称	发文量	排序	期刊名称	发文量
1	广东农业科学	81	7	热带农业科学	27
2	长江蔬菜	49	8	热带作物学报	26
3	中国南方果树	39	9	中国热带农业	23
4	安徽农业科学	32	10	江苏农业科学	23
5	黑龙江畜牧兽医	29	10	现代农业科技	23
6	杂交水稻	28			

表 2-5 2008—2017 年海南省农业科学院高发文期刊（北大中文核心）TOP10 　　单位：篇

排序	期刊名称	发文量	排序	期刊名称	发文量
1	广东农业科学	77	7	北方园艺	18
2	中国南方果树	39	8	中国家禽	17
3	黑龙江畜牧兽医	29	9	基因组学与应用生物学	16
4	杂交水稻	28	10	中国植保导刊	16
5	江苏农业科学	23	10	热带作物学报	16
6	安徽农业科学	19			

表 2-6 2008—2017 年海南省农业科学院高发文期刊（CSCD）TOP10 　　单位：篇

排序	期刊名称	发文量	排序	期刊名称	发文量
1	广东农业科学	77	6	分子植物育种	12
2	杂交水稻	28	7	植物保护	12
3	热带作物学报	26	8	中国农学通报	10
4	基因组学与应用生物学	16	9	植物遗传资源学报	9
5	西南农业学报	14	10	食品工业科技	9

2.4　合作发文机构 TOP10

2008—2017 年海南省农业科学院中文期刊合作发文机构 TOP10 见表 2-7。

表 2-7　2008—2017 年海南省农业科学院中文期刊合作发文机构 TOP10　　单位：篇

排序	合作发文机构	发文量	排序	合作发文机构	发文量
1	海南大学	194	6	湖南农业大学	18
2	中国热带农业科学院	188	7	福建农林大学	14
3	华南农业大学	116	8	武汉市蔬菜科学研究所	11
4	中国农业科学院	76	9	西北农林科技大学	11
5	河南农业大学	27	10	海南省定安县农业技术推广中心	11

河北省农林科学院

1 英文期刊论文分析

分析数据来源于科学引文索引数据库（Web of Science，WOS）收录的文献类型为期刊论文（ARTICLE）、会议论文（PROCEEDINGS PAPER）和述评（REVIEW）的 Science Citation Index Expanded（SCIE）论文数据，数据时间范围为 2008—2017 年，共检索到河北省农林科学院作者发表的论文 413 篇。

1.1 发文量

2008—2017 年河北省农林科学院历年 SCI 发文与被引情况见表 1-1，河北省农林科学院英文文献历年发文趋势（2008—2017 年）见下图。

表 1-1　2008—2017 年河北省农林科学院历年 SCI 发文与被引情况

出版年	发文量（篇）	WOS 所有数据库总被引频次	WOS 核心库被引频次
2008 年	16	304	251
2009 年	23	276	198
2010 年	31	388	326
2011 年	25	341	278
2012 年	40	649	542
2013 年	47	743	627
2014 年	50	457	364
2015 年	61	252	215
2016 年	53	167	136
2017 年	67	47	44

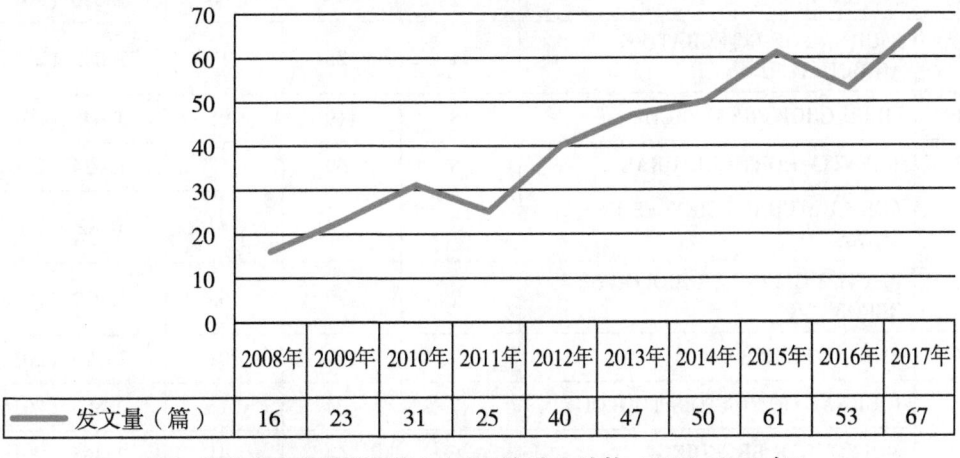

	2008年	2009年	2010年	2011年	2012年	2013年	2014年	2015年	2016年	2017年
发文量（篇）	16	23	31	25	40	47	50	61	53	67

图　河北省农林科学院英文文献历年发文趋势（2008—2017 年）

1.2　高发文研究所TOP10

2008—2017年河北省农林科学院SCI高发文研究所TOP10见表1-2。

表1-2　2008—2017年河北省农林科学院SCI高发文研究所TOP10　　　单位：篇

排序	研究所	发文量
1	河北省农林科学院粮油作物研究所	90
2	河北省农林科学院植物保护研究所	79
3	河北省农林科学院遗传生理研究所	67
4	河北省农林科学院谷子研究所	55
5	河北省农林科学院昌黎果树研究所	38
6	河北省农林科学院农业资源环境研究所	31
7	河北省农林科学院旱作农业研究所	25
8	河北省农林科学院石家庄果树研究所	11
9	河北省农林科学院棉花研究所	10
10	河北省农林科学院经济作物研究所	9

1.3　高发文期刊TOP10

2008—2017年河北省农林科学院SCI高发文期刊TOP10见表1-3。

表1-3　2008—2017年河北省农林科学院SCI发文期刊TOP10

排序	期刊名称	发文量（篇）	WOS所有数据库总被引频次	WOS核心库被引频次	期刊影响因子（最近年度）
1	PLOS ONE	21	183	153	2.806（2016）
2	EUPHYTICA	11	73	60	1.626（2016）
3	JOURNAL OF INTEGRATIVE AGRICULTURE	11	25	17	1.042（2016）
4	FIELD CROPS RESEARCH	8	119	95	3.048（2016）
5	SCIENTIA HORTICULTURAE	8	69	57	1.624（2016）
6	AGRICULTURAL SCIENCES IN CHINA	7	64	44	0.82（2013）
7	PLANT MOLECULAR BIOLOGY REPORTER	7	70	63	1.932（2016）
8	BMC GENOMICS	7	221	201	3.729（2016）
9	JOURNAL OF PHYTOPATHOLOGY	7	24	15	0.853（2016）
10	MOLECULAR BREEDING	6	44	41	2.465（2016）

1.4 合作发文国家与地区 TOP10

2008—2017 年河北省农林科学院 SCI 合作发文国家与地区（合作发文 1 篇以上）TOP10 见表 1-4。

表 1-4 2008—2017 年河北省农林科学院 SCI 合作发文国家与地区 TOP10

排序	国家与地区	合作发文量	WOS 所有数据库总被引频次	WOS 核心库被引频次
1	美国	53	516	462
2	澳大利亚	21	157	145
3	比利时	12	108	82
4	德国	10	283	251
5	瑞士	6	46	36
6	加拿大	5	99	69
7	泰国	3	7	7
8	墨西哥	3	40	37
9	日本	3	45	40
10	丹麦	2	90	78
10	英格兰	2	33	29
10	法国	2	23	19
10	巴基斯坦	2	20	20
10	荷兰	2	5	5
10	苏格兰	2	12	12
10	新西兰	2	6	4

1.5 合作发文机构 TOP10

2008—2017 年河北省农林科学院 SCI 合作发文机构 TOP10 见表 1-5。

表 1-5 2008—2017 年河北省农林科学院 SCI 合作发文机构 TOP10

排序	合作发文机构	发文量	WOS 所有数据库总被引频次	WOS 核心库被引频次
1	中国农业科学院	87	1 144	936
2	中国农业大学	75	704	576
3	中国科学院	45	873	737
4	河北农业大学	34	250	190

排序	合作发文机构	发文量	WOS 所有数据库总被引频次	WOS 核心库被引频次
5	河北师范大学	24	492	415
6	美国农业部农业科学研究院	13	65	56
7	比利时根特大学	12	108	82
8	广东昆虫研究所	12	108	82
9	南京农业大学	11	107	94
10	堪萨斯州立大学	10	70	63

1.6 高被引论文 TOP10

2008—2017 年河北省农林科学院发表的 SCI 高被引论文 TOP10 见表 1-6，河北省农林科学院以第一或通讯作者完成单位发表的 SCI 高被引论文 TOP10 见表 1-7。

表 1-6 2008—2017 年河北省农林科学院 SCI 高被引论文 TOP10

排序	标题	WOS 所有数据库总被引频次	WOS 核心库被引频次	作者机构	出版年份	期刊名称	期刊影响因子（最近年度）
1	A haplotype map of genomic variations and genome-wide association studies of agronomic traits in foxtail millet (Setaria italica)	138	116	河北省农林科学院谷子研究所	2013 年	NATURE GENETICS	27.959 (2016)
2	De novo assembly and Characterisation of the Transcriptome during seed development, and generation of genic-SSR markers in Peanut (Arachis hypogaea L.)	110	103	河北省农林科学院粮油作物研究所，河北省农林科学院谷子研究所	2012 年	BMC GENOMICS	3.729 (2016)
3	Distribution and accumulation of endocrine-disrupting chemicals and pharmaceuticals in wastewater irrigated soils in Hebei, China	108	98	河北省农林科学院植物保护研究所	2011 年	ENVIRONMENTAL POLLUTION	5.099 (2016)

（续表）

排序	标题	WOS 所有数据库总被引频次	WOS 核心库被引频次	作者机构	出版年份	期刊名称	期刊影响因子（最近年度）
4	Molecular footprints of domestication and improvement in soybean revealed by whole genome re-sequencing	83	73	河北省农林科学院粮油作物研究所	2013 年	BMC GENOMICS	3.729 (2016)
5	Estimating N status of winter wheat using a handheld spectrometer in the North China Plain	65	53	河北省农林科学院农业资源环境研究所	2008 年	FIELD CROPS RESEARCH	3.048 (2016)
6	Evaluating hyperspectral vegetation indices for estimating nitrogen concentration of winter wheat at different growth stages	57	54	河北省农林科学院农业资源环境研究所	2010 年	PRECISION AGRICULTURE	2.012 (2016)
7	Evaluation of Genetic Diversity in Chinese Wild Apple Species Along with Apple Cultivars Using SSR Markers	51	47	河北省农林科学院昌黎果树研究所	2012 年	PLANT MOLECULAR BIOLOGY REPORTER	1.932 (2016)
8	Phosphoinositide-specific phospholipase C9 is involved in the thermotolerance of Arabidopsis	49	40	河北省农林科学院遗传生理研究所	2012 年	PLANT JOURNAL	5.901 (2016)
9	Genetic Diversity and Population Structure of Chinese Foxtail Millet ［Setaria italica（L.）Beauv.］Landraces	49	38	河北省农林科学院谷子研究所	2012 年	G3-GENES GENOMES GENETICS	2.861 (2016)
10	In-Season Optical Sensing Improves Nitrogen-Use Efficiency for Winter Wheat	47	43	河北省农林科学院农业资源环境研究所	2009 年	SOIL SCIENCE SOCIETY OF AMERICA JOURNAL	1.844 (2016)

表 1-7 **2008—2017 年河北省农林科学院 SCI 高被引论文 TOP10（第一或通讯作者完成单位）**

排序	标题	WOS 所有数据库总被引频次	WOS 核心库被引频次	作者机构	出版年份	期刊名称	期刊影响因子（最近年度）
1	De novo assembly and Characterisation of the Transcriptome during seed development, and generation of genic-SSR markers in Peanut (Arachis hypogaea L.)	110	103	河北省农林科学院粮油作物研究所，河北省农林科学院谷子研究所	2012 年	BMC GENOMICS	3.729 (2016)
2	A heat-activated calcium-permeable channel-Arabidopsis cyclic nucleotide-gated ion channel 6-is involved in heat shock responses	43	39	河北省农林科学院遗传生理研究所	2012 年	PLANT JOURNAL	5.901 (2016)
3	Lipopeptides, a novel protein, and volatile compounds contribute to the antifungal activity of the biocontrol agent Bacillus atrophaeus CAB-1	35	27	河北省农林科学院植物保护研究所	2013 年	APPLIED MICROBIOLOGY AND BIOTECHNOLOGY	3.42 (2016)
4	Effects of 1-MCP on chlorophyll degradation pathway-associated genes expression and chloroplast ultrastructure during the peel yellowing of Chinese pear fruits in storage	29	22	河北省农林科学院遗传生理研究所	2012 年	FOOD CHEMISTRY	4.529 (2016)
5	Combined effects of 1-MCP and MAP on the fruit quality of pear (Pyrus bretschneideri Reld cv. Laiyang) during cold storage	28	23	河北省农林科学院遗传生理研究所	2013 年	SCIENTIA HORTICULTURAE	1.624 (2016)
6	Efficacy of entomopathogenic nematodes (Rhabditida: Steinernematidae and Heterorhabditidae) against the chive gnat, Bradysia odoriphaga	25	20	河北省农林科学院植物保护研究所	2013 年	JOURNAL OF PEST SCIENCE	3.728 (2016)

（续表）

排序	标题	WOS 所有数据库总被引频次	WOS 核心库被引频次	作者机构	出版年份	期刊名称	期刊影响因子（最近年度）
7	Enhancement of salt tolerance in alfalfa transformed with the gene encoding for betaine aldehyde dehydrogenase	22	14	河北省农林科学院旱作农业研究所，河北省农林科学院遗传生理研究所	2011 年	EUPHYTICA	1.626 (2016)
8	Fengycin produced by Bacillus subtilis NCD-2 plays a major role in biocontrol of cotton seedling damping-off disease	22	16	河北省农林科学院植物保护研究所	2014 年	MICROBIOLOGICAL RESEARCH	3.037 (2016)
9	The vacuolar Na+-H+ antiport gene TaNHX2 confers salt tolerance on transgenic alfalfa (Medicago sativa)	19	12	河北省农林科学院粮油作物研究所，河北省农林科学院遗传生理研究所	2012 年	FUNCTIONAL PLANT BIOLOGY	2.121 (2016)
10	Proteomic analysis of elite soybean Jidou17 and its parents using iTRAQ-based quantitative approaches	19	17	河北省农林科学院粮油作物研究所，河北省农林科学院谷子研究所	2013 年	PROTEOME SCIENCE	2.36 (2016)

1.7 高频词 TOP20

2008—2017 年河北省农林科学院 SCI 发文高频词（作者关键词）TOP20 见表 1-8。

表 1-8　2008—2017 年河北省农林科学院 SCI 发文高频词（作者关键词）TOP20

排序	关键词（作者关键词）	频次	排序	关键词（作者关键词）	频次
1	soybean	12	11	Triticum aestivum	7
2	maize	10	12	pear	6
3	wheat	10	13	North China Plain	6
4	apple	10	14	Phylogenetic analysis	6
5	QTL	9	15	biological control	6
6	biomass	8	16	Genetic diversity	5
7	foxtail millet	8	17	Setosphaeria turcica	5
8	Microplitis mediator	8	18	salt tolerance	5
9	Winter wheat	8	19	China	5
10	SSR	7	20	phase change	5

2 中文期刊论文分析

2008—2017 年，中国农业科技文献数据库（CASDD）共收录由河北省农林科学院作者发表的中文期刊论文 4 813篇，其中北大中文核心期刊论文 1 719篇，中国科学引文数据库（CSCD）期刊论文 1 364篇。

2.1 发文量

2008—2017 年河北省农林科学院中文文献历年发文趋势（2008—2017 年）见下图。

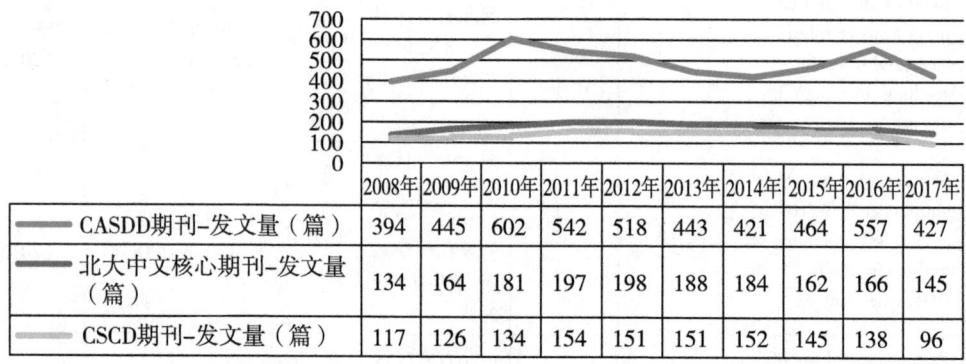

	2008年	2009年	2010年	2011年	2012年	2013年	2014年	2015年	2016年	2017年
CASDD期刊-发文量（篇）	394	445	602	542	518	443	421	464	557	427
北大中文核心期刊-发文量（篇）	134	164	181	197	198	188	184	162	166	145
CSCD期刊-发文量（篇）	117	126	134	154	151	151	152	145	138	96

图 河北省农林科学院中文文献历年发文趋势（2008—2017 年）

2.2 高发文研究所 TOP10

2008—2017 年河北省农林科学院 CASDD 期刊高发文研究所 TOP10 见表 2-1，2008—2017 年河北省农林科学院北大中文核心期刊高发文研究所 TOP10 见表 2-2，2008—2017 年河北省农林科学院中国科学引文数据库（CSCD）期刊高发文研究所 TOP10 见表 2-3。

表 2-1 2008—2017 年河北省农林科学院 CASDD 期刊高发文研究所 TOP10　　单位：篇

排序	研究所	发文量
1	河北省农林科学院	563
2	河北省农林科学院植物保护研究所	499
3	河北省农林科学院粮油作物研究所	478
4	河北省农林科学院昌黎果树研究所	472
5	河北省农林科学院石家庄果树研究所	440
6	河北省农林科学院旱作农业研究所	407
7	河北省农林科学院棉花研究所	365
8	河北省农林科学院经济作物研究所	351
9	河北省农林科学院农业信息与经济研究所	324

（续表）

排序	研究所	发文量
10	河北省农林科学院谷子研究所	321
11	河北省农林科学院遗传生理研究所	313

注："河北省农林科学院"发文包括作者单位只标注为"河北省农林科学院"、院属实验室等。

表2-2　2008—2017年河北省农林科学院北大中文核心期刊高发文研究所TOP10　单位：篇

排序	研究所	发文量
1	河北省农林科学院植物保护研究所	319
2	河北省农林科学院	221
3	河北省农林科学院粮油作物研究所	212
4	河北省农林科学院遗传生理研究所	183
5	河北省农林科学院旱作农业研究所	144
6	河北省农林科学院谷子研究所	143
7	河北省农林科学院农业资源环境研究所	138
8	河北省农林科学院经济作物研究所	121
9	河北省农林科学院昌黎果树研究所	112
10	河北省农林科学院棉花研究所	78
11	河北省农林科学院石家庄果树研究所	74

注："河北省农林科学院"发文包括作者单位只标注为"河北省农林科学院"、院属实验室等。

表2-3　2008—2017年河北省农林科学院CSCD期刊高发文研究所TOP10　单位：篇

排序	研究所	发文量
1	河北省农林科学院植物保护研究所	263
2	河北省农林科学院	192
3	河北省农林科学院粮油作物研究所	183
4	河北省农林科学院遗传生理研究所	151
5	河北省农林科学院旱作农业研究所	139
6	河北省农林科学院农业资源环境研究所	121
7	河北省农林科学院谷子研究所	95
8	河北省农林科学院昌黎果树研究所	82
9	河北省农林科学院经济作物研究所	72
10	河北省农林科学院石家庄果树研究所	58
11	河北省农林科学院棉花研究所	53

注："河北省农林科学院"发文包括作者单位只标注为"河北省农林科学院"、院属实验室等。

2.3 高发文期刊 TOP10

2008—2017 年河北省农林科学院高发文 CASDD 期刊 TOP10 见表 2-4，2008—2017 年河北省农林科学院高发文北大中文核心期刊 TOP10 见表 2-5，2008—2017 年河北省农林科学院高发文 CSCD 期刊 TOP10 见表 2-6。

表 2-4　2008—2017 年河北省农林科学院高发文期刊（CASDD）TOP10　单位：篇

排序	期刊名称	发文量	排序	期刊名称	发文量
1	河北农业科学	1 103	7	河北农业大学学报	72
2	现代农村科技	429	8	现代农业科技	65
3	华北农学报	294	9	园艺学报	56
4	河北果树	201	10	农业科技管理	55
5	中国农学通报	108	10	北方园艺	55
6	安徽农业科学	108			

表 2-5　2008—2017 年河北省农林科学院高发文期刊（北大中文核心）TOP10　单位：篇

排序	期刊名称	发文量	排序	期刊名称	发文量
1	华北农学报	283	6	北方园艺	55
2	中国农学通报	75	7	中国农业科学	51
3	河北农业大学学报	72	8	中国植保导刊	42
4	园艺学报	56	9	植物保护	41
5	安徽农业科学	55	10	中国棉花	39

表 2-6　2008—2017 年河北省农林科学院高发文期刊（CSCD）TOP10　单位：篇

排序	期刊名称	发文量	排序	期刊名称	发文量
1	华北农学报	294	6	植物保护	41
2	河北农业大学学报	72	7	作物学报	33
3	中国农学通报	70	8	植物保护学报	30
4	园艺学报	56	9	中国生态农业学报	25
5	中国农业科学	51	10	大豆科学	25

2.4 合作发文机构 TOP10

2008—2017 年河北省农林科学院中文期刊合作发文机构 TOP10 见表 2-7。

表 2-7　2008—2017 年河北省农林科学院中文期刊合作发文机构 TOP10　　单位：篇

排序	合作发文机构	发文量	排序	合作发文机构	发文量
1	河北农业大学	770	6	中国科学院	72
2	中国农业科学院	507	7	河北经贸大学	70
3	中国农业大学	359	8	南京农业大学	67
4	中华人民共和国农业农村部	111	9	石家庄市农林科学研究院	61
5	河北大学	92	10	河北北方学院	57

河南省农业科学院

1 英文期刊论文分析

分析数据来源于科学引文索引数据库（Web of Science，WOS）收录的文献类型为期刊论文（ARTICLE）、会议论文（PROCEEDINGS PAPER）和述评（REVIEW）的 Science Citation Index Expanded（SCIE）论文数据，数据时间范围为 2008—2017 年，共检索到河南省农业科学院作者发表的论文 599 篇。

1.1 发文量

2008—2017 年河南省农业科学院历年 SCI 发文与被引情况见表 1-1，河南省农业科学院英文文献历年发文趋势（2008—2017 年）见下图。

表 1-1　2008—2017 年河南省农业科学院历年 SCI 发文与被引情况

出版年	发文量（篇）	WOS 所有数据库总被引频次	WOS 核心库被引频次
2008 年	20	757	535
2009 年	28	593	473
2010 年	41	698	564
2011 年	38	457	373
2012 年	48	619	493
2013 年	46	499	398
2014 年	59	548	439
2015 年	83	607	531
2016 年	113	408	369
2017 年	123	95	92

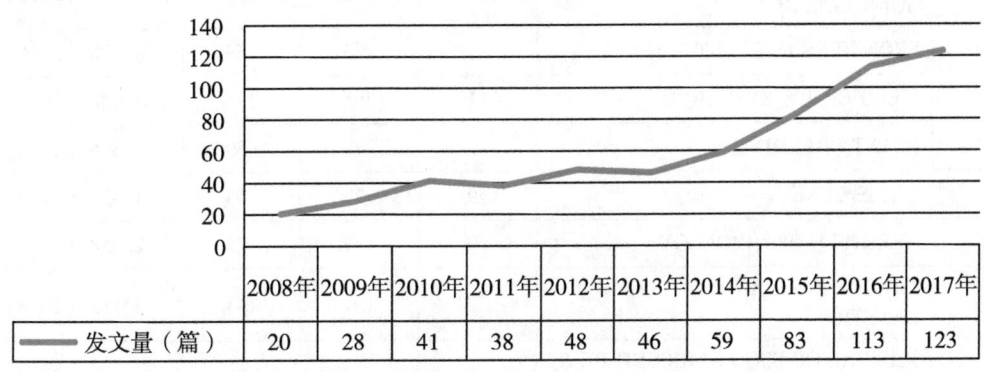

图　河南省农业科学院英文文献历年发文趋势（2008—2017 年）

1.2 高发文研究所 TOP10

2008—2017 年河南省农业科学院 SCI 高发文研究所 TOP10 见表 1-2。

表 1-2　2007—2016 年河南省农业科学院 SCI 高发文研究所 TOP10　　　单位：篇

排序	研究所	发文量
1	河南省动物免疫学重点实验室	123
2	河南省农业科学院植物保护研究所	118
3	河南省农业科学院植物营养与资源环境研究所	72
4	河南省农业科学院经济作物研究所	49
5	河南省农业科学院畜牧兽医研究所	39
6	河南省农业科学院小麦研究所	37
7	河南省农业科学院粮食作物研究所	33
8	河南省农业科学院农业质量标准与检测技术研究所	28
9	河南省农业科学院园艺研究所	22
10	河南省芝麻研究中心	20

1.3 高发文期刊 TOP10

2008—2017 年河南省农业科学院 SCI 高发文期刊 TOP10 见表 1-3。

表 1-3　2008—2017 年河南省农业科学院 SCI 发文期刊 TOP10

排序	期刊名称	发文量（篇）	WOS 所有数据库总被引频次	WOS 核心库被引频次	期刊影响因子（最近年度）
1	PLOS ONE	37	264	229	2.806（2016）
2	SCIENTIFIC REPORTS	21	96	87	4.259（2016）
3	JOURNAL OF INTEGRATIVE AGRICULTURE	12	42	23	1.042（2016）
4	FRONTIERS IN PLANT SCIENCE	11	75	69	4.298（2016）
5	FIELD CROPS RESEARCH	11	295	233	3.048（2016）
6	PLANT BREEDING	10	79	59	1.335（2016）
7	VIRUS GENES	9	76	54	1.431（2016）
8	ARCHIVES OF VIROLOGY	9	47	36	2.058（2016）
9	THEORETICAL AND APPLIED GENETICS	7	191	141	4.132（2016）
10	JOURNAL OF FOOD AGRICULTURE & ENVIRONMENT	7	33	20	0.435（2012）

1.4 合作发文国家与地区 TOP10

2008—2017 年河南省农业科学院 SCI 合作发文国家与地区（合作发文 1 篇以上）TOP10 见表 1-4。

表 1-4 2008—2017 年河南省农业科学院 SCI 合作发文国家与地区 TOP10

排序	国家与地区	合作发文量	WOS 所有数据库总被引频次	WOS 核心库被引频次
1	美国	66	997	853
2	澳大利亚	20	336	284
3	加拿大	13	224	179
4	英格兰	13	197	158
5	埃及	6	3	3
6	印度	5	167	155
7	荷兰	5	126	97
8	土耳其	4	12	12
9	德国	4	74	58
10	韩国	3	6	5
10	哥伦比亚	3	174	102
10	尼日利亚	3	16	9
10	日本	3	113	104

1.5 合作发文机构 TOP10

2008—2017 年河南省农业科学院 SCI 合作发文机构 TOP10 见表 1-5。

表 1-5 2008—2017 年河南省农业科学院 SCI 合作发文机构 TOP10

排序	合作发文机构	发文量	WOS 所有数据库总被引频次	WOS 核心库被引频次
1	河南农业大学	125	819	640
2	中国农业科学院	98	1 457	1 139
3	中国农业大学	54	740	569
4	郑州大学	47	267	222
5	南京农业大学	46	463	388
6	西北农林科技大学	44	289	222

（续表）

排序	合作发文机构	发文量	WOS 所有数据库总被引频次	WOS 核心库被引频次
7	中国科学院	39	324	269
8	华中农业大学	23	166	134
9	浙江大学	21	184	146
10	中华人民共和国农业农村部	18	68	59

1.6 高被引论文 TOP10

2008—2017 年河南省农业科学院发表的 SCI 高被引论文 TOP10 见表 1-6，河南省农业科学院以第一或通讯作者完成单位发表的 SCI 高被引论文 TOP10 见表 1-7。

表 1-6　2008—2017 年河南省农业科学院 SCI 高被引论文 TOP10

排序	标题	WOS 所有数据库总被引频次	WOS 核心库被引频次	作者机构	出版年份	期刊名称	期刊影响因子（最近年度）
1	Species composition and seasonal abundance of pestiferous plant bugs（Hemiptera：Miridae）on Bt Cotton in China	147	79	河南省农业科学院植物保护研究所	2008 年	CROP PROTECTION	1.834（2016）
2	On-farm evaluation of an in-season nitrogen management strategy based on soil N-min test	142	104	河南省农业科学院植物营养与资源环境研究所	2008 年	FIELD CROPS RESEARCH	3.048（2016）
3	On-farm evaluation of the improved soil N（min）-based nitrogen management for summer maize in North China Plain	124	92	河南省农业科学院植物营养与资源环境研究所	2008 年	AGRONOMY JOURNAL	1.614（2016）
4	Soil organic carbon dynamics under long-term fertilizations in arable land of northern China	92	70	河南省农业科学院植物营养与资源环境研究所	2010 年	BIOGEOSCIENCES	3.851（2016）
5	The genome sequences of Arachis duranensis and Arachis ipaensis，the diploid ancestors of cultivated peanut	87	83	河南省农业科学院	2016 年	NATURE GENETICS	27.959（2016）

（续表）

排序	标题	WOS 所有数据库总被引频次	WOS 核心库被引频次	作者机构	出版年份	期刊名称	期刊影响因子（最近年度）
6	Development and validation of genic-SSR markers in sesame by RNA-seq	79	63	河南省农业科学院，河南省芝麻研究中心	2012 年	BMC GENOMICS	3.729（2016）
7	Advances in Arachis genomics for peanut improvement	77	70	河南省农业科学院	2012 年	BIOTECHNOLOGY ADVANCES	10.597（2016）
8	Characterization of low-molecular-weight glutenin subunit Glu-B3 genes and development of STS markers in common wheat（Triticum aestivum L.）	76	54	河南省农业科学院小麦研究所	2009 年	THEORETICAL AND APPLIED GENETICS	4.132（2016）
9	Map-based cloning and characterization of a gene controlling hairiness and seed coat color traits in Brassica rapa	71	62	河南省农业科学院	2009 年	PLANT MOLECULAR BIOLOGY	3.356（2016）
10	A naturally occurring splicing site mutation in the Brassica rapa FLC1 gene is associated with variation in flowering time	71	53	河南省农业科学院园艺研究所	2009 年	JOURNAL OF EXPERIMENTAL BOTANY	5.83（2016）

表 1-7 2008—2017 年河南省农业科学院 SCI 高被引论文 TOP10（第一或通讯作者完成单位）

排序	标题	WOS 所有数据库总被引频次	WOS 核心库被引频次	作者机构	出版年份	期刊名称	期刊影响因子（最近年度）
1	Development and validation of genic-SSR markers in sesame by RNA-seq	79	63	河南省芝麻研究中心	2012 年	BMC GENOMICS	3.729（2016）
2	Development of a Lateral Flow Colloidal Gold Immunoassay Strip for the Rapid Detection of Enrofloxacin Residues	64	49	河南省动物免疫学重点实验室	2008 年	JOURNAL OF AGRICULTURAL AND FOOD CHEMISTRY	3.154（2016）

（续表）

排序	标题	WOS 所有数据库总被引频次	WOS 核心库被引频次	作者机构	出版年份	期刊名称	期刊影响因子（最近年度）
3	Rapid and sensitive detection of beta-agonists using a portable fluorescence biosensor based on fluorescent nanosilica and a lateral flow test strip	48	46	河南省动物免疫学重点实验室	2013 年	BIOSENSORS & BIOELECTRONICS	7. 78 (2016)
4	Endoribonuclease activities of porcine reproductive and respiratory syndrome virus nsp11 was essential for nsp11 to inhibit IFN-beta induction	39	38	河南省动物免疫学重点实验室	2011 年	MOLECULAR IMMUNOLOGY	3. 236 (2016)
5	Genome sequencing of the important oilseed crop Sesamum indicum L.	37	29	河南省农业科学院植物保护研究所，河南省芝麻研究中心	2013 年	GENOME BIOLOGY	11. 908 (2016)
6	QTL Mapping of Isoflavone, Oil and Protein Contents in Soybean (Glycine max L. Merr.)	32	23	河南省农业科学院经济作物研究所	2010 年	AGRICULTURAL SCIENCES IN CHINA	0. 82 (2013)
7	Identification and testing of reference genes for Sesame gene expression analysis by quantitative real-time PCR	31	28	河南省芝麻研究中心	2013 年	PLANTA	3. 361 (2016)
8	Porcine reproductive and respiratory syndrome virus and bacterial endotoxin act in synergy to amplify the inflammatory response of infected macrophages	29	25	河南省动物免疫学重点实验室	2011 年	VETERINARY MICROBIOLOGY	2. 628 (2016)
9	Development of a Lateral Flow Colloidal Gold Immunoassay Strip for the Rapid Detection of Olaquindox Residues	27	25	河南省动物免疫学重点实验室	2011 年	JOURNAL OF AGRICULTURAL AND FOOD CHEMISTRY	3. 154 (2016)

（续表）

排序	标题	WOS 所有数据库总被引频次	WOS 核心库被引频次	作者机构	出版年份	期刊名称	期刊影响因子（最近年度）
10	Genetic Analysis and QTL Mapping of Seed Coat Color in Sesame（Sesamum indicum L.）	27	23	河南省芝麻研究中心	2013 年	PLOS ONE	2.806（2016）

1.7 高频词 TOP20

2008—2017 年河南省农业科学院 SCI 发文高频词（作者关键词）TOP20 见表 1-8。

表 1-8 2008—2017 年河南省农业科学院 SCI 发文高频词（作者关键词）TOP20

排序	关键词（作者关键词）	频次	排序	关键词（作者关键词）	频次
1	Maize	25	11	immunoassay	8
2	Wheat	16	12	new species	8
3	colloidal gold	12	13	Pig	8
4	China	11	14	Gene expression	8
5	Long-term fertilization	10	15	Soybean	7
6	PRRSV	9	16	rice	7
7	Expression	9	17	Fluorescence	7
8	phylogenetic analysis	9	18	broiler	7
9	Transcriptome	9	19	Immunochromatographic strip	7
10	Auxin	8	20	Lepidoptera	6

2 中文期刊论文分析

2008—2017 年，中国农业科技文献数据库（CASDD）共收录由河南省农业科学院作者发表的中文期刊论文 3 703篇，其中北大中文核心期刊 2 439篇，中国科学引文数据库（CSCD）期刊论文 1 809篇。

2.1 发文量

2008—2017 年河南省农业科学院中文文献历年发文趋势（2008—2017 年）见下图。

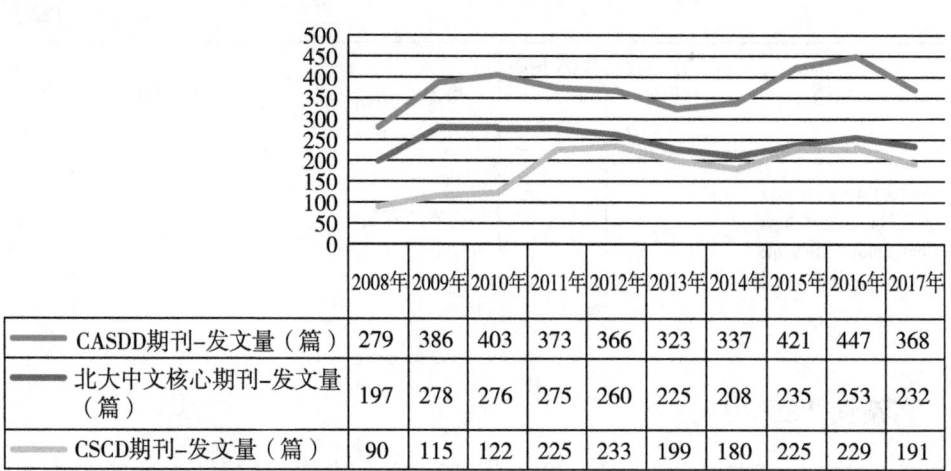

	2008年	2009年	2010年	2011年	2012年	2013年	2014年	2015年	2016年	2017年
CASDD期刊-发文量（篇）	279	386	403	373	366	323	337	421	447	368
北大中文核心期刊-发文量（篇）	197	278	276	275	260	225	208	235	253	232
CSCD期刊-发文量（篇）	90	115	122	225	233	199	180	225	229	191

图　河南省农业科学院中文文献历年发文趋势（2008—2017 年）

2.2 高发文研究所 TOP10

2008—2017 年河南省农业科学院 CASDD 期刊高发文研究所 TOP10 见表 2-1，2008—2017 年河南省农业科学院北大中文核心期刊高发文研究所 TOP10 见表 2-2，2008—2017 年河南省农业科学院中国科学引文数据库（CSCD）期刊高发文研究所 TOP10 见表 2-3。

表 2-1　2008—2017 年河南省农业科学院 CASDD 期刊高发文研究所　　　　单位：篇

排序	研究所	发文量
1	河南省农业科学院	596
2	河南省农业科学院植物营养与资源环境研究所	391
3	河南省农业科学院植物保护研究所	368
4	河南省农业科学院经济作物研究所	367
5	河南省动物免疫学重点实验室	300
6	河南省农业科学院畜牧兽医研究所	286
7	河南省农业科学院农业经济与信息研究所	281
8	河南省农业科学院园艺研究所	269
9	河南省农业科学院粮食作物研究所	222
9	河南省农业科学院农副产品加工研究所	222
10	河南省农业科学院小麦研究所	221
11	河南省农业科学院烟草研究所	137

注："河南省农业科学院"发文包括作者单位只标注为"河南省农业科学院"、院属实验室等。

表 2-2　2008—2017 年河南省农业科学院北大中文核心期刊高发文研究所 TOP10　单位：篇

排序	研究所	发文量
1	河南省农业科学院	393
2	河南省农业科学院植物保护研究所	315
3	河南省动物免疫学重点实验室	263
4	河南省农业科学院经济作物研究所	254
5	河南省农业科学院植物营养与资源环境研究所	248
6	河南省农业科学院小麦研究所	167
7	河南省农业科学院农业经济与信息研究所	166
8	河南省农业科学院农副产品加工研究所	161
9	河南省农业科学院畜牧兽医研究所	158
10	河南省农业科学院园艺研究所	143
11	河南省农业科学院粮食作物研究所	142

注："河南省农业科学院"发文包括作者单位只标注为"河南省农业科学院"、院属实验室等。

表 2-3　2008—2017 年河南省农业科学院 CSCD 期刊高发文研究所 TOP10　单位：篇

排序	研究所	发文量
1	河南省农业科学院植物保护研究所	270
2	河南省农业科学院	240
3	河南省农业科学院植物营养与资源环境研究所	221
4	河南省农业科学院经济作物研究所	217
5	河南省动物免疫学重点实验室	199
6	河南省农业科学院小麦研究所	135
7	河南省农业科学院农业经济与信息研究所	128
8	河南省农业科学院粮食作物研究所	124
9	河南省农业科学院农副产品加工研究所	104
10	河南省农业科学院园艺研究所	87
11	河南省芝麻研究中心	66

注："河南省农业科学院"发文包括作者单位只标注为"河南省农业科学院"、院属实验室等。

2.3 高发文期刊 TOP10

2008—2017 年河南省农业科学院高发文 CASDD 期刊 TOP10 见表 2-4，2008—2017 年河南省农业科学院高发文北大中文核心期刊 TOP10 见表 2-5，2008—2017 年河南省农业科学院高发文 CSCD 期刊 TOP10 见表 2-6。

表 2-4　2008—2017 年河南省农业科学院高发文期刊（CASDD）TOP10　　单位：篇

排序	期刊名称	发文量	排序	期刊名称	发文量
1	河南农业科学	811	6	种业导刊	58
2	中国农学通报	144	7	植物保护	56
3	华北农学报	118	8	麦类作物学报	54
4	安徽农业科学	78	9	中国农业科学	43
5	农业科技管理	66	10	中国瓜菜	41

表 2-5　2008—2017 年河南省农业科学院高发文期刊（北大中文核心）TOP10　　单位：篇

排序	期刊名称	发文量	排序	期刊名称	发文量
1	河南农业科学	811	7	中国农业科学	43
2	华北农学报	118	8	作物学报	40
3	中国农学通报	77	9	玉米科学	40
4	植物保护	56	10	江苏农业科学	31
5	麦类作物学报	54	10	西北农业学报	31
6	安徽农业科学	49			

表 2-6　2008—2017 年河南省农业科学院高发文期刊（CSCD）TOP10　　单位：篇

排序	期刊名称	发文量	排序	期刊名称	发文量
1	河南农业科学	538	6	中国农业科学	43
2	华北农学报	118	7	作物学报	40
3	中国农学通报	68	8	玉米科学	40
4	植物保护	56	9	西北农业学报	31
5	麦类作物学报	54	10	食品科学	30

2.4 合作发文机构 TOP10

2008—2017 年河南省农业科学院中文期刊合作发文机构 TOP10 见表 2-7。

表 2-7　2008—2017 年河南省农业科学院中文期刊合作发文机构 TOP10　　　单位：篇

排序	合作发文机构	发文量	排序	合作发文机构	发文量
1	河南农业大学	982	6	西北农林科技大学	160
2	郑州大学	294	7	河南科技学院	151
3	中国农业科学院	287	8	中国农业大学	118
4	河南科技大学	199	9	河南省烟草公司	112
5	河南工业大学	167	10	南京农业大学	107

黑龙江省农业科学院

1 英文期刊论文分析

分析数据来源于科学引文索引数据库（Web of Science，WOS）收录的文献类型为期刊论文（ARTICLE）、会议论文（PROCEEDINGS PAPER）和述评（REVIEW）的 Science Citation Index Expanded（SCIE）论文数据，数据时间范围为 2008—2017 年，共检索到黑龙江省农业科学院作者发表的论文 481 篇。

1.1 发文量

2008—2017 年黑龙江省农业科学院历年 SCI 发文与被引情况见表 1-1，黑龙江省农业科学院英文文献历年发文趋势（2008—2017 年）见下图。

表 1-1 2008—2017 年黑龙江省农业科学院历年 SCI 发文与被引情况

出版年	发文量（篇）	WOS 所有数据库总被引频次	WOS 核心库被引频次
2008 年	6	284	206
2009 年	11	134	95
2010 年	31	471	369
2011 年	27	230	204
2012 年	45	1 397	1 316
2013 年	35	237	180
2014 年	51	289	231
2015 年	70	448	382
2016 年	87	239	217
2017 年	118	99	89

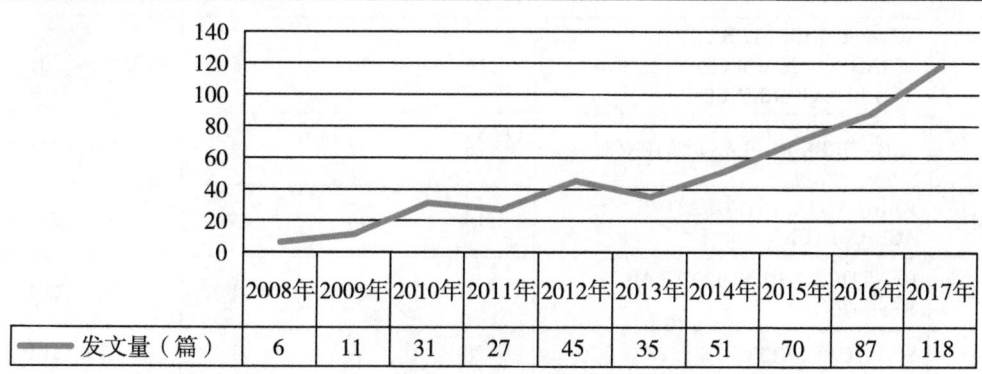

图 黑龙江省农业科学院英文文献历年发文趋势（2008—2017 年）

1.2 高发文研究所 TOP10

2008—2017 年黑龙江省农业科学院 SCI 高发文研究所 TOP10 见表 1-2。

表 1-2 2008—2017 年黑龙江省农业科学院 SCI 高发文研究所 TOP10 　　　单位：篇

排序	研究所	发文量
1	黑龙江省农业科学院畜牧研究所	59
2	黑龙江省农业科学院土壤肥料与环境资源研究所	54
3	黑龙江省农业科学院院机关	33
4	黑龙江省农业科学院大豆研究所	32
5	黑龙江省农业科学院作物育种研究所	29
6	黑龙江省农业科学院耕作栽培研究所	24
7	黑龙江省农业科学院园艺分院	22
8	黑龙江省农业科学院草业研究所	20
9	黑龙江省农业科学院农产品质量安全研究所	19
10	黑龙江省农业科学院植物脱毒苗木研究所	18
10	黑龙江省农业科学院经济作物研究所	18
10	黑龙江省农业科学院黑河分院	18

1.3 高发文期刊 TOP10

2008—2017 年黑龙江省农业科学院 SCI 高发文期刊 TOP10 见表 1-3。

表 1-3 2008—2017 年黑龙江省农业科学院 SCI 发文期刊 TOP10

排序	期刊名称	发文量（篇）	WOS 所有数据库总被引频次	WOS 核心库被引频次	期刊影响因子（最近年度）
1	PLOS ONE	22	94	76	2.806（2016）
2	ACTA AGRICULTURAE SCANDINAVICA SECTION B-SOIL AND PLANT SCIENCE	16	20	16	0.651（2016）
3	FRONTIERS IN PLANT SCIENCE	16	42	39	4.298（2016）
4	JOURNAL OF INTEGRATIVE AGRICULTURE	15	48	45	1.042（2016）
5	GENETICS AND MOLECULAR RESEARCH	11	24	21	0.764（2015）
6	SCIENTIFIC REPORTS	8	9	9	4.259（2016）
7	EUPHYTICA	7	9	8	1.626（2016）

（续表）

排序	期刊名称	发文量（篇）	WOS 所有数据库总被引频次	WOS 核心库被引频次	期刊影响因子（最近年度）
8	SPECTROSCOPY AND SPECTRAL ANALYSIS	7	35	11	0.344（2016）
9	CROP SCIENCE	6	9	9	1.629（2016）
10	MOLECULAR BREEDING	6	31	20	2.465（2016）

1.4 合作发文国家与地区 TOP10

2008—2017 年黑龙江省农业科学院 SCI 合作发文国家与地区（合作发文 1 篇以上）TOP10 见表 1-4。

表 1-4　2008—2017 年黑龙江省农业科学院 SCI 合作发文国家与地区 TOP10

排序	国家与地区	合作发文量	WOS 所有数据库总被引频次	WOS 核心库被引频次
1	美国	42	1 489	1 388
2	加拿大	18	137	114
3	日本	16	1 178	1 136
4	挪威	7	11	9
5	荷兰	6	1 309	1 236
6	苏格兰	6	1 166	1 132
7	澳大利亚	5	20	19
8	德国	5	1 141	1 105
9	法国	3	1 156	1 116
10	意大利	2	1 181	1 132
10	巴基斯坦	2	20	17
10	西班牙	2	1 184	1 139
10	肯尼亚	2	1	1
10	中国台湾	2	1 146	1 105
10	以色列	2	1 123	1 089
10	墨西哥	2	1	1
10	马来西亚	2	3	3

1.5 合作发文机构 TOP10

2008—2017 年黑龙江省农业科学院 SCI 合作发文机构 TOP10 见表 1-5。

表 1-5 2008—2017 年黑龙江省农业科学院 SCI 合作发文机构 TOP10

排序	合作发文机构	发文量	WOS 所有数据库总被引频次	WOS 核心库被引频次
1	东北农业大学	145	655	522
2	中国科学院	101	1 793	1 653
3	中国农业科学院	92	1 920	1 733
4	东北林业大学	47	296	238
5	中国农业大学	34	1 449	1 350
6	沈阳农业大学	26	86	76
7	哈尔滨师范大学	21	41	36
8	哈尔滨工业大学	17	110	77
9	黑龙江大学	16	49	42
10	吉林省农业科学院	12	76	65

1.6 高被引论文 TOP10

2008—2017 年黑龙江省农业科学院发表的 SCI 高被引论文 TOP10 见表 1-6，黑龙江省农业科学院以第一或通讯作者完成单位发表的 SCI 高被引论文 TOP10 见表 1-7。

表 1-6 2008—2017 年黑龙江省农业科学院 SCI 高被引论文 TOP10

排序	标题	WOS 所有数据库总被引频次	WOS 核心库被引频次	作者机构	出版年份	期刊名称	期刊影响因子（最近年度）
1	The tomato genome sequence provides insights into fleshy fruit evolution	1 123	1 089	黑龙江省农业科学院经济作物研究所	2012 年	NATURE	40. 137 (2016)
2	Genetic structure and diversity of cultivated soybean（Glycine max（L.）Merr.）landraces in China	101	78	黑龙江省农业科学院大豆研究所	2008 年	THEORETICAL AND APPLIED GENETICS	4. 132 (2016)
3	Identification of two novel B cell epitopes on porcine epidemic diarrhea virus spike protein	98	73	黑龙江省农业科学院	2008 年	VETERINARY MICROBIOLOGY	2. 628 (2016)

（续表）

排序	标题	WOS 所有数据库总被引频次	WOS 核心库被引频次	作者机构	出版年份	期刊名称	期刊影响因子（最近年度）
4	The critical soil P levels for crop yield, soil fertility and environmental safety in different soil types	71	57	黑龙江省农业科学院土壤肥料与环境资源研究所	2013 年	PLANT AND SOIL	3.052（2016）
5	Mean-shift-based color segmentation of images containing green vegetation	70	54	黑龙江省农业科学院	2009 年	COMPUTERS AND ELECTRONICS IN AGRICULTURE	2.201（2016）
6	Effect of monoculture soybean on soil microbial community in the Northeast China	66	49	黑龙江省农业科学院土壤肥料与环境资源研究所	2010 年	PLANT AND SOIL	3.052（2016）
7	RNA-Dependent RNA Polymerase 1 from Nicotiana tabacum Suppresses RNA Silencing and Enhances Viral Infection in Nicotiana benthamiana	61	50	黑龙江省农业科学院植物脱毒苗木研究所	2010 年	PLANT CELL	8.688（2016）
8	Agronomic and physiological contributions to the yield improvement of soybean cultivars released from 1950 to 2006 in Northeast China	58	52	黑龙江省农业科学院	2010 年	FIELD CROPS RESEARCH	3.048（2016）
9	Phylogenetic analysis of the haemagglutinin gene of canine distemper virus strains detected from breeding foxes, raccoon dogs and minks in China	58	43	黑龙江省农业科学院绥化分院	2010 年	VETERINARY MICROBIOLOGY	2.628（2016）
10	Microwave-assisted aqueous enzymatic extraction of oil from pumpkin seeds and evaluation of its physicochemical properties, fatty acid compositions and antioxidant activities	56	45	黑龙江省农业科学院生物技术研究所	2014 年	FOOD CHEMISTRY	4.529（2016）

表 1-7　2008—2017 年黑龙江省农业科学院 SCI 高被引论文 TOP10（第一或通讯作者完成单位）

排序	标题	WOS 所有数据库总被引频次	WOS 核心库被引频次	作者机构	出版年份	期刊名称	期刊影响因子（最近年度）
1	Enzymatic hydrolysis of soy proteins and the hydrolysates utilisation	32	29	黑龙江省农业科学院农产品质量安全研究所	2011 年	INTERNATIONAL JOURNAL OF FOOD SCIENCE AND TECHNOLOGY	1.64（2016）
2	Identification of differentially expressed genes in flax（Linum usitatissimum L.）under saline-alkaline stress by digital gene expression	16	14	黑龙江省农业科学院院机关	2014 年	GENE	2.415（2016）
3	Potential of Perennial Crop on Environmental Sustainability of Agriculture	13	13	黑龙江省农业科学院作物育种研究所	2011 年	2011 3RD INTERNATIONAL CONFERENCE ON ENVIRONMENTAL SCIENCE AND INFORMATION APPLICATION TECHNOLOGY ESIAT 2011, VOL 10, PT B	未收录
4	Maturity Group Classification and Maturity Locus Genotyping of Early-Maturing Soybean Varieties from High-Latitude Cold Regions	10	5	黑龙江省农业科学院黑河分院	2014 年	PLOS ONE	2.806（2016）
5	Diversity analysis of nitrite reductase genes（nirS）in black soil under different long-term fertilization conditions	9	9	黑龙江省农业科学院土壤肥料与环境资源研究所	2010 年	ANNALS OF MICROBIOLOGY	1.122（2016）
6	Bacillus daqingensis sp nov., a Halophilic, Alkaliphilic Bacterium Isolated from Saline-Sodic Soil in Daqing, China	7	6	黑龙江省农业科学院农村能源研究所，黑龙江省农业科学院土壤肥料与环境资源研究所，黑龙江省农业科学院植物保护研究所，黑龙江省农业科学院院机关	2014 年	JOURNAL OF MICROBIOLOGY	1.924（2016）

（续表）

排序	标题	WOS 所有数据库总被引频次	WOS 核心库被引频次	作者机构	出版年份	期刊名称	期刊影响因子（最近年度）
7	Identification and characterization of miRNAs and targets in flax (Linum usitatissimum) under saline, alkaline, and saline-alkaline stresses	7	7	黑龙江省农业科学院经济作物研究所，黑龙江省农业科学院院机关	2016 年	BMC PLANT BIOLOGY	3.964 (2016)
8	Effects of Exogenous Chitosan on Physiological Characteristics of Potato Seedlings Under Drought Stress and Rehydration	6	3	黑龙江省农业科学院佳木斯水稻研究所，黑龙江省农业科学院植物脱毒苗木研究所	2012 年	POTATO RESEARCH	1.127 (2016)
9	Isolation and detection of differential genes in hot pepper (Capsicum annuum L.) after space flight using AFLP markers	6	5	黑龙江省农业科学院园艺分院	2014 年	BIOCHEMICAL SYSTEMATICS AND ECOLOGY	0.929 (2016)
10	Application of cavitation system to accelerate aqueous enzymatic extraction of seed oil from Cucurbita pepo L. and evaluation of hypoglycemic effect	6	5	黑龙江省农业科学院五常水稻研究所，黑龙江省农业科学院生物技术研究所，黑龙江省农业科学院院机关	2016 年	FOOD CHEMISTRY	4.529 (2016)

1.7 高频词 TOP20

2008—2017 年黑龙江省农业科学院 SCI 发文高频词（作者关键词）TOP20 见表 1-8。

表 1-8　2008—2017 年黑龙江省农业科学院 SCI 发文高频词（作者关键词）TOP20

排序	关键词（作者关键词）	频次	排序	关键词（作者关键词）	频次
1	soybean	30	11	Phytophthora sojae	6
2	maize	15	12	salt stress	6
3	Glycine max	11	13	wheat	6
4	Porcine	9	14	Triticum aestivum	5
5	rice	9	15	expression	5
6	Pig	8	16	Somatic cell nuclear transfer	5
7	black soil	8	17	Ionic liquids	5
8	Genetic diversity	8	18	Alfalfa	5
9	Gene expression	8	19	Cloning	5
10	Proteomics	7	20	Cold stress	5

2 中文期刊论文分析

2008—2017年，中国农业科技文献数据库（CASDD）共收录由黑龙江省农业科学院作者发表的中文期刊论文7 472篇，其中北大中文核心期刊论文2 509篇，中国科学引文数据库（CSCD）期刊论文2 226篇。

2.1 发文量

2008—2017年黑龙江省农业科学院中文文献历年发文趋势（2008—2017年）见下图。

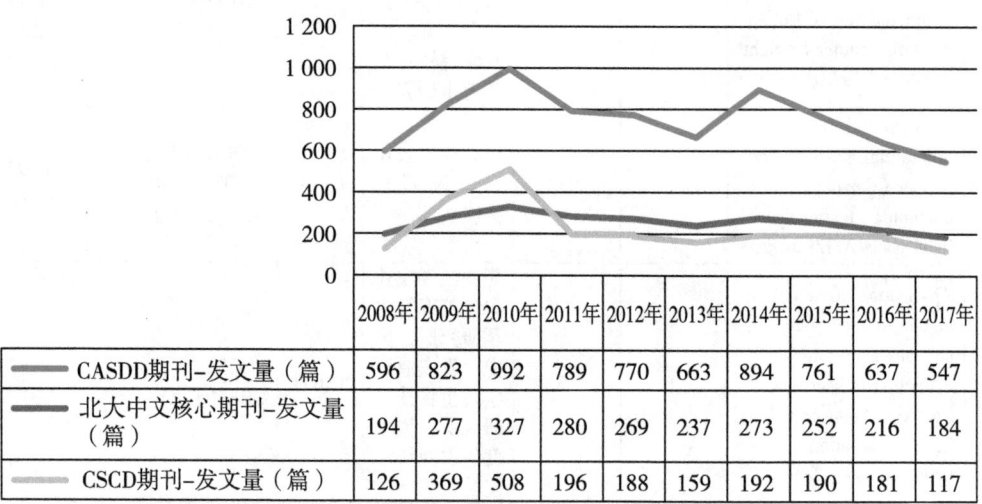

	2008年	2009年	2010年	2011年	2012年	2013年	2014年	2015年	2016年	2017年
CASDD期刊-发文量（篇）	596	823	992	789	770	663	894	761	637	547
北大中文核心期刊-发文量（篇）	194	277	327	280	269	237	273	252	216	184
CSCD期刊-发文量（篇）	126	369	508	196	188	159	192	190	181	117

图　黑龙江省农业科学院中文文献历年发文趋势（2008—2017年）

2.2 高发文研究所TOP10

2008—2017年黑龙江省农业科学院CASDD期刊高发文研究所TOP10见表2-1，2008—2017年黑龙江省农业科学院北大中文核心期刊高发文研究所TOP10见表2-2，2008—2017年黑龙江省农业科学院中国科学引文数据库（CSCD）期刊高发文研究所TOP10见表2-3。

表2-1　2008—2017年黑龙江省农业科学院CASDD期刊高发文研究所TOP10　　单位：篇

排序	研究所	发文量
1	黑龙江省农业科学院	835
2	黑龙江省农业科学院佳木斯分院	640
3	黑龙江省农业科学院园艺分院	592
4	黑龙江省农业科学院牡丹江分院	464

（续表）

排序	研究所	发文量
5	黑龙江省农业科学院齐齐哈尔分院	416
6	黑龙江省农业科学院畜牧研究所	380
7	黑龙江省农业科学院耕作栽培研究所	372
8	黑龙江省农业科学院克山分院	349
9	黑龙江省农业科学院土壤肥料与环境资源研究所	322
10	黑龙江省农业科学院经济作物研究所	281
11	黑龙江省农业科学院作物育种研究所	269

注："黑龙江省农业科学院"发文包括作者单位只标注为"黑龙江省农业科学院"、院属实验室等。

表2-2　2008—2017年黑龙江省农业科学院北大中文核心期刊高发文研究所TOP10　单位：篇

排序	研究所	发文量
1	黑龙江省农业科学院	336
2	黑龙江省农业科学院佳木斯分院	213
3	黑龙江省农业科学院畜牧研究所	207
4	黑龙江省农业科学院耕作栽培研究所	188
5	黑龙江省农业科学院土壤肥料与环境资源研究所	182
6	黑龙江省农业科学院园艺分院	176
7	黑龙江省农业科学院院机关	168
8	黑龙江省农业科学院大豆研究所	143
9	黑龙江省农业科学院草业研究所	110
10	黑龙江省农业科学院牡丹江分院	105
11	黑龙江省农业科学院作物育种研究所	102

注："黑龙江省农业科学院"发文包括作者单位只标注为"黑龙江省农业科学院"、院属实验室等。

表2-3　2008—2017年黑龙江省农业科学院CSCD期刊高发文研究所TOP10　单位：篇

排序	研究所	发文量
1	黑龙江省农业科学院	302
2	黑龙江省农业科学院佳木斯分院	240
3	黑龙江省农业科学院土壤肥料与环境资源研究所	193
4	黑龙江省农业科学院耕作栽培研究所	179
5	黑龙江省农业科学院院机关	137

（续表）

排序	研究所	发文量
6	黑龙江省农业科学院大豆研究所	136
7	黑龙江省农业科学院作物育种研究所	104
8	黑龙江省农业科学院牡丹江分院	93
9	黑龙江省农业科学院齐齐哈尔分院	93
10	黑龙江省农业科学院大庆分院	90
11	黑龙江省农业科学院草业研究所	85
11	黑龙江省农业科学院畜牧研究所	85

注："黑龙江省农业科学院"发文包括作者单位只标注为"黑龙江省农业科学院"、院属实验室等。

2.3 高发文期刊 TOP10

2008—2017 年黑龙江省农业科学院高发文 CASDD 期刊 TOP10 见表 2-4，2008—2017 年黑龙江省农业科学院高发文北大中文核心期刊 TOP10 见表 2-5，2008—2017 年黑龙江省农业科学院高发文 CSCD 期刊 TOP10 见表 2-6。

表 2-4　2008—2017 年黑龙江省农业科学院高发文期刊（CASDD）TOP10　　单位：篇

排序	期刊名称	发文量	排序	期刊名称	发文量
1	黑龙江农业科学	1 910	6	农业科技通讯	201
2	大豆科学	344	7	中国农学通报	200
3	北方园艺	250	8	东北农业大学学报	168
4	中国种业	248	9	作物杂志	165
5	中国林副特产	231	10	黑龙江畜牧兽医	146

表 2-5　2008—2017 年黑龙江省农业科学院高发文期刊（北大中文核心）TOP10　　单位：篇

排序	期刊名称	发文量	排序	期刊名称	发文量
1	大豆科学	344	6	黑龙江畜牧兽医	146
2	北方园艺	250	7	安徽农业科学	60
3	东北农业大学学报	168	8	核农学报	52
4	作物杂志	165	9	玉米科学	47
5	中国农学通报	151	10	土壤通报	37

表2-6　2008—2017年黑龙江省农业科学院高发文期刊（CSCD）TOP10　　单位：篇

排序	期刊名称	发文量	排序	期刊名称	发文量
1	黑龙江农业科学	507	7	玉米科学	47
2	大豆科学	344	8	土壤通报	37
3	东北农业大学学报	168	9	中国农业科学	30
4	作物杂志	157	10	华北农学报	29
5	中国农学通报	90	10	作物学报	29
6	核农学报	52			

2.4　合作发文机构TOP10

2008—2017年黑龙江省农业科学院中文期刊合作发文机构TOP10见表2-7。

表2-7　2008—2017年黑龙江省农业科学院中文期刊合作发文机构TOP10　　单位：篇

排序	合作发文机构	发文量	排序	合作发文机构	发文量
1	东北农业大学	1 947	6	哈尔滨师范大学	229
2	黑龙江八一农垦大学	516	7	中国科学院	192
3	中国农业科学院	509	8	哈尔滨商业大学	126
4	沈阳农业大学	426	9	黑龙江大学	124
5	东北林业大学	314	10	黑龙江农业经济职业学院	79

湖北省农业科学院

1 英文期刊论文分析

分析数据来源于科学引文索引数据库（Web of Science，WOS）收录的文献类型为期刊论文（ARTICLE）、会议论文（PROCEEDINGS PAPER）和述评（REVIEW）的 Science Citation Index Expanded（SCIE）论文数据，数据时间范围为 2008—2017 年，共检索到湖北省农业科学院作者发表的论文 554 篇。

1.1 发文量

2008—2017 年湖北省农业科学院历年 SCI 发文与被引情况见表 1-1，湖北省农业科学院英文文献历年发文趋势（2008—2017 年）见下图。

表 1-1　2008—2017 年湖北省农业科学院历年 SCI 发文与被引情况

出版年	发文量（篇）	WOS 所有数据库总被引频次	WOS 核心库被引频次
2008 年	12	224	188
2009 年	30	444	351
2010 年	45	606	499
2011 年	57	478	395
2012 年	58	819	690
2013 年	54	548	473
2014 年	62	385	337
2015 年	68	473	407
2016 年	85	303	276
2017 年	83	86	79

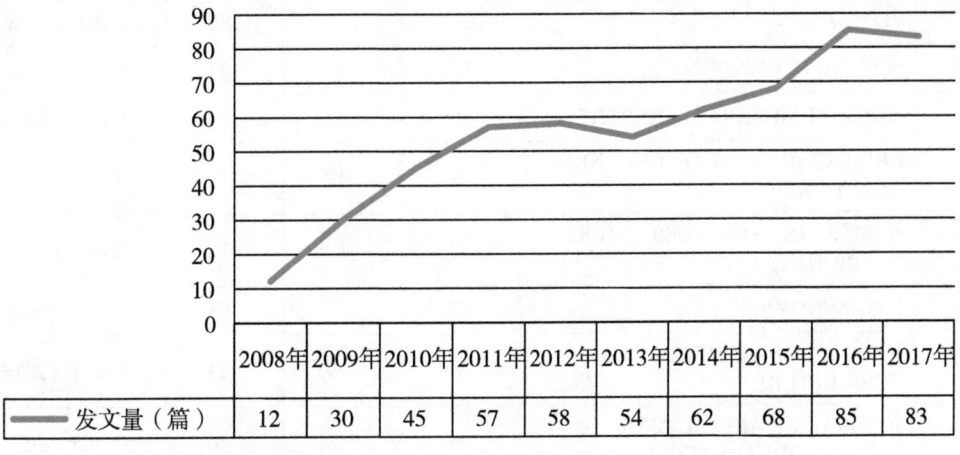

图　湖北省农业科学院英文文献历年发文趋势（2008—2017 年）

1.2 高发文研究所 TOP10

2008—2017 年湖北省农业科学院 SCI 高发文研究所 TOP10 见表 1-2。

表 1-2 2008—2017 年湖北省农业科学院 SCI 高发文研究所 TOP10 单位：篇

排序	研究所	发文量
1	湖北省农业科学院畜牧兽医研究所	133
2	湖北省农业科学院植保土肥研究所	82
3	湖北省农业科学院经济作物研究所	67
4	湖北省农业科学院农产品加工与核农技术研究所	66
5	湖北省生物农药工程研究中心	64
6	湖北省农业科学院农业质量标准与检测技术研究所	59
7	湖北省农科院粮食作物研究所	31
8	湖北省农业科学院果树茶叶研究所	23
9	湖北省农业科学院农业经济技术研究所	2
10	湖北省农业科学院果茶蚕桑研究所	1

1.3 高发文期刊 TOP10

2008—2017 年湖北省农业科学院 SCI 高发文期刊 TOP10 见表 1-3。

表 1-3 2008—2017 年湖北省农业科学院 SCI 发文期刊 TOP10

排序	期刊名称	发文量（篇）	WOS 所有数据库总被引频次	WOS 核心库被引频次	期刊影响因子（最近年度）
1	PLOS ONE	24	211	184	2.806（2016）
2	SCIENTIFIC REPORTS	17	41	33	4.259（2016）
3	MOLECULAR BIOLOGY REPORTS	10	67	57	1.828（2016）
4	CHINESE JOURNAL OF ORGANIC CHEMISTRY	8	30	18	1.01（2016）
5	JOURNAL OF FOOD AGRICULTURE & ENVIRONMENT	7	19	15	0.435（2012）
6	BMC GENOMICS	7	76	68	3.729（2016）
7	JOURNAL OF INTEGRATIVE AGRICULTURE	6	29	23	1.042（2016）
8	JOURNAL OF ANIMAL AND VETERINARY ADVANCES	6	8	6	0.365（2012）

（续表）

排序	期刊名称	发文量（篇）	WOS 所有数据库总被引频次	WOS 核心库被引频次	期刊影响因子（最近年度）
9	BIOORGANIC & MEDICINAL CHEMISTRY LETTERS	6	56	54	2.454（2016）
10	FOOD CHEMISTRY	6	173	135	4.529（2016）

1.4 合作发文国家与地区 TOP10

2008—2017 年湖北省农业科学院 SCI 合作发文国家与地区（合作发文 1 篇以上）TOP10 见表 1-4。

表 1-4　2008—2017 年湖北省农业科学院 SCI 合作发文国家与地区 TOP10

排序	国家与地区	合作发文量	WOS 所有数据库总被引频次	WOS 核心库被引频次
1	美国	48	537	455
2	加拿大	7	228	197
3	澳大利亚	5	39	35
4	荷兰	5	152	128
5	德国	5	19	18
6	以色列	5	50	43
7	意大利	4	53	47
8	英格兰	4	85	68
9	日本	3	56	49
10	埃及	3	8	8
10	韩国	3	63	45

1.5 合作发文机构 TOP10

2008—2017 年湖北省农业科学院 SCI 合作发文机构 TOP10 见表 1-5。

表 1-5　2008—2017 年湖北省农业科学院 SCI 合作发文机构 TOP10

排序	合作发文机构	发文量	WOS 所有数据库总被引频次	WOS 核心库被引频次
1	华中农业大学	184	1 465	1 265
2	中国农业科学院	72	570	481

（续表）

排序	合作发文机构	发文量	WOS 所有数据库总被引频次	WOS 核心库被引频次
3	武汉大学	60	437	370
4	中国科学院	50	852	705
5	中国农业大学	49	320	279
6	武汉理工大学	49	227	202
7	中华人民共和国农业农村部	20	143	122
8	长江大学	16	49	43
9	华中师范大学	15	84	73
10	湖北大学	8	69	59
10	湖北工业大学	8	7	5

1.6　高被引论文 TOP10

2008—2017 年湖北省农业科学院发表的 SCI 高被引论文 TOP10 见表 1-6，湖北省农业科学院以第一或通讯作者完成单位发表的 SCI 高被引论文 TOP10 见表 1-7。

表 1-6　2008—2017 年湖北省农业科学院 SCI 高被引论文 TOP10

排序	标题	WOS 所有数据库总被引频次	WOS 核心库被引频次	作者机构	出版年份	期刊名称	期刊影响因子（最近年度）
1	Draft genome of the kiwifruit Actinidia chinensis	125	110	湖北省农业科学院果树茶叶研究所	2013 年	NATURE COMMUNICATIONS	12.124 (2016)
2	Fusarium populations on chinese barley show a dramatic gradient in mycotoxin profiles	98	76	湖北省农业科学院植保土肥研究所	2008 年	PHYTOPATHOLOGY	2.896 (2016)
3	Physicochemical properties and structure of starches from Chinese rice cultivars	83	71	湖北省农业科学院农产品加工与核农技术研究所	2010 年	FOOD HYDROCOLLOIDS	4.747 (2016)
4	Study of the antifungal activity of Bacillus vallismortis ZZ185 in vitro and identification of its antifungal components	77	60	湖北省生物农药工程研究中心	2010 年	BIORESOURCE TECHNOLOGY	5.651 (2016)

（续表）

排序	标题	WOS 所有数据库总被引频次	WOS 核心库被引频次	作者机构	出版年份	期刊名称	期刊影响因子（最近年度）
5	Effects of konjac glucomannan on physicochemical properties of myofibrillar protein and surimi gels from grass carp (Ctenopharyngodon idella)	73	50	湖北省农业科学院农产品加工与核农技术研究所	2009 年	FOOD CHEMISTRY	4.529 (2016)
6	Polychlorinated dibenzo-p-dioxin and dibenzofurans (PCDD/Fs), polybrominated diphenyl ethers (PBDEs), and polychlorinated biphenyls (PCBs) monitored by tree bark in an E-waste recycling area	71	57	湖北省农业科学院农业质量标准与检测技术研究所	2009 年	CHEMOSPHERE	4.208 (2016)
7	Functional properties of protein isolates, globulin and albumin extracted from Ginkgo biloba seeds	62	50	湖北省农业科学院农产品加工与核农技术研究所	2011 年	FOOD CHEMISTRY	4.529 (2016)
8	An integrated genetic linkage map of cultivated peanut (Arachis hypogaea L.) constructed from two RIL populations	62	49	湖北省农业科学院经济作物研究所	2012 年	THEORETICAL AND APPLIED GENETICS	4.132 (2016)
9	Effects of organic amendments on soil carbon sequestration in paddy fields of subtropical China	56	40	湖北省农业科学院植保土肥研究所	2012 年	JOURNAL OF SOILS AND SEDIMENTS	2.522 (2016)
10	Molecular genetics of blood-fleshed peach reveals activation of anthocyanin biosynthesis by NAC transcription factors	52	43	湖北省农业科学院果树茶叶研究所	2015 年	PLANT JOURNAL	5.901 (2016)

表 1-7　2008—2017 年湖北省农业科学院 SCI 高被引论文 TOP10（第一或通讯作者完成单位）

排序	标题	WOS 所有数据库总被引频次	WOS 核心库被引频次	作者机构	出版年份	期刊名称	期刊影响因子（最近年度）
1	Multiple amino acid substitutions are involved in the adaptation of H9N2 avian influenza virus to mice	37	35	湖北省农业科学院畜牧兽医研究所	2009 年	VETERINARY MICROBIOLOGY	2.628（2016）
2	Effect of compost and chemical fertilizer on soil nematode community in a Chinese maize field	32	19	湖北省农业科学院植保土肥研究所	2010 年	EUROPEAN JOURNAL OF SOIL BIOLOGY	2.445（2016）
3	Changes in soil microbial community structure and functional diversity in the rhizosphere surrounding mulberry subjected to long-term fertilization	29	22	湖北省农业科学院经济作物研究所	2015 年	APPLIED SOIL ECOLOGY	2.786（2016）
4	Cytotoxic and antiviral nitrobenzoyl sesquiterpenoids from the marine-derived fungus Aspergillus ochraceus Jcma1F17	26	23	湖北省生物农药工程研究中心	2014 年	MEDCHEMCOMM	2.608（2016）
5	Preparation of mesoporous ZrO2-coated magnetic microsphere and its application in the multi-residue analysis of pesticides and PCBs in fish by GC-MS/MS	25	23	湖北省农业科学院农业质量标准与检测技术研究所	2015 年	TALANTA	4.162（2016）
6	Evaluation of recombinant proteins of Haemophilus parasuis strain SH0165 as vaccine candidates in a mouse model	22	22	湖北省农业科学院畜牧兽医研究所	2012 年	RESEARCH IN VETERINARY SCIENCE	1.298（2016）
7	Anthranilic acid-based diamides derivatives incorporating aryl-isoxazoline pharmacophore as potential anticancer agents：Design, synthesis and biological evaluation	21	21	湖北省生物农药工程研究中心	2012 年	EUROPEAN JOURNAL OF MEDICINAL CHEMISTRY	4.519（2016）

（续表）

排序	标题	WOS 所有数据库总被引频次	WOS 核心库被引频次	作者机构	出版年份	期刊名称	期刊影响因子（最近年度）
8	Long-term effective microorganisms application promote growth and increase yields and nutrition of wheat in China	21	17	湖北省农业科学院植保土肥研究所	2013 年	EUROPEAN JOURNAL OF AGRONOMY	3.757 (2016)
9	Abundance and diversity of soil nematodes as influenced by different types of organic manure	18	17	湖北省农业科学院植保土肥研究所	2010 年	HELMINTHOLOGIA	0.472 (2016)
10	Quantitative Phosphoproteomics Analysis of Nitric Oxide-Responsive Phosphoproteins in Cotton Leaf	18	17	湖北省农业科学院经济作物研究所	2014 年	PLOS ONE	2.806 (2016)

1.7 高频词 TOP20

2008—2017 年湖北省农业科学院 SCI 发文高频词（作者关键词）TOP20 见表 1-8。

表 1-8 2008—2017 年湖北省农业科学院 SCI 发文高频词（作者关键词）TOP20

排序	关键词（作者关键词）	频次	排序	关键词（作者关键词）	频次
1	synthesis	23	11	Wheat	7
2	pig	12	12	Streptococcus suis	6
3	Gene expression	11	13	Gossypium	6
4	Upland cotton	10	14	MCLR	6
5	SNP	10	15	China	6
6	Rice	9	16	Litter size	5
7	Association analysis	8	17	Porcine	5
8	biological activity	8	18	Physicochemical properties	5
9	Virulence	8	19	diversity	5
10	Monascus ruber	7	20	promoter	5

2 中文期刊论文分析

2008—2017 年，中国农业科技文献数据库（CASDD）共收录由湖北省农业科学院作者发表的中文期刊论文 4 199篇，其中北大中文核心期刊论文 2 416篇，中国科学引文数据库（CSCD）期刊论文 1 127篇。

2.1 发文量

2008—2017 年湖北省农业科学院中文文献历年发文趋势（2008—2017 年）见下图。

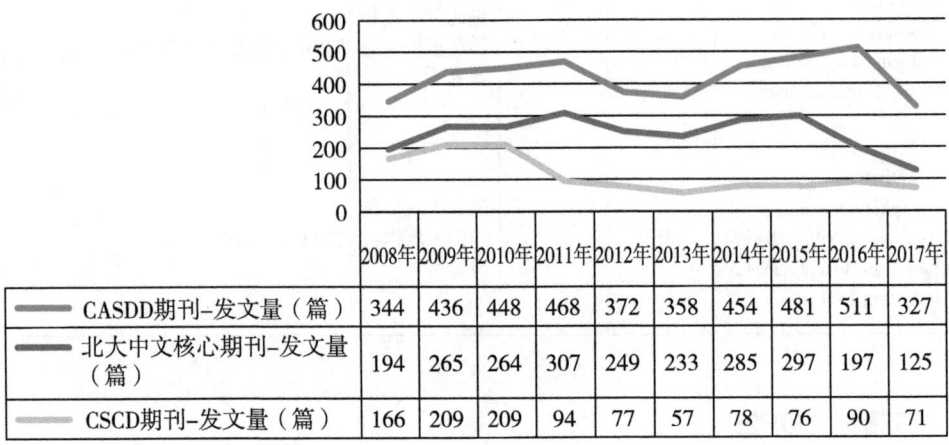

	2008年	2009年	2010年	2011年	2012年	2013年	2014年	2015年	2016年	2017年
CASDD期刊–发文量（篇）	344	436	448	468	372	358	454	481	511	327
北大中文核心期刊–发文量（篇）	194	265	264	307	249	233	285	297	197	125
CSCD期刊–发文量（篇）	166	209	209	94	77	57	78	76	90	71

图 湖北省农业科学院中文文献历年发文趋势（2008—2017 年）

2.2 高发文研究所 TOP10

2008—2017 年湖北省农业科学院 CASDD 期刊高发文研究所 TOP10 见表 2-1，2008—2017 年湖北省农业科学院北大中文核心期刊高发文研究所 TOP10 见表 2-2，2008—2017 年湖北省农业科学院中国科学引文数据库（CSCD）期刊高发文研究所 TOP10 见表 2-3。

表 2-1 2008—2017 年湖北省农业科学院 CASDD 期刊高发文研究所 TOP10　　单位：篇

排序	研究所	发文量
1	湖北省农业科学院畜牧兽医研究所	895
2	湖北省农业科学院经济作物研究所	589
3	湖北省农业科学院植保土肥研究所	578
4	湖北省农业科学院果树茶叶研究所	469
5	湖北省农科院粮食作物研究所	453
6	湖北省农业科学院农产品加工与核农技术研究所	426
7	湖北省农业科学院	313
8	湖北省农业科学院农业质量标准与检测技术研究所	214

（续表）

排序	研究所	发文量
9	湖北省农业科学院中药材研究所	130
10	湖北省生物农药工程研究中心	127
11	湖北省农业科学院农业经济技术研究所	90

注："湖北省农业科学院"发文包括作者单位只标注为"湖北省农业科学院"、院属实验室等。

表2-2 2008—2017年湖北省农业科学院北大中文核心期刊高发文研究所TOP10 单位：篇

排序	研究所	发文量
1	湖北省农业科学院畜牧兽医研究所	533
2	湖北省农业科学院植保土肥研究所	418
3	湖北省农科院粮食作物研究所	297
4	湖北省农业科学院农产品加工与核农技术研究所	279
5	湖北省农业科学院经济作物研究所	267
6	湖北省农业科学院果树茶叶研究所	241
7	湖北省农业科学院	162
8	湖北省农业科学院农业质量标准与检测技术研究所	127
9	湖北省生物农药工程研究中心	88
10	湖北省农业科学院中药材研究所	41
11	湖北省农业科学院院机关	34

注："湖北省农业科学院"发文包括作者单位只标注为"湖北省农业科学院"、院属实验室等。

表2-3 2008—2017年湖北省农业科学院CSCD期刊高发文研究所TOP10 单位：篇

排序	研究所	发文量
1	湖北省农业科学院植保土肥研究所	262
2	湖北省农业科学院畜牧兽医研究所	204
3	湖北省农科院粮食作物研究所	149
4	湖北省农业科学院经济作物研究所	135
5	湖北省农业科学院农产品加工与核农技术研究所	130
6	湖北省农业科学院果树茶叶研究所	114
7	湖北省农业科学院	54
8	湖北省农业科学院农业质量标准与检测技术研究所	46
9	湖北省生物农药工程研究中心	42
10	湖北省农业科学院中药材研究所	19
11	湖北省农业科学院院机关	7

注："湖北省农业科学院"发文包括作者单位只标注为"湖北省农业科学院"、院属实验室等。

2.3 高发文期刊 TOP10

2008—2017 年湖北省农业科学院高发文 CASDD 期刊 TOP10 见表 2-4，2008—2017 年湖北省农业科学院高发文北大中文核心期刊 TOP10 见表 2-5，2008—2017 年湖北省农业科学院高发文 CSCD 期刊 TOP10 见表 2-6。

表 2-4 2008—2017 年湖北省农业科学院高发文期刊（CASDD）TOP10　　　单位：篇

排序	期刊名称	发文量	排序	期刊名称	发文量
1	湖北农业科学	1 414	6	现代农业科技	96
2	湖北畜牧兽医	132	7	华中农业大学学报	52
3	安徽农业科学	127	8	湖北植保	43
4	农家顾问	114	9	北方蚕业	41
5	长江蔬菜	111	10	中国家禽	39

表 2-5 2008—2017 年湖北省农业科学院高发文期刊（北大中文核心）TOP10　　　单位：篇

排序	期刊名称	发文量	排序	期刊名称	发文量
1	湖北农业科学	1200	7	黑龙江畜牧兽医	31
2	安徽农业科学	87	8	蚕业科学	27
3	华中农业大学学报	52	9	食品工业科技	27
4	中国家禽	39	10	食品科学	26
5	食品科学	36	10	中国农学通报	26
6	中国南方果树	35			

表 2-6 2008—2017 年湖北省农业科学院高发文期刊（CSCD）TOP10　　　单位：篇

排序	期刊名称	发文量	排序	期刊名称	发文量
1	湖北农业科学	353	7	麦类作物学报	22
2	华中农业大学学报	52	8	中国农业科学	19
3	食品科学	36	9	园艺学报	17
4	安徽农业科学	29	10	中国农学通报	16
5	食品工业科技	27	10	果树学报	16
6	蚕业科学	27	10	植物保护	16

2.4 合作发文机构 TOP10

2008—2017 年湖北省农业科学院中文期刊合作发文机构 TOP10 见表 2-7。

表 2-7 2008—2017 年湖北省农业科学院中文期刊合作发文机构 TOP10 单位：篇

排序	合作发文机构	发文量	排序	合作发文机构	发文量
1	华中农业大学	578	6	中国农业大学	118
2	中国农业科学院	241	7	武汉大学	117
3	长江大学	196	8	西北农林科技大学	84
4	湖北工业大学	149	9	湖北省烟草公司	79
5	中华人民共和国农业农村部	149	10	中国科学院	65

湖南省农业科学院

1 英文期刊论文分析

分析数据来源于科学引文索引数据库（Web of Science，WOS）收录的文献类型为期刊论文（ARTICLE）、会议论文（PROCEEDINGS PAPER）和述评（REVIEW）的 Science Citation Index Expanded（SCIE）论文数据，数据时间范围为 2008—2017 年，共检索到湖南省农业科学院作者发表的论文 272 篇。

1.1 发文量

2008—2017 年湖南省农业科学院历年 SCI 发文与被引情况见表 1-1，湖南省农业科学院英文文献历年发文趋势（2008—2017 年）见下图。

表 1-1　2008—2017 年湖南省农业科学院历年 SCI 发文与被引情况

出版年	发文量（篇）	WOS 所有数据库总被引频次	WOS 核心库被引频次
2008 年	2	36	24
2009 年	5	127	97
2010 年	4	114	88
2011 年	14	256	212
2012 年	27	337	273
2013 年	22	381	313
2014 年	30	300	248
2015 年	44	223	193
2016 年	60	189	154
2017 年	64	44	41

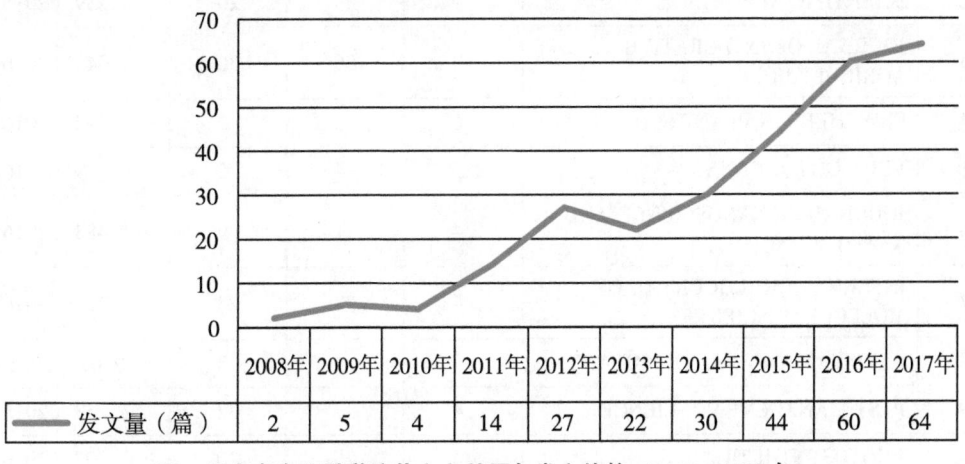

	2008年	2009年	2010年	2011年	2012年	2013年	2014年	2015年	2016年	2017年
发文量（篇）	2	5	4	14	27	22	30	44	60	64

图　湖南省农业科学院英文文献历年发文趋势（2008—2017 年）

1.2 高发文研究所 TOP10

2008—2017 年湖南省农业科学院 SCI 高发文研究所 TOP10 见表 1-2。

表 1-2　2008—2017 年湖南省农业科学院 SCI 高发文研究所 TOP10　　　　单位：篇

排序	研究所	发文量
1	湖南省植物保护研究所	74
2	湖南杂交水稻研究中心	42
3	湖南省农产品加工研究所	33
4	湖南省蔬菜研究所	30
5	湖南省农业生物技术研究所	21
6	湖南省土壤肥料研究所	13
7	湖南省水稻研究所	9
8	湖南省核农学与航天育种研究所	7
9	湖南省园艺研究所	6
10	湖南省农业信息与工程研究所	5

1.3 高发文期刊 TOP10

2008—2017 年湖南省农业科学院 SCI 高发文期刊 TOP10 见表 1-3。

表 1-3　2008—2017 年湖南省农业科学院 SCI 发文期刊 TOP10

排序	期刊名称	发文量（篇）	WOS 所有数据库总被引频次	WOS 核心库被引频次	期刊影响因子（最近年度）
1	PLOS ONE	14	90	81	2.806（2016）
2	SCIENTIFIC REPORTS	9	23	20	4.259（2016）
3	JOURNAL OF INTEGRATIVE AGRICULTURE	8	55	30	1.042（2016）
4	FRONTIERS IN PLANT SCIENCE	6	3	2	4.298（2016）
5	VIROLOGY JOURNAL	5	4	2	2.139（2016）
6	JOURNAL OF NANOSCIENCE AND NANOTECHNOLOGY	4	11	9	1.483（2016）
7	INTERNATIONAL JOURNAL OF MOLECULAR SCIENCES	4	32	28	3.226（2016）
8	PAKISTAN JOURNAL OF BOTANY	4	4	3	0.69（2016）
9	PEST MANAGEMENT SCIENCE	4	37	32	3.253（2016）
10	PHOTOSYNTHETICA	4	25	20	1.507（2016）

1.4 合作发文国家与地区 TOP10

2008—2017 年湖南省农业科学院 SCI 合作发文国家与地区（合作发文 1 篇以上）TOP10 见表 1-4。

表 1-4 2008—2017 年湖南省农业科学院 SCI 合作发文国家与地区 TOP10

排序	国家与地区	合作发文量	WOS 所有数据库总被引频次	WOS 核心库被引频次
1	美国	43	612	509
2	加拿大	6	38	32
3	日本	6	91	64
4	英格兰	6	243	205
5	德国	5	129	103
6	苏格兰	4	22	18
7	澳大利亚	4	8	6
8	巴基斯坦	2	28	27
9	韩国	2	56	40
10	荷兰	2	100	74
10	比利时	2	4	3

1.5 合作发文机构 TOP10

2008—2017 年湖南省农业科学院 SCI 合作发文机构 TOP10 见表 1-5。

表 1-5 2008—2017 年湖南省农业科学院 SCI 合作发文机构 TOP10

排序	合作发文机构	发文量	WOS 所有数据库总被引频次	WOS 核心库被引频次
1	湖南农业大学	83	562	451
2	中国农业科学院	49	773	608
3	中南大学	36	252	224
4	中国科学院	36	542	431
5	中国农业大学	21	161	129
6	南京农业大学	18	270	207
7	肯塔基大学	16	125	115
8	云南农业大学	10	25	22

（续表）

排序	合作发文机构	发文量	WOS 所有数据库总被引频次	WOS 核心库被引频次
9	湖南大学	9	14	10
10	河南科技学院	7	36	31
10	江苏省农业科学院	7	50	45
10	浙江大学	7	39	35

1.6 高被引论文 TOP10

2008—2017 年湖南省农业科学院发表的 SCI 高被引论文 TOP10 见表 1-6，湖南省农业科学院以第一或通讯作者完成单位发表的 SCI 高被引论文 TOP10 见表 1-7。

表 1-6　2008—2017 年湖南省农业科学院 SCI 高被引论文 TOP10

排序	标题	WOS 所有数据库总被引频次	WOS 核心库被引频次	作者机构	出版年份	期刊名称	期刊影响因子（最近年度）
1	A genomic variation map provides insights into the genetic basis of cucumber domestication and diversity	126	101	湖南省蔬菜研究所	2013 年	NATURE GENETICS	27.959 (2016)
2	Coordinated transcriptional regulation underlying the circadian clock in Arabidopsis	107	95	湖南杂交水稻研究中心	2011 年	NATURE CELL BIOLOGY	20.06 (2016)
3	Molecular Isolation of the M Gene Suggests That a Conserved-Residue Conversion Induces the Formation of Bisexual Flowers in Cucumber Plants	84	63	湖南省蔬菜研究所	2009 年	GENETICS	4.556 (2016)
4	Detection of adulterants such as sweeteners materials in honey using near-infrared spectroscopy and chemometrics	75	61	湖南省农产品加工研究所	2010 年	JOURNAL OF FOOD ENGINEERING	3.099 (2016)
5	Biosynthesis, regulation, and domestication of bitterness in cucumber	75	52	湖南省蔬菜研究所	2014 年	SCIENCE	37.205 (2016)

（续表）

排序	标题	WOS 所有数据库总被引频次	WOS 核心库被引频次	作者机构	出版年份	期刊名称	期刊影响因子（最近年度）
6	OsbZIP71, a bZIP transcription factor, confers salinity and drought tolerance in rice	65	52	湖南杂交水稻研究中心	2014 年	PLANT MOLECULAR BIOLOGY	3.356 (2016)
7	Effects of organic amendments on soil carbon sequestration in paddy fields of subtropical China	56	40	湖南省土壤肥料研究所	2012 年	JOURNAL OF SOILS AND SEDIMENTS	2.522 (2016)
8	Chemical composition of five wild edible mushrooms collected from Southwest China and their antihyperglycemic and antioxidant activity	56	48	湖南省农业科学院	2012 年	FOOD AND CHEMICAL TOXICOLOGY	3.778 (2016)
9	Exploring Valid Reference Genes for Quantitative Real-time PCR Analysis in Plutella xylostella (Lepidoptera: Plutellidae)	54	49	湖南省植物保护研究所	2013 年	INTERNATIONAL JOURNAL OF BIOLOGICAL SCIENCES	3.873 (2016)
10	Simultaneous determination of flavanones, hydroxycinnamic acids and alkaloids in citrus fruits by HPLC-DAD-ESI/MS	39	32	湖南省农产品加工研究所	2011 年	FOOD CHEMISTRY	4.529 (2016)

表 1-7　2008—2017 年湖南省农业科学院 SCI 高被引论文 TOP10（第一或通讯作者完成单位）

排序	标题	WOS 所有数据库总被引频次	WOS 核心库被引频次	作者机构	出版年份	期刊名称	期刊影响因子（最近年度）
1	Detection of adulterants such as sweeteners materials in honey using near-infrared spectroscopy and chemometrics	75	61	湖南省农产品加工研究所	2010 年	JOURNAL OF FOOD ENGINEERING	3.099 (2016)
2	Long-Term Effect of Fertilizer and Rice Straw on Mineral Composition and Potassium Adsorption in a Reddish Paddy Soil	22	9	湖南省土壤肥料研究所	2013 年	JOURNAL OF INTEGRATIVE AGRICULTURE	1.042 (2016)

（续表）

排序	标题	WOS 所有数据库总被引频次	WOS 核心库被引频次	作者机构	出版年份	期刊名称	期刊影响因子（最近年度）
3	Relationship of metabolism of reactive oxygen species with cytoplasmic male sterility in pepper（Capsicum annuum L.）	20	19	湖南省蔬菜研究所	2012 年	SCIENTIA HORTICULTURAE	1.624（2016）
4	Identification of Camellia Oils by Near Infrared Spectroscopy Combined with Chemometrics	19	10	湖南省农产品加工研究所	2011 年	CHINESE JOURNAL OF ANALYTICAL CHEMISTRY	0.795（2016）
5	Responses of pepper to waterlogging stress	17	14	湖南省蔬菜研究所	2011 年	PHOTOSYNTHETICA	1.507（2016）
6	Authentication of Pure Camellia Oil by Using Near Infrared Spectroscopy and Pattern Recognition Techniques	17	12	湖南省农产品加工研究所	2012 年	JOURNAL OF FOOD SCIENCE	1.815（2016）
7	An anther development F-box（ADF）protein regulated by tapetum degeneration retardation（TDR）controls rice anther development	17	12	湖南杂交水稻研究中心	2015 年	PLANTA	3.361（2016）
8	Stably Expressed Housekeeping Genes across Developmental Stages in the Two-Spotted Spider Mite, Tetranychus urticae	17	15	湖南省植物保护研究所	2015 年	PLOS ONE	2.806（2016）
9	The effect of rice straw incorporation into paddy soil on carbon sequestration and emissions in the double cropping rice system	15	14	湖南省土壤肥料研究所	2012 年	JOURNAL OF THE SCIENCE OF FOOD AND AGRICULTURE	2.463（2016）

（续表）

排序	标题	WOS 所有数据库总被引频次	WOS 核心库被引频次	作者机构	出版年份	期刊名称	期刊影响因子（最近年度）
10	Genetic analysis of an elite super-hybrid rice parent using high-density SNP markers	15	14	湖南杂交水稻研究中心	2013 年	RICE	3.739 (2016)

1.7 高频词 TOP20

2008—2017 年湖南省农业科学院 SCI 发文高频词（作者关键词）TOP20 见表 1-8。

表 1-8 2008—2017 年湖南省农业科学院 SCI 发文高频词（作者关键词）TOP20

排序	关键词（作者关键词）	频次	排序	关键词（作者关键词）	频次
1	Rice	17	11	QTL mapping	3
2	Helicoverpa armigera	7	12	cytochrome P450	3
3	Pepper	6	13	hybrid rice	3
4	Gene expression	5	14	RT-PCR	3
5	Paddy soil	5	15	Salicylic acid	3
6	Oryza sativa	5	16	Proteomics	3
7	Cytoplasmic male sterility	4	17	Heterosis	3
8	Temperature	4	18	traumatic brain injury	3
9	Insecticide resistance	3	19	Plant defense	3
10	Biodegradation	3	20	Resistance	3

2 中文期刊论文分析

2008—2017 年，中国农业科技文献数据库（CASDD）共收录由湖南省农业科学院作者发表的中文期刊论文 3 775 篇，其中北大中文核心期刊论文 1 377 篇，中国科学引文数据库（CSCD）期刊论文 1 546 篇。

2.1 发文量

2008—2017 年湖南省农业科学院中文文献历年发文趋势（2008—2017 年）见下图。

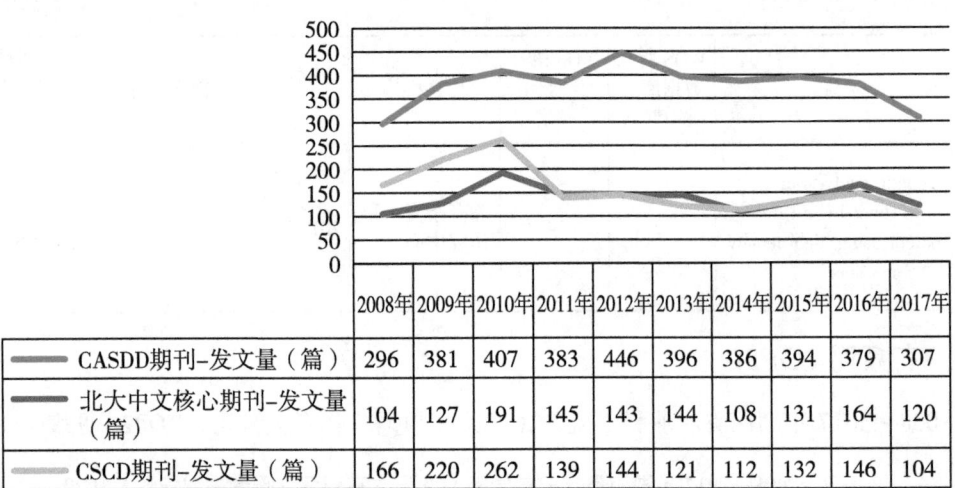

	2008年	2009年	2010年	2011年	2012年	2013年	2014年	2015年	2016年	2017年
CASDD期刊-发文量（篇）	296	381	407	383	446	396	386	394	379	307
北大中文核心期刊-发文量（篇）	104	127	191	145	143	144	108	131	164	120
CSCD期刊-发文量（篇）	166	220	262	139	144	121	112	132	146	104

图 湖南省农业科学院中文文献历年发文趋势（2008—2017年）

2.2 高发文研究所 TOP10

2008—2017年湖南省农业科学院CASDD期刊高发文研究所TOP10见表2-1，2008—2017年湖南省农业科学院北大中文核心期刊高发文研究所TOP10见表2-2，2008—2017年湖南省农业科学院中国科学引文数据库（CSCD）期刊高发文研究所TOP10见表2-3。

表2-1 2008—2017年湖南省农业科学院CASDD期刊高发文研究所TOP10　　　单位：篇

排序	研究所	发文量
1	湖南杂交水稻研究中心	628
2	湖南省土壤肥料研究所	477
3	湖南省植物保护研究所	421
4	湖南省蔬菜研究所	409
5	湖南省茶叶研究所	336
6	湖南省水稻研究所	330
7	湖南省农业科学院	271
8	湖南省农产品加工研究所	239
9	湖南省园艺研究所	214
10	湖南省作物研究所	202
11	湖南省农业经济和农业区划研究所	145

注："湖南省农业科学院"发文包括作者单位只标注为"湖南省农业科学院"、院属实验室等。

表 2-2　2008—2017 年湖南省农业科学院北大中文核心期刊高发文研究所 TOP10　单位：篇

排序	研究所	发文量
1	湖南杂交水稻研究中心	427
2	湖南省土壤肥料研究所	270
3	湖南省植物保护研究所	167
4	湖南省农产品加工研究所	150
5	湖南省农业科学院	90
6	湖南省蔬菜研究所	89
7	湖南省水稻研究所	87
8	湖南省茶叶研究所	39
9	湖南省园艺研究所	35
10	湖南省作物研究所	29
11	湖南省农业科学院农业生物资源利用研究所	28

注："湖南省农业科学院"发文包括作者单位只标注为"湖南省农业科学院"、院属实验室等。

表 2-3　2008—2017 年湖南省农业科学院 CSCD 期刊高发文研究所 TOP10　单位：篇

排序	研究所	发文量
1	湖南杂交水稻研究中心	450
2	湖南省土壤肥料研究所	305
3	湖南省植物保护研究所	182
4	湖南省农产品加工研究所	129
5	湖南省水稻研究所	128
6	湖南省农业科学院	100
7	湖南省蔬菜研究所	77
8	湖南省作物研究所	59
9	湖南省园艺研究所	58
10	湖南省茶叶研究所	48
11	湖南省农业信息与工程研究所	36

注："湖南省农业科学院"发文包括作者单位只标注为"湖南省农业科学院"、院属实验室等。

2.3 高发文期刊 TOP10

2008—2017年湖南省农业科学院高发文 CASDD 期刊 TOP10 见表 2-4，2008—2017年湖南省农业科学院高发文北大中文核心期刊 TOP10 见表 2-5，2008—2017年湖南省农业科学院高发文 CSCD 期刊 TOP10 见表 2-6。

表2-4　2008—2017年湖南省农业科学院高发文期刊（CASDD）TOP10　　单位：篇

排序	期刊名称	发文量	排序	期刊名称	发文量
1	湖南农业科学	937	6	辣椒杂志	101
2	杂交水稻	293	7	作物研究	90
3	茶叶通讯	217	8	中国农学通报	78
4	湖南农业	121	9	湖南农业大学学报（自然科学版）	74
5	长江蔬菜	116	10	现代农业科技	62

表2-5　2008—2017年湖南省农业科学院高发文期刊（北大中文核心）TOP10　　单位：篇

排序	期刊名称	发文量	排序	期刊名称	发文量
1	杂交水稻	293	6	农业现代化研究	37
2	湖南农业大学学报（自然科学版）	74	7	农业环境科学学报	28
3	中国农学通报	43	8	安徽农业科学	27
4	食品与机械	40	9	中国农业科学	25
5	植物保护	38	10	食品工业科技	25

表2-6　2008—2017年湖南省农业科学院高发文期刊（CSCD）TOP10　　单位：篇

排序	期刊名称	发文量	排序	期刊名称	发文量
1	湖南农业科学	293	6	农业现代化研究	37
2	杂交水稻	293	7	食品与机械	29
3	湖南农业大学学报（自然科学版）	74	8	农业环境科学学报	28
4	中国农学通报	44	9	中国农业科学	25
5	植物保护	38	10	食品工业科技	25

2.4 合作发文机构 TOP10

2008—2017年湖南省农业科学院中文期刊合作发文机构 TOP10 见表 2-7。

表 2-7　2008—2017 年湖南省农业科学院中文期刊合作发文机构 TOP10　　　　单位：篇

排序	合作发文机构	发文量	排序	合作发文机构	发文量
1	湖南农业大学	1 350	6	中国农业大学	136
2	中南大学	611	7	武汉大学	131
3	中国农业科学院	305	8	湖南省烟草公司	100
4	中国科学院	141	9	福建省农业科学院	94
5	长江大学	140	10	中南林业科技大学	93

吉林省农业科学院

1 英文期刊论文分析

分析数据来源于科学引文索引数据库（Web of Science，WOS）收录的文献类型为期刊论文（ARTICLE）、会议论文（PROCEEDINGS PAPER）和述评（REVIEW）的 Science Citation Index Expanded（SCIE）论文数据，数据时间范围为 2008—2017 年，共检索到吉林省农业科学院作者发表的论文 363 篇。

1.1 发文量

2008—2017 年吉林省农业科学院历年 SCI 发文与被引情况见表 1-1，吉林省农业科学院英文文献历年发文趋势（2008—2017 年）见下图。

表 1-1　2008—2017 年吉林省农业科学院历年 SCI 发文与被引情况

出版年	发文量（篇）	WOS 所有数据库总被引频次	WOS 核心库被引频次
2008 年	8	191	141
2009 年	13	153	125
2010 年	28	491	377
2011 年	34	412	366
2012 年	31	401	321
2013 年	33	355	290
2014 年	44	651	542
2015 年	61	394	332
2016 年	45	152	141
2017 年	66	38	34

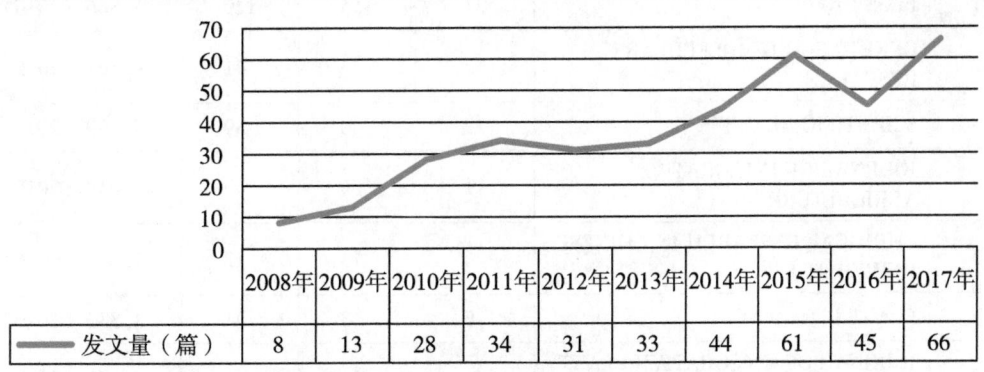

图　吉林省农业科学院英文文献历年发文趋势（2008—2017 年）

1.2 高发文研究所 TOP10

2008—2017 年吉林省农业科学院 SCI 高发文研究所 TOP10 见表 1-2。

表 1-2　2008—2017 年吉林省农业科学院 SCI 高发文研究所 TOP10　　　　单位：篇

排序	研究所	发文量
1	吉林省农业科学院农业生物技术研究所	70
2	吉林省农业科学院农业资源与环境研究所	69
3	吉林省农业科学院畜牧科学分院	27
4	吉林省农业科学院植物保护研究所	26
5	吉林省农业科学院大豆研究所	22
6	吉林省农业科学院农产品加工研究所	19
7	吉林省农业科学院玉米研究所	14
8	吉林省农业科学院水稻研究所	11
9	吉林省农业科学院作物资源研究所	9
10	吉林省农业科学院农业质量标准与检测技术研究所	5
10	吉林省农业科学院经济植物研究所	5
10	吉林省农业科学院果树研究所	5

1.3 高发文期刊 TOP10

2008—2017 年吉林省农业科学院 SCI 高发文期刊 TOP10 见表 1-3。

表 1-3　2008—2017 年吉林省农业科学院 SCI 发文期刊 TOP10

排序	期刊名称	发文量（篇）	WOS 所有数据库总被引频次	WOS 核心库被引频次	期刊影响因子（最近年度）
1	PLOS ONE	21	155	129	2.806（2016）
2	GENETICS AND MOLECULAR RESEARCH	15	45	41	0.764（2015）
3	SCIENTIFIC REPORTS	12	40	39	4.259（2016）
4	JOURNAL OF INTEGRATIVE AGRICULTURE	11	64	49	1.042（2016）
5	CHEMICAL RESEARCH IN CHINESE UNIVERSITIES	6	13	12	1.024（2016）
6	PLANT BREEDING	6	48	41	1.335（2016）
7	JOURNAL OF INTEGRATIVE PLANT BIOLOGY	6	73	60	3.962（2016）

（续表）

排序	期刊名称	发文量（篇）	WOS所有数据库总被引频次	WOS核心库被引频次	期刊影响因子（最近年度）
8	MOLECULAR BREEDING	6	80	63	2.465（2016）
9	BIOTECHNOLOGY LETTERS	6	41	33	1.73（2016）
10	THEORETICAL AND APPLIED GENETICS	5	97	76	4.132（2016）

1.4 合作发文国家与地区 TOP10

2008—2017 年吉林省农业科学院 SCI 合作发文国家与地区（合作发文 1 篇以上）TOP10 见表 1-4。

表 1-4 2008—2017 年吉林省农业科学院 SCI 合作发文国家与地区 TOP10

排序	国家与地区	合作发文量	WOS所有数据库总被引频次	WOS核心库被引频次
1	美国	49	943	793
2	加拿大	17	116	92
3	澳大利亚	12	145	118
4	韩国	9	77	58
5	英格兰	6	153	130
6	北爱尔兰	3	58	44
7	瑞士	3	42	30
8	日本	3	33	25
9	孟加拉国	3	14	11
10	马来西亚	2	12	9
10	苏格兰	2	76	67
10	意大利	2	15	15
10	挪威	2	44	25
10	沙特阿拉伯	2	12	12
10	德国	2	40	36

1.5 合作发文机构 TOP10

2008—2017 年吉林省农业科学院 SCI 合作发文机构 TOP10 见表 1-5。

表1-5 2008—2017年吉林省农业科学院SCI合作发文机构TOP10

排序	合作发文机构	发文量	WOS所有数据库总被引频次	WOS核心库被引频次
1	中国农业科学院	88	1 096	875
2	吉林大学	66	410	344
3	吉林农业大学	47	592	498
4	中国科学院	36	750	612
5	中国农业大学	34	620	509
6	东北师范大学	31	454	389
7	沈阳农业大学	18	77	72
8	河南省农业科学院	15	300	240
9	南京农业大学	12	417	339
10	黑龙江省农业科学院	11	65	55

1.6 高被引论文TOP10

2008—2017年吉林省农业科学院发表的SCI高被引论文TOP10见表1-6，吉林省农业科学院以第一或通讯作者完成单位发表的SCI高被引论文TOP10见表1-7。

表1-6 2008—2017年吉林省农业科学院SCI高被引论文TOP10

排序	标题	WOS所有数据库总被引频次	WOS核心库被引频次	作者机构	出版年份	期刊名称	期刊影响因子（最近年度）
1	Producing more grain with lower environmental costs	250	201	吉林省农业科学院农业资源与环境研究所	2014年	NATURE	40.137 (2016)
2	Soil organic carbon dynamics under long-term fertilizations in arable land of northern China	92	70	吉林省农业科学院农业资源与环境研究所	2010年	BIOGEOSCIENCES	3.851 (2016)
3	Heritable alteration in DNA methylation induced by nitrogen-deficiency stress accompanies enhanced tolerance by progenies to the stress in rice (Oryza sativa L.)	83	77	吉林省农业科学院农业生物技术研究所	2011年	JOURNAL OF PLANT PHYSIOLOGY	3.121 (2016)

（续表）

排序	标题	WOS 所有数据库总被引频次	WOS 核心库被引频次	作者机构	出版年份	期刊名称	期刊影响因子（最近年度）
4	A maize wall-associated kinase confers quantitative resistance to head smut	72	69	吉林省农业科学院玉米研究所	2015 年	NATURE GENETICS	27.959（2016）
5	Antioxidant activity of an exopolysaccharide isolated from Lactobacillus plantarum C88	69	58	吉林省农业科学院农产品加工研究所	2013 年	INTERNATIONAL JOURNAL OF BIOLOGICAL MACROMOLECULES	3.671（2016）
6	Transgenerational Inheritance of Modified DNA Methylation Patterns and Enhanced Tolerance Induced by Heavy Metal Stress in Rice (Oryza sativa L.)	57	48	吉林省农业科学院	2012 年	PLOS ONE	2.806（2016）
7	Quantifying atmospheric nitrogen deposition through a nationwide monitoring network across China	54	45	吉林省农业科学院农业资源与环境研究所	2015 年	ATMOSPHERIC CHEMISTRY AND PHYSICS	5.318（2016）
8	Inactivation of soybean lipoxygenase in soymilk by pulsed electric fields	51	42	吉林省农业科学院畜牧科学分院	2008 年	FOOD CHEMISTRY	4.529（2016）
9	Long-Term Fertilizer Experiment Network in China: Crop Yields and Soil Nutrient Trends	48	37	吉林省农业科学院农业资源与环境研究所	2010 年	AGRONOMY JOURNAL	1.614（2016）
10	Changes in H2O2 content and antioxidant enzyme gene expression during the somatic embryogenesis of Larix leptolepis	42	31	吉林省农业科学院农业生物技术研究所	2010 年	PLANT CELL TISSUE AND ORGAN CULTURE	2.002（2016）

表 1-7　2008—2017 年吉林省农业科学院 SCI 高被引论文 TOP10（第一或通讯作者完成单位）

排序	标题	WOS 所有数据库总被引频次	WOS 核心库被引频次	作者机构	出版年份	期刊名称	期刊影响因子（最近年度）
1	Antioxidant activity of an exopolysaccharide isolated from Lactobacillus plantarum C88	69	58	吉林省农业科学院农产品加工研究所	2013 年	INTERNATIONAL JOURNAL OF BIOLOGICAL MACROMOLECULES	3.671（2016）

（续表）

排序	标题	WOS所有数据库总被引频次	WOS核心库被引频次	作者机构	出版年份	期刊名称	期刊影响因子（最近年度）
2	Transcriptome Profile Analysis of Maize Seedlings in Response to High-salinity, Drought and Cold Stresses by Deep Sequencing	26	21	吉林省农业科学院农业生物技术研究所	2013年	PLANT MOLECULAR BIOLOGY REPORTER	1.932（2016）
3	Transformation of alfalfa chloroplasts and expression of green fluorescent protein in a forage crop	21	17	吉林省农业科学院农业生物技术研究所	2011年	BIOTECHNOLOGY LETTERS	1.73（2016）
4	Genome-wide analysis and expression profiling under heat and drought treatments of HSP70 gene family in soybean (Glycine max L.)	15	14	吉林省农业科学院作物资源研究所，吉林省农业科学院农业生物技术研究所，吉林省农业科学院植物保护研究所	2015年	FRONTIERS IN PLANT SCIENCE	4.298（2016）
5	Molecular cloning of the HGD gene and association of SNPs with meat quality traits in Chinese red cattle	14	12	吉林省农业科学院畜牧科学分院	2010年	MOLECULAR BIOLOGY REPORTS	1.828（2016）
6	Identification of rice blast resistance genes using international monogenic differentials	13	11	吉林省农业科学院植物保护研究所	2013年	CROP PROTECTION	1.834（2016）
7	Antioxidant activity of prebiotic ginseng polysaccharides combined with potential probiotic Lactobacillus plantarum C88	10	7	吉林省农业科学院农产品加工研究所	2015年	INTERNATIONAL JOURNAL OF FOOD SCIENCE AND TECHNOLOGY	1.64（2016）
8	Development and Validation of A 48-Target Analytical Method for High-throughput Monitoring of Genetically Modified Organisms	9	9	吉林省农业科学院农业生物技术研究所	2015年	SCIENTIFIC REPORTS	4.259（2016）

（续表）

排序	标题	WOS 所有数据库总被引频次	WOS 核心库被引频次	作者机构	出版年份	期刊名称	期刊影响因子（最近年度）
9	Early Transcriptomic Adaptation to Na2CO3 Stress Altered the Expression of a Quarter of the Total Genes in the Maize Genome and Exhibited Shared and Distinctive Profiles with NaCl and High pH Stresses	7	7	吉林省农业科学院农业生物技术研究所	2013 年	JOURNAL OF INTEGRATIVE PLANT BIOLOGY	3. 962 (2016)
10	Affinity chromatography revealed insights into unique functionality of two 14-3-3 protein species in developing maize kernels	7	7	吉林省农业科学院农业生物技术研究所，吉林省农业科学院植物保护研究所	2015 年	JOURNAL OF PROTEOMICS	3. 914 (2016)

1.7　高频词 TOP20

2008—2017 年吉林省农业科学院 SCI 发文高频词（作者关键词）TOP20 见表 1-8。

表 1-8　2008—2017 年吉林省农业科学院 SCI 发文高频词（作者关键词）TOP20

排序	关键词（作者关键词）	频次	排序	关键词（作者关键词）	频次
1	maize	24	11	corn	5
2	soybean	17	12	Ostrinia furnacalis	5
3	rice	15	13	DNA methylation	5
4	Long-term fertilization	13	14	Meat Quality	4
5	Gene expression	9	15	Grain yield	4
6	genetic diversity	8	16	humic acid	4
7	Polymorphism	7	17	Zea mays	4
8	nitrogen	6	18	Soil	4
9	Lactobacillus plantarum	6	19	Salt stress	4
10	Cattle	5	20	black soil	4

2 中文期刊论文分析

2008—2017 年，中国农业科技文献数据库（CASDD）共收录由吉林省农业科学院作者发表的中文期刊论文 4 168篇，其中北大中文核心期刊论文 1 721篇，中国科学引文数据库（CSCD）期刊论文 1 623篇。

2.1 发文量

2008—2017 年吉林省农业科学院中文文献历年发文趋势（2008—2017 年）见下图。

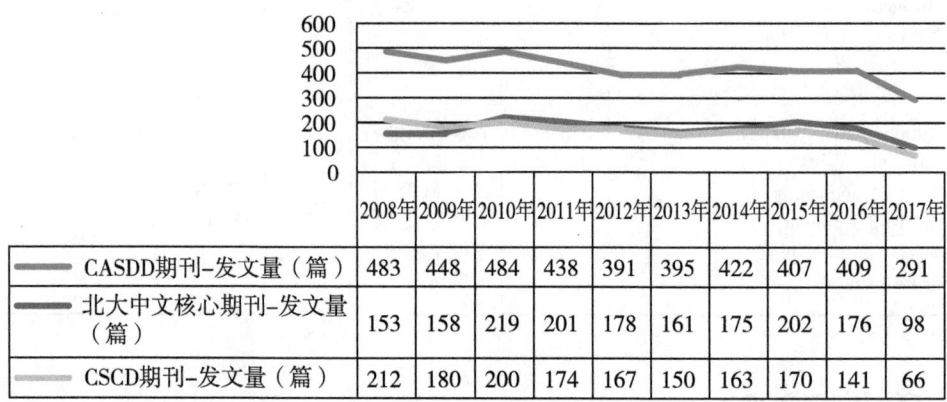

	2008年	2009年	2010年	2011年	2012年	2013年	2014年	2015年	2016年	2017年
CASDD期刊-发文量（篇）	483	448	484	438	391	395	422	407	409	291
北大中文核心期刊-发文量（篇）	153	158	219	201	178	161	175	202	176	98
CSCD期刊-发文量（篇）	212	180	200	174	167	150	163	170	141	66

图 吉林省农业科学院中文文献历年发文趋势（2008—2017 年）

2.2 高发文研究所 TOP10

2008—2017 年吉林省农业科学院 CASDD 期刊高发文研究所 TOP10 见表 2-1，2008—2017 年吉林省农业科学院北大中文核心期刊高发文研究所 TOP10 见表 2-2，2008—2017 年吉林省农业科学院中国科学引文数据库（CSCD）期刊高发文研究所 TOP10 见表 2-3。

表 2-1 2008—2017 年吉林省农业科学院 CASDD 期刊高发文研究所 TOP10　　单位：篇

排序	研究所	发文量
1	吉林省农业科学院	1 351
2	吉林省农业科学院农业资源与环境研究所	508
3	吉林省农业科学院畜牧科学分院	394
4	吉林省农业科学院水稻研究所	262
5	吉林省农业科学院农业生物技术研究所	258
6	吉林省农业科学院大豆研究所	251
7	吉林省农业科学院植物保护研究所	237
8	吉林省农业科学院经济植物研究所	216
9	吉林省农业科学院玉米研究所	200

（续表）

排序	研究所	发文量
10	吉林省农业科学院作物资源研究所	156
11	吉林省农业科学院农产品加工研究所	139

注："吉林省农业科学院"发文包括作者单位只标注为"吉林省农业科学院"、院属实验室等。

表2-2　2008—2017年吉林省农业科学院北大中文核心期刊高发文研究所TOP10　单位：篇

排序	研究所	发文量
1	吉林省农业科学院	503
2	吉林省农业科学院农业资源与环境研究所	273
3	吉林省农业科学院畜牧科学分院	209
4	吉林省农业科学院农业生物技术研究所	177
5	吉林省农业科学院植物保护研究所	147
6	吉林省农业科学院大豆研究所	117
7	吉林省农业科学院农产品加工研究所	106
8	吉林省农业科学院玉米研究所	73
9	吉林省农业科学院水稻研究所	61
10	吉林省农业科学院果树研究所	47
11	吉林省农业科学院作物资源研究所	36

注："吉林省农业科学院"发文包括作者单位只标注为"吉林省农业科学院"、院属实验室等。

表2-3　2008—2017年吉林省农业科学院CSCD期刊高发文研究所TOP10　单位：篇

排序	研究所	发文量
1	吉林省农业科学院	452
2	吉林省农业科学院农业资源与环境研究所	316
3	吉林省农业科学院农业生物技术研究所	204
4	吉林省农业科学院植物保护研究所	175
5	吉林省农业科学院大豆研究所	130
6	吉林省农业科学院畜牧科学分院	112
7	吉林省农业科学院水稻研究所	84
8	吉林省农业科学院玉米研究所	81
9	吉林省农业科学院农产品加工研究所	54
10	吉林省农业科学院作物资源研究所	46
11	吉林省农业科学院果树研究所	41

注："吉林省农业科学院"发文包括作者单位只标注为"吉林省农业科学院"、院属实验室等。

2.3 高发文期刊 TOP10

2008—2017 年吉林省农业科学院高发文 CASDD 期刊 TOP10 见表 2-4，2008—2017 年吉林省农业科学院高发文北大中文核心期刊 TOP10 见表 2-5，2008—2017 年吉林省农业科学院高发文 CSCD 期刊 TOP10 见表 2-6。

表 2-4　2008—2017 年吉林省农业科学院高发文期刊（CASDD）TOP10　　单位：篇

排序	期刊名称	发文量	排序	期刊名称	发文量
1	吉林农业科学	457	6	大豆科学	101
2	现代农业科技	292	7	东北农业科学	99
3	玉米科学	261	8	北方水稻	87
4	农业与技术	164	9	吉林农业大学学报	86
5	安徽农业科学	150	10	吉林蔬菜	70

表 2-5　2008—2017 年吉林省农业科学院高发文期刊（北大中文核心）TOP10　　单位：篇

排序	期刊名称	发文量	排序	期刊名称	发文量
1	玉米科学	261	6	黑龙江畜牧兽医	54
2	安徽农业科学	112	7	中国畜牧兽医	41
3	大豆科学	101	8	北方园艺	40
4	吉林农业科学	88	9	作物杂志	39
5	吉林农业大学学报	86	10	东北农业科学	39

表 2-6　2008—2017 年吉林省农业科学院高发文期刊（CSCD）TOP10　　单位：篇

排序	期刊名称	发文量	排序	期刊名称	发文量
1	吉林农业科学	457	6	作物杂志	37
2	玉米科学	261	7	中国农业科学	33
3	大豆科学	101	8	中国农学通报	32
4	吉林农业大学学报	86	9	分子植物育种	27
5	东北农业科学	39	10	中国兽医学报	27

2.4 合作发文机构 TOP10

2008—2017 年吉林省农业科学院中文期刊合作发文机构 TOP10 见表 2-7。

表 2-7　2008—2017 年吉林省农业科学院中文期刊合作发文机构 TOP10　　　　单位：篇

排序	合作发文机构	发文量	排序	合作发文机构	发文量
1	吉林农业大学	972	6	延边大学	164
2	吉林省桦甸市农业技术推广中心	451	7	沈阳农业大学	160
3	吉林大学	437	8	中国农业大学	149
4	山东省农业科学院	360	9	东北农业大学	121
5	中国农业科学院	356	10	中华人民共和国农业农村部	96

江苏省农业科学院

1 英文期刊论文分析

分析数据来源于科学引文索引数据库（Web of Science，WOS）收录的文献类型为期刊论文（ARTICLE）、会议论文（PROCEEDINGS PAPER）和述评（REVIEW）的Science Citation Index Expanded（SCIE）论文数据，数据时间范围为2008—2017年，共检索到江苏省农业科学院作者发表的论文1 938篇。

1.1 发文量

2008—2017年江苏省农业科学院历年SCI发文与被引情况见表1-1，江苏省农业科学院英文文献历年发文趋势（2008—2017年）见下图。

表1-1 2008—2017年江苏省农业科学院历年SCI发文与被引情况

出版年	发文量（篇）	WOS所有数据库总被引频次	WOS核心库被引频次
2008年	49	1 096	872
2009年	54	1 209	965
2010年	64	1 424	1 161
2011年	74	1 151	941
2012年	136	2 489	1 958
2013年	164	2 195	1 819
2014年	229	2 529	2 163
2015年	342	1 890	1 602
2016年	403	1 290	1 151
2017年	423	373	339

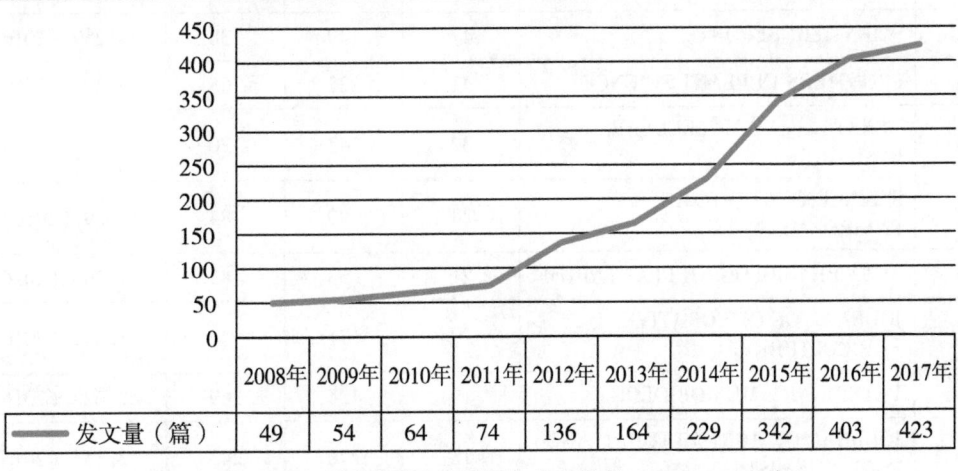

	2008年	2009年	2010年	2011年	2012年	2013年	2014年	2015年	2016年	2017年
发文量（篇）	49	54	64	74	136	164	229	342	403	423

图 江苏省农业科学院英文文献历年发文趋势（2008—2017年）

1.2 高发文研究所TOP10

2008—2017年江苏省农业科学院SCI高发文研究所TOP10见表1-2。

表1-2 2008—2017年江苏省农业科学院SCI高发文研究所TOP10　　　　单位：篇

排序	研究所	发文量
1	江苏省农业科学院农业资源与环境研究所	302
2	江苏省农业科学院植物保护研究所	239
3	江苏省农业科学院兽医研究所	212
4	江苏省农业科学院种质资源与生物技术研究所	205
5	江苏省农业科学院农产品质量安全与营养研究所	183
6	江苏省农业科学院农产品加工研究所	173
7	江苏省农业科学院园艺研究所	152
8	江苏省农业科学院粮食作物研究所	128
9	江苏省农业科学院蔬菜研究所	82
10	江苏省农业科学院畜牧研究所	72

1.3 高发文期刊TOP10

2008—2017年江苏省农业科学院SCI高发文期刊TOP10见表1-3。

表1-3 2008—2017年江苏省农业科学院SCI发文期刊TOP10

排序	期刊名称	发文量（篇）	WOS所有数据库总被引频次	WOS核心库被引频次	期刊影响因子（最近年度）
1	PLOS ONE	88	801	671	2.806（2016）
2	SCIENTIFIC REPORTS	47	149	138	4.259（2016）
3	FRONTIERS IN PLANT SCIENCE	41	222	205	4.298（2016）
4	GENETICS AND MOLECULAR RESEARCH	32	143	120	0.764（2015）
5	SCIENCE OF THE TOTAL ENVIRONMENT	24	90	84	4.9（2016）
6	ACTA PHYSIOLOGIAE PLANTARUM	21	53	43	1.364（2016）
7	JOURNAL OF INTEGRATIVE AGRICULTURE	20	71	47	1.042（2016）
8	VETERINARY MICROBIOLOGY	19	104	69	2.628（2016）
9	JOURNAL OF AGRICULTURAL AND FOOD CHEMISTRY	18	276	243	3.154（2016）

（续表）

排序	期刊名称	发文量（篇）	WOS 所有数据库总被引频次	WOS 核心库被引频次	期刊影响因子（最近年度）
10	BMC GENOMICS	18	364	324	3.729（2016）

1.4 合作发文国家与地区 TOP10

2008—2017 年江苏省农业科学院 SCI 合作发文国家与地区（合作发文 1 篇以上）TOP10 见表 1-4。

表 1-4 2008—2017 年江苏省农业科学院 SCI 合作发文国家与地区 TOP10

排序	国家与地区	合作发文量	WOS 所有数据库总被引频次	WOS 核心库被引频次
1	美国	221	2 187	1 943
2	澳大利亚	52	968	843
3	加拿大	26	675	609
4	英国	23	545	515
5	日本	21	195	153
6	巴基斯坦	20	171	153
7	德国	16	113	95
8	法国	16	407	365
9	荷兰	12	35	34
10	肯尼亚	9	39	32

1.5 合作发文机构 TOP10

2008—2017 年江苏省农业科学院 SCI 合作发文机构 TOP10 见表 1-5。

表 1-5 2008—2017 年江苏省农业科学院 SCI 合作发文机构 TOP10

排序	合作发文机构	发文量	WOS 所有数据库总被引频次	WOS 核心库被引频次
1	南京农业大学	594	5 218	4 292
2	中国科学院	206	2 815	2 324
3	中国农业科学院	112	1 422	1 194
4	扬州大学	109	466	386

（续表）

排序	合作发文机构	发文量	WOS 所有数据库总被引频次	WOS 核心库被引频次
5	中华人民共和国农业农村部	91	676	544
6	南京师范大学	62	460	363
7	中国农业大学	60	511	430
8	广东省农业科学院	45	230	206
9	浙江大学	44	721	589
10	南京大学	40	350	302

1.6 高被引论文 TOP10

2008—2017 年江苏省农业科学院发表的 SCI 高被引论文 TOP10 见表 1-6，江苏省农业科学院以第一或通讯作者完成单位发表的 SCI 高被引论文 TOP10 见表 1-7。

表 1-6 2008—2017 年江苏省农业科学院 SCI 高被引论文 TOP10

排序	标题	WOS 所有数据库总被引频次	WOS 核心库被引频次	作者机构	出版年份	期刊名称	期刊影响因子（最近年度）
1	The Brassica oleracea genome reveals the asymmetrical evolution of polyploid genomes	258	240	江苏省农业科学院	2014 年	NATURE COMMUNICATIONS	12.124 (2016)
2	Reduced plant uptake of pesticides with biochar additions to soil	200	162	江苏省农业科学院植物保护研究所	2009 年	CHEMOSPHERE	4.208 (2016)
3	Rare allele of OsPPKL1 associated with grain length causes extra-large grain and a significant yield increase in rice	169	123	江苏省农业科学院粮食作物研究所	2012 年	PROCEEDINGS OF THE NATIONAL ACADEMY OF SCIENCES OF THE UNITED STATES OF AMERICA	9.661 (2016)
4	Small RNA Profiling in Two Brassica napus Cultivars Identifies MicroRNAs with Oil Production- and Development-Correlated Expression and New Small RNA Classes	117	57	江苏省农业科学院经济作物研究所	2012 年	PLANT PHYSIOLOGY	6.456 (2016)

（续表）

排序	标题	WOS 所有数据库总被引频次	WOS 核心库被引频次	作者机构	出版年份	期刊名称	期刊影响因子（最近年度）
5	Characterization and subcellular localization of an RNA silencing suppressor encoded by Rice stripe tenuivirus	112	88	江苏省农业科学院植物保护研究所	2009 年	VIROLOGY	3. 353 (2016)
6	Highly Sensitive and Selective DNA-Based Detection of Mercury（II）with alpha-Hemolysin Nanopore	109	107	江苏省农业科学院农产品质量安全与营养研究所	2011 年	JOURNAL OF THE AMERICAN CHEMICAL SOCIETY	13. 858 (2016)
7	Transcriptome profiling of early developing cotton fiber by deep-sequencing reveals significantly differential expression of genes in a fuzzless/lintless mutant	105	93	江苏省农业科学院经济作物研究所	2010 年	GENOMICS	2. 801 (2016)
8	Unrelated facultative endosymbionts protect aphids against a fungal pathogen	97	96	江苏省农业科学院植物保护研究所	2013 年	ECOLOGY LETTERS	9. 449 (2016)
9	Survey of antioxidant capacity and phenolic composition of blueberry, blackberry, and strawberry in Nanjing	96	82	江苏省农业科学院农产品加工研究所	2012 年	JOURNAL OF ZHEJIANG UNIVERSITY-SCIENCE B	1. 676 (2016)
10	Identification of a Movement Protein of the Tenuivirus Rice Stripe Virus	88	71	江苏省农业科学院植物保护研究所	2008 年	JOURNAL OF VIROLOGY	4. 663 (2016)

表 1-7 2008—2017 年江苏省农业科学院 SCI 高被引论文 TOP10（第一或通讯作者完成单位）

排序	标题	WOS 所有数据库总被引频次	WOS 核心库被引频次	作者机构	出版年份	期刊名称	期刊影响因子（最近年度）
1	Survey of antioxidant capacity and phenolic composition of blueberry, blackberry, and strawberry in Nanjing	96	82	江苏省农业科学院农产品加工研究所	2012 年	JOURNAL OF ZHEJIANG UNIVERSITY-SCIENCE B	1. 676 (2016)

（续表）

排序	标题	WOS所有数据库总被引频次	WOS核心库被引频次	作者机构	出版年份	期刊名称	期刊影响因子（最近年度）
2	Enhanced and irreversible sorption of pesticide pyrimethanil by soil amended with biochars	83	78	江苏省农业科学院植物保护研究所	2010年	JOURNAL OF ENVIRONMENTAL SCIENCES	2.937 (2016)
3	Removal of nutrients and veterinary antibiotics from swine wastewater by a constructed macrophyte floating bed system	63	47	江苏省农业科学院农业资源与环境研究所	2010年	JOURNAL OF ENVIRONMENTAL MANAGEMENT	4.01 (2016)
4	Bioactive Natural Constituents from Food Sources - Potential Use in Hypertension Prevention and Treatment	63	59	江苏省农业科学院农产品加工研究所	2013年	CRITICAL REVIEWS IN FOOD SCIENCE AND NUTRITION	6.077 (2016)
5	Possible correlation between high temperature-induced floret sterility and endogenous levels of IAA, GAs and ABA in rice (Oryza sativa L.)	59	45	江苏省农业科学院农业资源与环境研究所，江苏省农业科学院种质资源与生物技术研究所	2008年	PLANT GROWTH REGULATION	2.646 (2016)
6	Isolation and Identification of the DNA Aptamer Target to Acetamiprid	57	49	江苏省农业科学院农产品质量安全与营养研究所	2011年	JOURNAL OF AGRICULTURAL AND FOOD CHEMISTRY	3.154 (2016)
7	Degradation of Microcystin-LR and RR by a Stenotrophomonas sp Strain EMS Isolated from Lake Taihu, China	55	43	江苏省农业科学院农业资源与环境研究所，江苏省农业科学院农产品质量安全与营养研究所	2010年	INTERNATIONAL JOURNAL OF MOLECULAR SCIENCES	3.226 (2016)
8	Island Cotton Gbve1 Gene Encoding A Receptor-Like Protein Confers Resistance to Both Defoliating and Non-Defoliating Isolates of Verticillium dahliae	50	33	江苏省农业科学院种质资源与生物技术研究所	2012年	PLOS ONE	2.806 (2016)

（续表）

排序	标题	WOS 所有数据库总被引频次	WOS 核心库被引频次	作者机构	出版年份	期刊名称	期刊影响因子（最近年度）
9	Optimized microwave-assisted extraction of total phenolics（TP）from Ipomoea batatas leaves and its antioxidant activity	48	44	江苏省农业科学院农产品加工研究所	2011 年	INNOVATIVE FOOD SCIENCE & EMERGING TECHNOLOGIES	2.573（2016）
10	Genome-Wide Sequence Characterization and Expression Analysis of Major Intrinsic Proteins in Soybean（Glycine max L.）	48	42	江苏省农业科学院种质资源与生物技术研究所	2013 年	PLOS ONE	2.806（2016）

1.7 高频词 TOP20

2008—2017 年江苏省农业科学院 SCI 发文高频词（作者关键词）TOP20 见表 1-8。

表 1-8 2008—2017 年江苏省农业科学院 SCI 发文高频词（作者关键词）TOP20

排序	关键词（作者关键词）	频次	排序	关键词（作者关键词）	频次
1	rice	51	11	resistance	15
2	gene expression	36	12	Peach	15
3	Photosynthesis	22	13	genetic diversity	15
4	salt stress	21	14	Transcriptome	15
5	wheat	19	15	cotton	15
6	Mycoplasma hyopneumoniae	19	16	Oryza sativa	14
7	biochar	17	17	Fusarium graminearum	14
8	cadmium	16	18	soybean	14
9	Phylogenetic analysis	16	19	degradation	13
10	RNA-Seq	15	20	Fusarium Head Blight	13

2 中文期刊论文分析

2008—2017 年，中国农业科技文献数据库（CASDD）共收录由江苏省农业科学院作者发表的中文期刊论文 12 778篇，其中北大中文核心期刊论文 7 988篇，中国科学引文数据库（CSCD）期刊论文 6 040篇。

2.1 发文量

2008—2017年江苏省农业科学院中文文献历年发文趋势（2008—2017年）见下图。

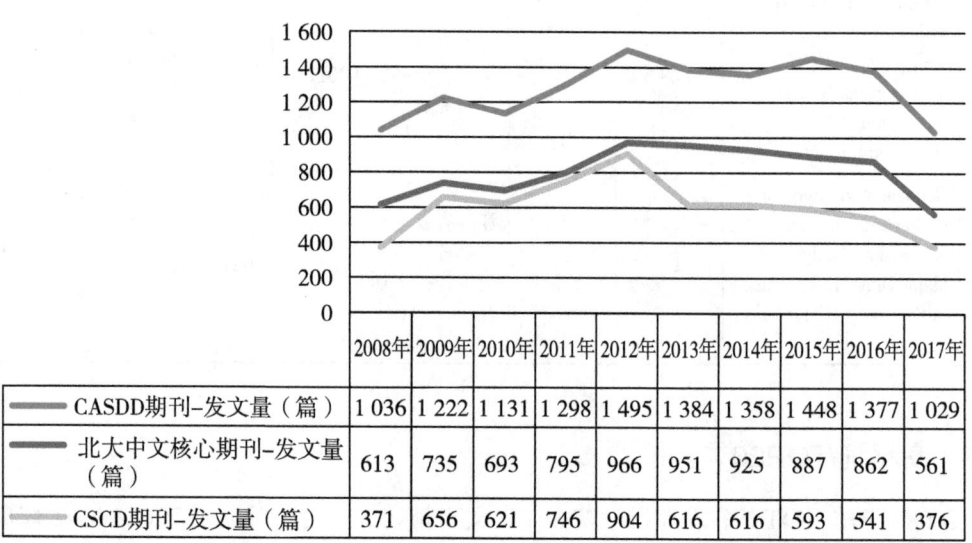

	2008年	2009年	2010年	2011年	2012年	2013年	2014年	2015年	2016年	2017年
—— CASDD期刊-发文量（篇）	1 036	1 222	1 131	1 298	1 495	1 384	1 358	1 448	1 377	1 029
—— 北大中文核心期刊-发文量（篇）	613	735	693	795	966	951	925	887	862	561
—— CSCD期刊-发文量（篇）	371	656	621	746	904	616	616	593	541	376

图 江苏省农业科学院中文文献历年发文趋势（2008—2017年）

2.2 高发文研究所 TOP10

2008—2017年江苏省农业科学院 CASDD 期刊高发文研究所 TOP10 见表 2-1，2008—2017年江苏省农业科学院北大中文核心期刊高发文研究所 TOP10 见表 2-2，2008—2017年江苏省农业科学院中国科学引文数据库（CSCD）期刊高发文研究所 TOP10 见表 2-3。

表 2-1 2008—2017年江苏省农业科学院 CASDD 期刊高发文研究所 TOP10 单位：篇

排序	研究所	发文量
1	江苏省农业科学院农业资源与环境研究所	837
2	江苏省农业科学院蔬菜研究所	832
3	江苏省农业科学院	774
4	江苏沿海地区农业科学研究所	761
5	江苏丘陵地区镇江农业科学研究所	711
6	江苏省农业科学院农产品加工研究所	682
7	江苏里下河地区农业科学研究所	668
8	江苏省农业科学院粮食作物研究所	617
9	江苏沿江地区农业科学研究所	605

（续表）

排序	研究所	发文量
9	江苏省农业科学院兽医研究所	605
10	江苏省农业科学院动物免疫工程研究所	600
11	江苏省农业科学院植物保护研究所	597

注："江苏省农业科学院"发文包括作者单位只标注为"江苏省农业科学院"、院属实验室等。

表 2-2　2008—2017 年江苏省农业科学院北大中文核心期刊高发文研究所 TOP10　单位：篇

排序	研究所	发文量
1	江苏省农业科学院农业资源与环境研究所	722
2	江苏省农业科学院农产品加工研究所	559
3	江苏省农业科学院蔬菜研究所	532
4	江苏省农业科学院植物保护研究所	519
5	江苏省农业科学院粮食作物研究所	462
6	江苏省农业科学院动物免疫工程研究所	455
7	江苏省农业科学院园艺研究所	448
8	江苏省农业科学院畜牧研究所	425
9	江苏省农业科学院	420
10	江苏省农业科学院兽医研究所	414
11	江苏省农业科学院种质资源与生物技术研究所	400

注："江苏省农业科学院"发文包括作者单位只标注为"江苏省农业科学院"、院属实验室等。

表 2-3　2008—2017 年江苏省农业科学院 CSCD 期刊高发文研究所 TOP10　单位：篇

排序	研究所	发文量
1	江苏省农业科学院农业资源与环境研究所	650
2	江苏省农业科学院植物保护研究所	456
3	江苏省农业科学院农产品加工研究所	448
4	江苏省农业科学院粮食作物研究所	419
5	江苏省农业科学院动物免疫工程研究所	382
6	江苏省农业科学院园艺研究所	366
7	江苏省农业科学院蔬菜研究所	365
8	江苏省农业科学院种质资源与生物技术研究所	363

（续表）

排序	研究所	发文量
9	江苏省农业科学院兽医研究所	337
10	江苏省农业科学院畜牧研究所	300

2.3 高发文期刊 TOP10

2008—2017年江苏省农业科学院高发文CASDD期刊TOP10见表2-4，2008—2017年江苏省农业科学院高发文北大中文核心期刊TOP10见表2-5，2008—2017年江苏省农业科学院高发文CSCD期刊TOP10见表2-6。

表2-4　2008—2017年江苏省农业科学院高发文期刊（CASDD）TOP10　　单位：篇

排序	期刊名称	发文量	排序	期刊名称	发文量
1	江苏农业科学	2 187	6	食品科学	179
2	江苏农业学报	1 383	7	华北农学报	174
3	江西农业学报	592	8	西南农业学报	162
4	安徽农业科学	303	9	中国农学通报	157
5	现代农业科技	256	10	农业科技管理	150

表2-5　2008—2017年江苏省农业科学院高发文期刊（北大中文核心）TOP10　　单位：篇

排序	期刊名称	发文量	排序	期刊名称	发文量
1	江苏农业科学	2 187	6	安徽农业科学	153
2	江苏农业学报	1 383	7	麦类作物学报	133
3	食品科学	179	8	中国农业科学	129
4	华北农学报	172	9	作物学报	110
5	西南农业学报	162	10	核农学报	109

表2-6　2008—2017年江苏省农业科学院高发文期刊（CSCD）TOP10　　单位：篇

排序	期刊名称	发文量	排序	期刊名称	发文量
1	江苏农业学报	1 383	6	麦类作物学报	133
2	江苏农业科学	933	7	中国农业科学	129
3	食品科学	179	8	作物学报	110
4	华北农学报	174	9	核农学报	109
5	西南农业学报	162	10	园艺学报	90

2.4 合作发文机构 TOP10

2008—2017 年江苏省农业科学院中文期刊合作发文机构 TOP10 见表 2-7。

表 2-7 2008—2017 年江苏省农业科学院中文期刊合作发文机构 TOP10   单位：篇

排序	合作发文机构	发文量	排序	合作发文机构	发文量
1	南京农业大学	2 775	6	中华人民共和国农业农村部	269
2	扬州大学	1 409	7	中国科学院	236
3	中国农业科学院	695	8	南京信息工程大学	165
4	徐州工程学院	482	9	安徽农业大学	141
5	南京师范大学	339	10	南京林业大学	136

江西省农业科学院

1 英文期刊论文分析

分析数据来源于科学引文索引数据库（Web of Science，WOS）收录的文献类型为期刊论文（ARTICLE）、会议论文（PROCEEDINGS PAPER）和述评（REVIEW）的 Science Citation Index Expanded（SCIE）论文数据，数据时间范围为 2008—2017 年，共检索到江西省农业科学院作者发表的论文 250 篇。

1.1 发文量

2008—2017 年江西省农业科学院历年 SCI 发文与被引情况见表 1-1，江西省农业科学院英文文献历年发文趋势（2008—2017 年）见下图。

表 1-1　2008—2017 年江西省农业科学院历年 SCI 发文与被引情况

出版年	发文量（篇）	WOS 所有数据库总被引频次	WOS 核心库被引频次
2008 年	1	37	35
2009 年	6	153	127
2010 年	10	438	337
2011 年	9	141	101
2012 年	22	344	268
2013 年	31	348	289
2014 年	37	319	256
2015 年	39	238	212
2016 年	44	81	77
2017 年	51	21	21

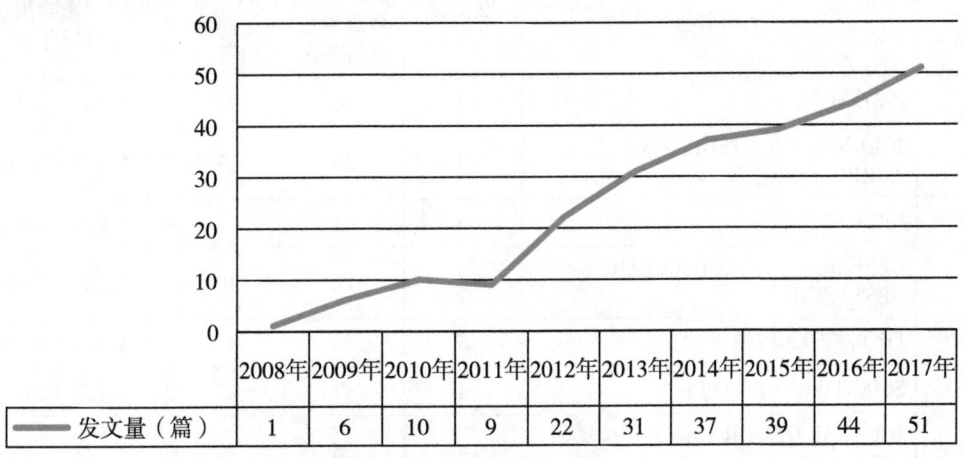

图　江西省农业科学院英文文献历年发文趋势（2008—2017 年）

1.2 高发文研究所 TOP10

2008—2017年江西省农业科学院SCI高发文研究所 TOP10见表1-2。

表1-2 2008—2017年江西省农业科学院 SCI 高发文研究所 TOP10   单位：篇

排序	研究所	发文量
1	江西省农业科学院土壤肥料与资源环境研究所	55
2	江西省农业科学院农产品质量安全与标准研究所	35
3	江西省农业科学院畜牧兽医研究所	34
4	江西省农业科学院水稻研究所	32
5	江西省农业科学院植物保护研究所	23
6	江西省农业科学院园艺研究所	13
7	江西省农业科学院农业微生物研究所	12
8	江西省农业科学院作物研究所	8
9	江西省农业科学院农产品加工研究所	4
10	江西省农业科学院蔬菜花卉研究所	3
10	江西省农业科学院江西省超级水稻研究发展中心	3
10	江西省农业科学院农业工程研究所	3

1.3 高发文期刊 TOP10

2008—2017年江西省农业科学院SCI高发文期刊 TOP10见表1-3。

表1-3 2008—2017年江西省农业科学院 SCI 高发文期刊 TOP10

排序	期刊名称	发文量（篇）	WOS 所有数据库总被引频次	WOS 核心库被引频次	期刊影响因子（最近年度）
1	PLOS ONE	9	96	88	2.806（2016）
2	JOURNAL OF INTEGRATIVE AGRICULTURE	7	20	11	1.042（2016）
3	CROP SCIENCE	5	13	11	1.629（2016）
4	GENETICS AND MOLECULAR RESEARCH	5	11	10	0.764（2015）
5	FOOD CHEMISTRY	5	42	35	4.529（2016）
6	SCIENTIFIC REPORTS	4	7	7	4.259（2016）
7	JOURNAL OF SOILS AND SEDIMENTS	4	66	48	2.522（2016）

（续表）

排序	期刊名称	发文量（篇）	WOS 所有数据库总被引频次	WOS 核心库被引频次	期刊影响因子（最近年度）
8	AGRICULTURAL SCIENCES IN CHINA	3	13	10	0.82（2013）
9	PLANT BREEDING	3	16	10	1.335（2016）
10	ANALYST	3	25	25	3.885（2016）

1.4　合作发文国家与地区 TOP10

2008—2017 年江西省农业科学院 SCI 合作发文国家与地区（合作发文 1 篇以上）TOP10 见表 1-4。

表 1-4　2008—2017 年江西省农业科学院 SCI 合作发文国家与地区 TOP10

排序	国家与地区	合作发文量	WOS 所有数据库总被引频次	WOS 核心库被引频次
1	美国	30	358	282
2	巴基斯坦	4	40	36
3	德国	4	1	1
4	荷兰	3	11	7
5	英国	2	0	0
6	比利时	2	0	0
7	丹麦	2	11	7
8	日本	2	5	3
9	法国	2	32	28
10	韩国	2	64	47
10	澳大利亚	2	44	42

1.5　合作发文机构 TOP10

2008—2017 年江西省农业科学院 SCI 合作发文机构 TOP10 见表 1-5。

表 1-5　2008—2017 年江西省农业科学院 SCI 合作发文机构 TOP10

排序	合作发文机构	发文量	WOS 所有数据库总被引频次	WOS 核心库被引频次
1	中国农业科学院	50	404	306

（续表）

排序	合作发文机构	发文量	WOS 所有数据库 总被引频次	WOS 核心库 被引频次
2	华中农业大学	36	282	232
3	中国科学院	29	606	478
4	江西农业大学	28	146	131
5	南京农业大学	26	183	133
6	江西红壤研究所	21	408	305
7	江西师范大学	17	159	115
8	浙江大学	17	202	182
9	南昌大学	12	129	104
10	四川农业大学	7	25	19

1.6 高被引论文 TOP10

2008—2017 年江西省农业科学院发表的 SCI 高被引论文 TOP10 见表 1-6，江西省农业科学院以第一或通讯作者完成单位发表的 SCI 高被引论文 TOP10 见表 1-7。

表 1-6　2008—2017 年江西省农业科学院 SCI 高被引论文 TOP10

排序	标题	WOS 所有 数据库总 被引频次	WOS 核心 库被引 频次	作者机构	出版 年份	期刊名称	期刊 影响因子 （最近年度）
1	The effects of mineral fertilizer and organic manure on soil microbial community and diversity	174	128	江西省农业科学院土壤肥料与资源环境研究所	2010 年	PLANT AND SOIL	3.052 (2016)
2	Long-term effects of organic amendments on the rice yields for double rice cropping systems in subtropical China	77	58	江西省农业科学院土壤肥料与资源环境研究所	2009 年	AGRICULTURE ECOSYSTEMS & ENVIRONMENT	4.099 (2016)
3	A novel method for amino starch preparation and its adsorption for Cu (II) and Cr (VI)	63	58	江西省农业科学院土壤肥料与资源环境研究所	2010 年	JOURNAL OF HAZARDOUS MATERIALS	6.065 (2016)
4	Effects of organic amendments on soil carbon sequestration in paddy fields of subtropical China	56	40	江西省农业科学院土壤肥料与资源环境研究所	2012 年	JOURNAL OF SOILS AND SEDIMENTS	2.522 (2016)

（续表）

排序	标题	WOS 所有数据库总被引频次	WOS 核心库被引频次	作者机构	出版年份	期刊名称	期刊影响因子（最近年度）
5	Overexpression of a homopeptide repeat-containing bHLH protein gene（OrbHLH001）from Dongxiang Wild Rice confers freezing and salt tolerance in transgenic Arabidopsis	52	39	江西省农业科学院水稻研究所	2010 年	PLANT CELL REPORTS	2.869 (2016)
6	Influence of ultrasonic treatment on the structure and emulsifying properties of peanut protein isolate	52	32	江西省农业科学院农产品加工研究所	2014 年	FOOD AND BIOPRODUCTS PROCESSING	1.97 (2016)
7	Allelic Analysis of Sheath Blight Resistance with Association Mapping in Rice	49	45	江西省农业科学院水稻研究所	2012 年	PLOS ONE	2.806 (2016)
8	Genotypic and phenotypic characterization of genetic differentiation and diversity in the USDA rice mini-core collection	47	42	江西省农业科学院水稻研究所	2010 年	GENETICA	1.207 (2016)
9	Effects of pyrolysis temperature and heating time on biochar obtained from the pyrolysis of straw and lignosulfonate	46	41	江西省农业科学院土壤肥料与资源环境研究所	2015 年	BIORESOURCE TECHNOLOGY	5.651 (2016)
10	Methane emissions from double-rice cropping system under conventional and no tillage in southeast China	43	32	江西省农业科学院土壤肥料与资源环境研究所	2011 年	SOIL & TILLAGE RESEARCH	3.401 (2016)

表 1-7 2008—2017 年江西省农业科学院 SCI 高被引论文 TOP10（第一或通讯作者完成单位）

排序	标题	WOS 所有数据库总被引频次	WOS 核心库被引频次	作者机构	出版年份	期刊名称	期刊影响因子（最近年度）
1	Metal concentrations in various fish Organs of different fish species from Poyang Lake, China	34	29	江西省农业科学院农产品质量安全与标准研究所	2014 年	ECOTOXICOLOGY AND ENVIRONMENTAL SAFETY	3.743 (2016)

（续表）

排序	标题	WOS 所有数据库总被引频次	WOS 核心库被引频次	作者机构	出版年份	期刊名称	期刊影响因子（最近年度）
2	Applicability of accelerated solvent extraction for synthetic colorants analysis in meat products with ultrahigh performance liquid chromatography-photodiode array detection	25	22	江西省农业科学院农产品质量安全与标准研究所	2012 年	ANALYTICA CHIMICA ACTA	4.95 (2016)
3	Simultaneous determination of Se, trace elements and major elements in Se-rich rice by dynamic reaction cell inductively coupled plasma mass spectrometry (DRC-ICP-MS) after microwave digestion	20	16	江西省农业科学院农产品质量安全与标准研究所	2014 年	FOOD CHEMISTRY	4.529 (2016)
4	A novel feruloyl esterase from a soil metagenomic library with tannase activity	14	14	江西省农业科学院农业微生物研究所	2013 年	JOURNAL OF MOLECULAR CATALYSIS B-ENZYMATIC	2.269 (2016)
5	Occurrence and spatial distributions of microcystins in Poyang Lake, the largest freshwater lake in China	14	14	江西省农业科学院农产品质量安全与标准研究所	2015 年	ECOTOXICOLOGY	1.951 (2016)
6	Production, characterization and applications of tannase	12	10	江西省农业科学院农业微生物研究所	2014 年	JOURNAL OF MOLECULAR CATALYSIS B-ENZYMATIC	2.269 (2016)
7	One-Pot Solvothermal Synthesis and Adsorption Property of Pb (II) of Superparamagnetic Monodisperse Fe3O4/Graphene Oxide Nanocomposite	12	11	江西省农业科学院土壤肥料与资源环境研究所	2014 年	NANOSCIENCE AND NANOTECHNOLOGY LETTERS	1.889 (2016)
8	DISTRIBUTION OF HEAVY METALS IN WATER, SUSPENDED PARTICULATE MATTER AND SEDIMENT OF POYANG LAKE, CHINA	11	7	江西省农业科学院农产品质量安全与标准研究所	2012 年	FRESENIUS ENVIRONMENTAL BULLETIN	0.425 (2016)

（续表）

排序	标题	WOS 所有数据库总被引频次	WOS 核心库被引频次	作者机构	出版年份	期刊名称	期刊影响因子（最近年度）
9	Ultrasound-assisted emulsification-microextraction for the sensitive determination of ethyl carbamate in alcoholic beverages	11	11	江西省农业科学院农产品质量安全与标准研究所	2013 年	ANALYTICAL AND BIOANALYTICAL CHEMISTRY	3.431（2016）
10	Immobilization and Characterization of Tannase from a Metagenomic Library and Its Use for Removal of Tannins from Green Tea Infusion	10	9	江西省农业科学院农业微生物研究所	2014 年	JOURNAL OF MICROBIOLOGY AND BIOTECHNOLOGY	1.75（2016）

1.7 高频词 TOP20

2008—2017 年江西省农业科学院 SCI 发文高频词（作者关键词）TOP20 见表 1-8。

表 1-8 2008—2017 年江西省农业科学院 SCI 发文高频词（作者关键词）TOP20

排序	关键词（作者关键词）	频次	排序	关键词（作者关键词）	频次
1	rice	11	11	Soil organic carbon	4
2	Long-term fertilization	7	12	Organic amendments	3
3	paddy soil	6	13	Common wild rice	3
4	Persimmon tannin	5	14	China	3
5	Global warming	4	15	Chilo suppressalis	3
6	Adsorption	4	16	Gas chromatography-triple quadrupole mass spectrometry	3
7	chicken	4	17	malachite green	3
8	Genetic diversity	4	18	manure	3
9	QTL	4	19	oxidative stress	3
10	Persimmon	4	20	Cold tolerance	3

2 中文期刊论文分析

2008—2017 年，中国农业科技文献数据库（CASDD）共收录由江西省农业科学院作者发表的中文期刊论文 2 012 篇，其中北大中文核心期刊论文 809 篇，中国科学引文数据库（CSCD）期刊论文 692 篇。

2.1 发文量

2008—2017 年江西省农业科学院中文文献历年发文趋势（2008—2017 年）见下图。

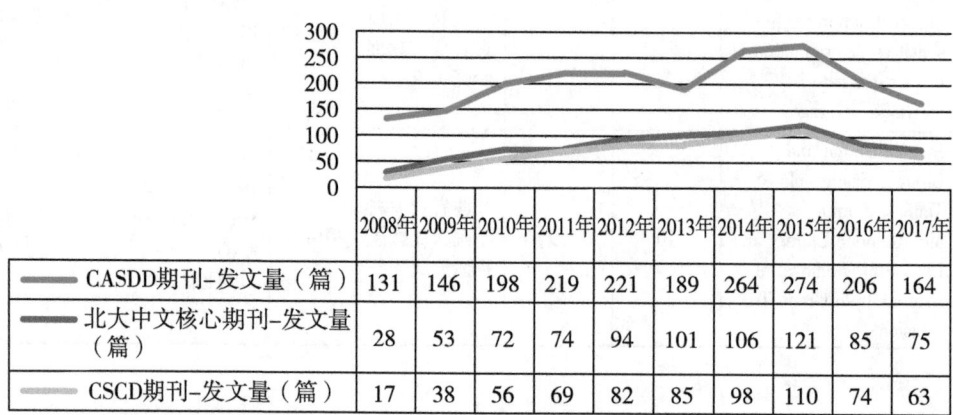

	2008年	2009年	2010年	2011年	2012年	2013年	2014年	2015年	2016年	2017年
CASDD期刊-发文量（篇）	131	146	198	219	221	189	264	274	206	164
北大中文核心期刊-发文量（篇）	28	53	72	74	94	101	106	121	85	75
CSCD期刊-发文量（篇）	17	38	56	69	82	85	98	110	74	63

图　江西省农业科学院中文文献历年发文趋势（2008—2017 年）

2.2 高发文研究所 TOP10

2008—2017 年江西省农业科学院 CASDD 期刊高发文研究所 TOP10 见表 2-1，2008—2017 年江西省农业科学院北大中文核心期刊高发文研究所 TOP10 见表 2-2，2008—2017 年江西省农业科学院中国科学引文数据库（CSCD）期刊高发文研究所 TOP10 见表 2-3。

表 2-1　2008—2017 年江西省农业科学院 CASDD 期刊高发文研究所 TOP10　　单位：篇

排序	研究所	发文量
1	江西省农业科学院	472
2	江西省农业科学院土壤肥料与资源环境研究所	364
3	江西省农业科学院畜牧兽医研究所	254
4	江西省农业科学院水稻研究所	172
5	江西省农业科学院农业经济与信息研究所	148
6	江西省农业科学院植物保护研究所	118
7	江西省农业科学院作物研究所	115
8	江西省农业科学院农产品质量安全与标准研究所	105
9	江西省农业科学院蔬菜花卉研究所	101
10	江西省农业科学院农业工程研究所	80
11	江西省农业科学院园艺研究所	73

注："江西省农业科学院"发文包括作者单位只标注为"江西省农业科学院"、院属实验室等。

表 2-2　2008—2017 年江西省农业科学院北大中文核心期刊高发文研究所 TOP10　单位：篇

排序	研究所	发文量
1	江西省农业科学院土壤肥料与资源环境研究所	208
2	江西省农业科学院	124
3	江西省农业科学院水稻研究所	91
4	江西省农业科学院畜牧兽医研究所	84
5	江西省农业科学院植物保护研究所	80
6	江西省农业科学院蔬菜花卉研究所	57
7	江西省农业科学院作物研究所	48
8	江西省农业科学院农产品质量安全与标准研究所	42
9	江西省农业科学院农业经济与信息研究所	36
10	江西省农业科学院农业工程研究所	32
11	江西省农业科学院农产品加工研究所	31

注："江西省农业科学院"发文包括作者单位只标注为"江西省农业科学院"、院属实验室等。

表 2-3　2008—2017 年江西省农业科学院 CSCD 期刊高发文研究所 TOP10　单位：篇

排序	研究所	发文量
1	江西省农业科学院土壤肥料与资源环境研究所	223
2	江西省农业科学院	97
3	江西省农业科学院水稻研究所	89
4	江西省农业科学院植物保护研究所	81
5	江西省农业科学院蔬菜花卉研究所	55
6	江西省农业科学院作物研究所	45
7	江西省农业科学院畜牧兽医研究所	38
8	江西省农业科学院农产品质量安全与标准研究所	34
9	江西省农业科学院农业经济与信息研究所	23
10	江西省农业科学院农业微生物研究所	21
10	江西省农业科学院农产品加工研究所	21

注："江西省农业科学院"发文包括作者单位只标注为"江西省农业科学院"、院属实验室等。

2.3　高发文期刊 TOP10

2008—2017 年江西省农业科学院高发文 CASDD 期刊 TOP10 见表 2-4，2008—2017 年

江西省农业科学院高发文北大中文核心期刊TOP10见表2-5，2008—2017年江西省农业科学院高发文CSCD期刊TOP10见表2-6。

表2-4　2008—2017年江西省农业科学院高发文期刊（CASDD）TOP10　　单位：篇

排序	期刊名称	发文量	排序	期刊名称	发文量
1	江西农业学报	449	6	农业科技管理	35
2	江西农业大学学报	90	7	现代园艺	34
3	安徽农业科学	52	8	中国奶牛	23
4	中国农学通报	52	9	植物营养与肥料学报	22
5	江西畜牧兽医杂志	37	10	杂交水稻	22

表2-5　2008—2017年江西省农业科学院高发文期刊（北大中文核心）TOP10　　单位：篇

排序	期刊名称	发文量	排序	期刊名称	发文量
1	江西农业大学学报	90	7	植物遗传资源学报	17
2	安徽农业科学	27	8	中国土壤与肥料	17
3	中国农学通报	23	9	中国油料作物学报	15
4	杂交水稻	22	10	土壤	15
5	植物营养与肥料学报	22	10	中国水稻科学	15
6	中国农业科学	19	10	饲料工业	15

表2-6　2008—2017年江西省农业科学院高发文期刊（CSCD）TOP10　　单位：篇

排序	期刊名称	发文量	排序	期刊名称	发文量
1	江西农业大学学报	90	7	中国土壤与肥料	17
2	中国农学通报	43	8	分子植物育种	16
3	杂交水稻	22	9	中国油料作物学报	15
4	植物营养与肥料学报	22	10	土壤	15
5	中国农业科学	19	10	中国水稻科学	15
6	植物遗传资源学报	17			

2.4　合作发文机构TOP10

2008—2017年江西省农业科学院中文期刊合作发文机构TOP10见表2-7。

表 2-7　2008—2017 年江西省农业科学院中文期刊合作发文机构 TOP10　　　单位：篇

排序	合作发文机构	发文量	排序	合作发文机构	发文量
1	江西省红壤研究所	336	6	南昌大学	71
2	中国农业科学院	291	7	江西师范大学	59
3	华中农业大学	159	8	华南农业大学	53
4	中国科学院	144	9	江西省科学院	49
5	南京农业大学	97	10	南昌市农业科学院	48

辽宁省农业科学院

1 英文期刊论文分析

分析数据来源于科学引文索引数据库（Web of Science，WOS）收录的文献类型为期刊论文（ARTICLE）、会议论文（PROCEEDINGS PAPER）和述评（REVIEW）的 Science Citation Index Expanded（SCIE）论文数据，数据时间范围为 2008—2017 年，共检索到辽宁省农业科学院作者发表的论文 176 篇。

1.1 发文量

2008—2017 年辽宁省农业科学院历年 SCI 发文与被引情况见表 1-1，辽宁省农业科学院英文文献历年发文趋势（2008—2017 年）见下图。

表 1-1　2008—2017 年辽宁省农业科学院历年 SCI 发文与被引情况

出版年	发文量（篇）	WOS 所有数据库总被引频次	WOS 核心库被引频次
2008 年	6	64	55
2009 年	4	86	75
2010 年	9	151	129
2011 年	9	88	71
2012 年	12	111	103
2013 年	18	237	206
2014 年	30	231	199
2015 年	28	113	96
2016 年	28	47	36
2017 年	32	15	15

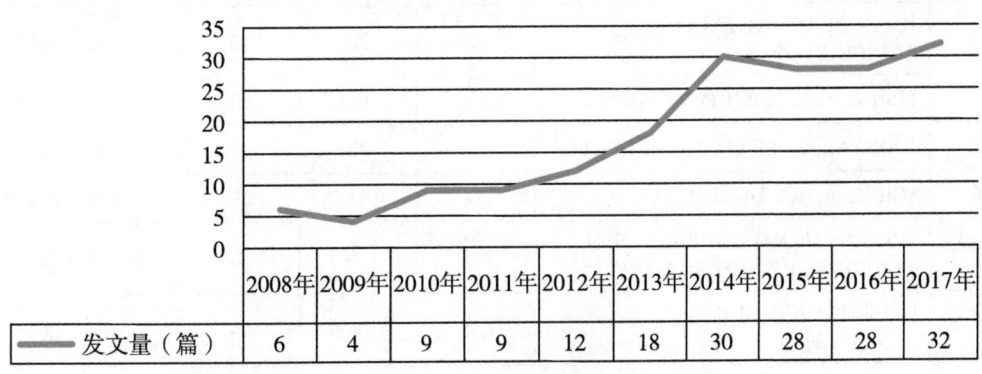

图　辽宁省农业科学院英文文献历年发文趋势（2008—2017 年）

1.2 高发文研究所 TOP10

2008—2017 年辽宁省农业科学院 SCI 高发文研究所 TOP10 见表 1-2。

表 1-2　2008—2017 年辽宁省农业科学院 SCI 高发文研究所 TOP10　　　单位：篇

排序	研究所	发文量
1	辽宁省农业科学院植物保护研究所	26
2	辽宁省农业科学院大连生物技术研究所	14
3	辽宁省农业科学院作物研究所	13
4	辽宁省农业科学院植物营养与环境资源研究所	12
5	辽宁省经济作物研究所	9
5	辽宁省水稻研究所	9
6	辽宁省农业科学院花卉研究所	8
7	辽宁省农业科学院食品与加工研究所	7
8	辽宁省农业科学院耕作栽培研究所	6
9	辽宁省农业科学院蔬菜研究所	5
10	辽宁省果树科学研究所	4

1.3 高发文期刊 TOP10

2008—2017 年辽宁省农业科学院 SCI 高发文期刊 TOP10 见表 1-3。

表 1-3　2008—2017 年辽宁省农业科学院 SCI 发文期刊 TOP10

排序	期刊名称	发文量（篇）	WOS 所有数据库总被引频次	WOS 核心库被引频次	期刊影响因子（最近年度）
1	PLOS ONE	13	92	81	2.806（2016）
2	SCIENTIFIC REPORTS	5	4	4	4.259（2016）
3	JOURNAL OF INTEGRATIVE AGRICULTURE	5	20	16	1.042（2016）
4	FISH & SHELLFISH IMMUNOLOGY	5	91	80	3.148（2016）
5	JOURNAL OF PHYTOPATHOLOGY	5	43	35	0.853（2016）
6	SCIENTIA HORTICULTURAE	4	31	27	1.624（2016）
7	INTERNATIONAL JOURNAL OF AGRICULTURE AND BIOLOGY	4	6	6	0.746（2016）
8	GENETICS AND MOLECULAR RESEARCH	4	5	4	0.764（2015）
9	PEDOSPHERE	3	39	27	1.734（2016）

（续表）

排序	期刊名称	发文量（篇）	WOS 所有数据库总被引频次	WOS 核心库被引频次	期刊影响因子（最近年度）
10	SPECTROSCOPY AND SPECTRAL ANALYSIS	3	10	4	0.344（2016）

1.4 合作发文国家与地区 TOP10

2008—2017 年辽宁省农业科学院 SCI 合作发文国家与地区（合作发文 1 篇以上）TOP10 见表 1-4。

表 1-4 2008—2017 年辽宁省农业科学院 SCI 合作发文国家与地区 TOP10

排序	国家与地区	合作发文量	WOS 所有数据库总被引频次	WOS 核心库被引频次
1	美国	21	150	140
2	菲律宾	8	119	106
3	荷兰	4	29	25
4	澳大利亚	4	24	18
5	加拿大	2	66	62
6	英格兰	2	3	2
7	法国	2	21	21
8	新西兰	2	3	3

注：2008—2017 年合作发文 1 篇以上的国家与地区数量不足 10 个

1.5 合作发文机构 TOP10

2008—2017 年辽宁省农业科学院 SCI 合作发文机构 TOP10 见表 1-5。

表 1-5 2008—2017 年辽宁省农业科学院 SCI 合作发文机构 TOP10

排序	合作发文机构	发文量	WOS 所有数据库总被引频次	WOS 核心库被引频次
1	沈阳农业大学	74	262	226
2	中国科学院	36	426	357
3	中国农业科学院	35	373	322
4	中国农业大学	15	162	144
5	国际水稻研究所	7	115	102

（续表）

排序	合作发文机构	发文量	WOS 所有数据库总被引频次	WOS 核心库被引频次
6	江苏省农业科学院	6	135	125
7	大连理工大学	6	105	93
8	辽宁省水稻研究所	6	48	33
9	中国水稻研究所	5	11	7
10	田纳西大学	5	14	12

1.6 高被引论文 TOP10

2008—2017 年辽宁省农业科学院发表的 SCI 高被引论文 TOP10 见表 1-6，辽宁省农业科学院以第一或通讯作者完成单位发表的 SCI 高被引论文 TOP10 见表 1-7。

表 1-6 2008—2017 年辽宁省农业科学院 SCI 高被引论文 TOP10

排序	标题	WOS 所有数据库总被引频次	WOS 核心库被引频次	作者机构	出版年份	期刊名称	期刊影响因子（最近年度）
1	A haplotype map of genomic variations and genome-wide association studies of agronomic traits in foxtail millet（Setaria italica）	138	116	辽宁省水土保持研究所	2013 年	NATURE GENETICS	27.959（2016）
2	Enhancement of non-specific immune response in sea cucumber（Apostichopus japonicus）by Astragalus membranaceus and its polysaccharides	68	60	辽宁省农业科学院大连生物技术研究所	2009 年	FISH & SHELLFISH IMMUNOLOGY	3.148（2016）
3	Identification of QTLs for eight agronomically important traits using an ultra-high-density map based on SNPs generated from high-throughput sequencing in sorghum under contrasting photoperiods	64	60	辽宁省农业科学院作物研究所	2012 年	JOURNAL OF EXPERIMENTAL BOTANY	5.83（2016）

（续表）

排序	标题	WOS 所有数据库总被引频次	WOS 核心库被引频次	作者机构	出版年份	期刊名称	期刊影响因子（最近年度）
4	Specific adaptation of Ustilaginoidea virens in occupying host florets revealed by comparative and functional genomics	48	45	辽宁省农业科学院植物保护研究所	2014 年	NATURE COMMUNICATIONS	12.124 (2016)
5	Willingness-to-accept and purchase genetically modified rice with high folate content in Shanxi Province, China	39	37	辽宁省农村经济研究所	2010 年	APPETITE	3.403 (2016)
6	In Vitro Sensitivity of Plasmodium falciparum Clinical Isolates from the China-Myanmar Border Area to Quinine and Association with Polymorphism in the Na+/H+ Exchanger	36	35	辽宁省农业科学院大连生物技术研究所	2010 年	ANTIMICROBIAL AGENTS AND CHEMOTHERAPY	4.302 (2016)
7	Yield performances of japonica introgression lines selected for drought tolerance in a BC breeding programme	32	29	辽宁省农业科学院	2010 年	PLANT BREEDING	1.335 (2016)
8	Carbon and nitrogen pools in different aggregates of a Chinese Mollisol as influenced by long-term fertilization	32	22	辽宁省水稻研究所	2010 年	JOURNAL OF SOILS AND SEDIMENTS	2.522 (2016)
9	Distribution of Soil Organic Carbon Fractions Along the Altitudinal Gradient in Changbai Mountain, China	32	21	辽宁省农业科学院蔬菜研究所	2011 年	PEDOSPHERE	1.734 (2016)
10	Infection processes of Ustilaginoidea virens during artificial inoculation of rice panicles	29	23	辽宁省农业科学院植物保护研究所	2014 年	EUROPEAN JOURNAL OF PLANT PATHOLOGY	1.478 (2016)

表 1-7　2008—2017 年辽宁省农业科学院 SCI 高被引论文 TOP10（第一或通讯作者完成单位）

排序	标题	WOS 所有数据库总被引频次	WOS 核心库被引频次	作者机构	出版年份	期刊名称	期刊影响因子（最近年度）
1	Sporulation, Inoculation Methods and Pathogenicity of Ustilaginoidea albicans, the Cause of White Rice False Smut in China	15	11	辽宁省农业科学院植物保护研究所	2008 年	JOURNAL OF PHYTOPATHOLOGY	0.853（2016）
2	Plastic Film Mulching for Water-Efficient Agricultural Applications and Degradable Films Materials Development Research	13	11	辽宁省农业科学院	2015 年	MATERIALS AND MANUFACTURING PROCESSES	2.274（2016）
3	Comparative Transcriptome Analysis of Climacteric Fruit of Chinese Pear (Pyrus ussuriensis) Reveals New Insights into Fruit Ripening	12	11	辽宁省果树科学研究所	2014 年	PLOS ONE	2.806（2016）
4	Differentially Expressed Genes in Resistant and Susceptible Common Bean (Phaseolus vulgaris L.) Genotypes in Response to Fusarium oxysporum f. sp phaseoli	11	9	辽宁省经济作物研究所	2015 年	PLOS ONE	2.806（2016）
5	Ecogeographic analysis of pea collection sites from China to determine potential sites with abiotic stresses	9	7	辽宁省经济作物研究所	2013 年	GENETIC RESOURCES AND CROP EVOLUTION	1.294（2016）
6	Mixing trees and crops increases land and water use efficiencies in a semi-arid area	8	4	辽宁省农业科学院耕作栽培研究所	2016 年	AGRICULTURAL WATER MANAGEMENT	2.848（2016）
7	Coupled Effects of Soil Water and Nutrients on Growth and Yields of Maize Plants in a Semi-Arid Region	7	6	辽宁省农业科学院	2009 年	PEDOSPHERE	1.734（2016）

（续表）

排序	标题	WOS 所有数据库总被引频次	WOS 核心库被引频次	作者机构	出版年份	期刊名称	期刊影响因子（最近年度）
8	Isolation of resistance gene analogs from grapevine resistant to downy mildew	7	7	辽宁省农业科学院植物保护研究所	2013 年	SCIENTIA HORTICULTURAE	1. 624 （2016）
9	Seasonal occurrence of Aphis glycines and physiological responses of soybean plants to its feeding	7	7	辽宁省农业科学院植物保护研究所，辽宁省农业科学院花卉研究所	2014 年	INSECT SCIENCE	2. 026 （2016）
10	Seed Priming with Polyethylene Glycol Induces Physiological Changes in Sorghum （Sorghum bicolor L. Moench） Seedlings under Suboptimal Soil Moisture Environments	7	7	辽宁省农业科学院创新中心	2015 年	PLOS ONE	2. 806 （2016）

1. 7　高频词 TOP20

2008—2017 年辽宁省农业科学院 SCI 发文高频词（作者关键词）TOP20 见表 1-8。

表 1-8　2008—2017 年辽宁省农业科学院 SCI 发文高频词（作者关键词）TOP20

排序	关键词（作者关键词）	频次	排序	关键词（作者关键词）	频次
1	Apostichopus japonicus	6	11	Soil organic carbon	3
2	genetic diversity	6	12	Resveratrol	3
3	Molecular marker	5	13	Cucumis sativus	3
4	Maize	5	14	Blueberry	3
5	kinetic parameters	4	15	soybean	3
6	nitrogen	4	16	Herbal Extract	3
7	soil urease	3	17	Ustilaginoidea virens	3
8	Copper	3	18	Metabolism	3
9	immunity	3	19	Sweet sorghum	2
10	growth	3	20	Grafting	2

2 中文期刊论文分析

2008—2017年，中国农业科技文献数据库（CASDD）共收录由辽宁省农业科学院作者发表的中文期刊论文5 813篇，其中北大中文核心期刊论文1 991篇，中国科学引文数据库（CSCD）期刊论文1 340篇。

2.1 发文量

2008—2017年辽宁省农业科学院中文文献历年发文趋势（2008—2017年）见下图。

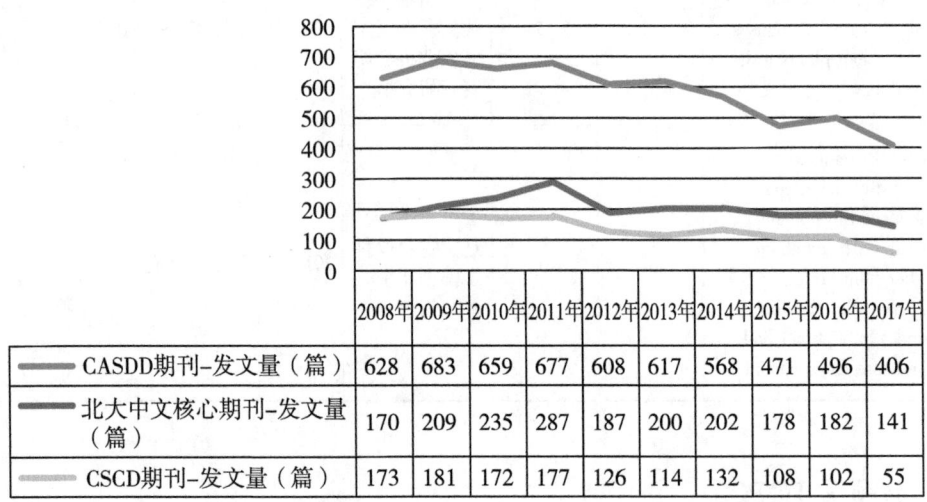

	2008年	2009年	2010年	2011年	2012年	2013年	2014年	2015年	2016年	2017年
CASDD期刊-发文量（篇）	628	683	659	677	608	617	568	471	496	406
北大中文核心期刊-发文量（篇）	170	209	235	287	187	200	202	178	182	141
CSCD期刊-发文量（篇）	173	181	172	177	126	114	132	108	102	55

图 辽宁省农业科学院中文文献历年发文趋势（2008—2017年）

2.2 高发文研究所 TOP10

2008—2017年辽宁省农业科学院CASDD期刊高发文研究所TOP10见表2-1，2008—2017年辽宁省农业科学院北大中文核心期刊高发文研究所TOP10见表2-2，2008—2017年辽宁省农业科学院中国科学引文数据库（CSCD）期刊高发文研究所TOP10见表2-3。

表2-1 2008—2017年辽宁省农业科学院CASDD期刊高发文研究所TOP10 单位：篇

排序	研究所	发文量
1	辽宁省果树科学研究所	928
2	辽宁省农业科学院	873
3	辽宁省农业机械化研究所	375
4	辽宁省风沙地改良利用研究所	365
5	辽宁省水土保持研究所	284
6	辽宁省蚕业科学研究所	283

（续表）

排序	研究所	发文量
7	辽宁省农业科学院植物保护研究所	264
8	辽宁省经济作物研究所	255
9	辽宁省微生物科学研究院	226
10	辽宁省农业科学院玉米研究所	205
11	辽宁省农业科学院蔬菜研究所	202

注："辽宁省农业科学院"发文包括作者单位只标注为"辽宁省农业科学院"、院属实验室等。

表 2-2 2008—2017 年辽宁省农业科学院北大中文核心期刊高发文研究所 TOP10 单位：篇

排序	研究所	发文量
1	辽宁省果树科学研究所	337
2	辽宁省农业科学院	274
3	辽宁省农业科学院植物保护研究所	165
4	辽宁省农业科学院植物营养与环境资源研究所	124
5	辽宁省风沙地改良利用研究所	103
6	辽宁省蚕业科学研究所	89
7	辽宁省农业科学院蔬菜研究所	83
7	辽宁省农业科学院花卉研究所	83
8	辽宁省农业科学院食品与加工研究所	79
9	辽宁省农业科学院耕作栽培研究所	71
9	辽宁省经济作物研究所	71
10	辽宁省农业科学院玉米研究所	70
11	辽宁省农业科学院创新中心	67
11	辽宁省农村经济研究所	67

注："辽宁省农业科学院"发文包括作者单位只标注为"辽宁省农业科学院"、院属实验室等。

表 2-3 2008—2017 年辽宁省农业科学院 CSCD 期刊高发文研究所 TOP10 单位：篇

排序	研究所	发文量
1	辽宁省农业科学院	202
2	辽宁省果树科学研究所	164
3	辽宁省农业科学院植物保护研究所	138
4	辽宁省农业科学院植物营养与环境资源研究所	92

（续表）

排序	研究所	发文量
5	辽宁省蚕业科学研究所	88
6	辽宁省微生物科学研究院	81
7	辽宁省农业科学院玉米研究所	74
8	辽宁省农业科学院创新中心	58
9	辽宁省农业科学院作物研究所	56
10	辽宁省经济作物研究所	50
11	辽宁省农业科学院大连生物技术研究所	47
11	辽宁省农业科学院花卉研究所	47

注："辽宁省农业科学院"发文包括作者单位只标注为"辽宁省农业科学院"、院属实验室等。

2.3 高发文期刊TOP10

2008—2017年辽宁省农业科学院高发文CASDD期刊TOP10见表2-4，2008—2017年辽宁省农业科学院高发文北大中文核心期刊TOP10见表2-5，2008—2017年辽宁省农业科学院高发文CSCD期刊TOP10见表2-6。

表2-4 2008—2017年辽宁省农业科学院高发文期刊（CASDD）TOP10　　单位：篇

排序	期刊名称	发文量	排序	期刊名称	发文量
1	辽宁农业科学	632	6	现代农业科技	154
2	农业科技与装备	427	7	农业经济	142
3	北方果树	289	8	农业科技通讯	131
4	北方园艺	235	9	新农业	130
5	园艺与种苗	208	10	沈阳农业大学学报	116

表2-5 2008—2017年辽宁省农业科学院高发文期刊（北大中文核心）TOP10　　单位：篇

排序	期刊名称	发文量	排序	期刊名称	发文量
1	北方园艺	235	6	安徽农业科学	78
2	农业经济	142	7	玉米科学	74
3	沈阳农业大学学报	116	8	中国果树	70
4	江苏农业科学	106	9	果树学报	50
5	蚕业科学	95	10	大豆科学	41

表 2-6　2008—2017 年辽宁省农业科学院高发文期刊（CSCD）TOP10　　单位：篇

排序	期刊名称	发文量	排序	期刊名称	发文量
1	辽宁农业科学	161	6	果树学报	50
2	沈阳农业大学学报	116	7	大豆科学	41
3	蚕业科学	95	8	江苏农业科学	37
4	玉米科学	74	9	中国农学通报	34
5	微生物学杂志	70	10	作物杂志	34

2.4　合作发文机构 TOP10

2008—2017 年辽宁省农业科学院中文期刊合作发文机构 TOP10 见表 2-7。

表 2-7　2008—2017 年辽宁省农业科学院合作发文机构 TOP10　　单位：篇

排序	合作发文机构	发文量	排序	合作发文机构	发文量
1	沈阳农业大学	1 529	6	辽宁农业职业技术学院	51
2	中国农业科学院	251	7	黑龙江省农业科学院	46
3	中国科学院	69	8	沈阳师范大学	40
4	中国农业大学	65	9	东北农业大学	38
5	中华人民共和国农业农村部	53	10	辽宁工程技术大学	34

内蒙古农牧业科学院

1 英文期刊论文分析

分析数据来源于科学引文索引数据库（Web of Science，WOS）收录的文献类型为期刊论文（ARTICLE）、会议论文（PROCEEDINGS PAPER）和述评（REVIEW）的 Science Citation Index Expanded（SCIE）论文数据，数据时间范围为 2008—2017 年，共检索到内蒙古农牧业科学院作者发表的论文 88 篇。

1.1 发文量

2008—2017 年内蒙古农牧业科学院历年 SCI 发文与被引情况见表 1-1，内蒙古农牧业科学院英文文献历年发文趋势（2008—2017 年）见下图。

表 1-1　2008—2017 年内蒙古农牧业科学院历年 SCI 发文与被引情况

出版年	发文量（篇）	WOS 所有数据库总被引频次	WOS 核心库被引频次
2008 年	0	0	0
2009 年	0	0	0
2010 年	0	0	0
2011 年	2	2	2
2012 年	4	34	28
2013 年	9	92	72
2014 年	16	79	71
2015 年	15	52	45
2016 年	25	72	64
2017 年	17	9	8

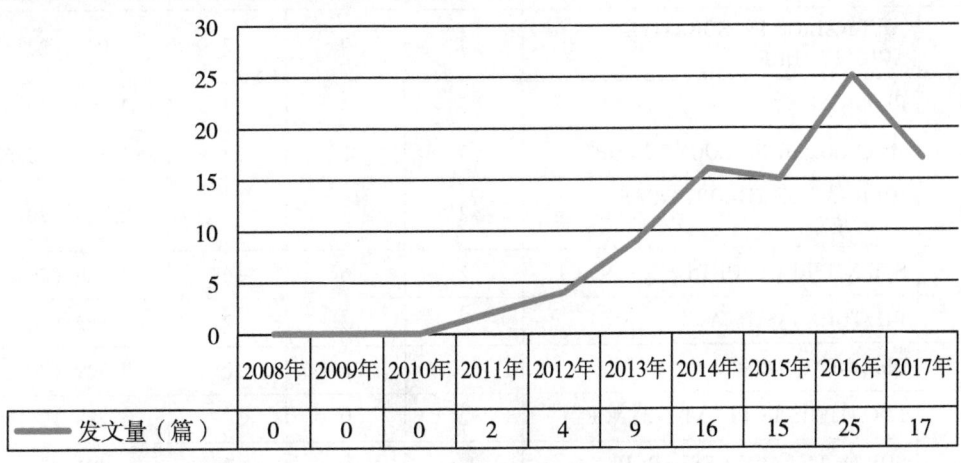

	2008年	2009年	2010年	2011年	2012年	2013年	2014年	2015年	2016年	2017年
—— 发文量（篇）	0	0	0	2	4	9	16	15	25	17

图　内蒙古农牧业科学院英文文献历年发文趋势（2008—2017 年）

1.2 高发文研究所 TOP10

2008—2017 年内蒙古农牧业科学院 SCI 高发文研究所 TOP10 见表 1-2。

表 1-2 2008—2017 年内蒙古农牧业科学院 SCI 高发文研究所 TOP10   单位：篇

排序	研究所	发文量
1	中国科学院内蒙古草业研究中心	17
2	内蒙古农牧业科学院动物营养与饲料研究所	11
3	内蒙古农牧业科学院生物技术研究中心	7
4	内蒙古农牧业科学院资源环境与检测技术研究所	6
5	内蒙古农牧业科学院植物保护研究所	3
5	内蒙古农牧业科学院农牧业经济与信息研究所	3
6	内蒙古农牧业科学院赤峰分院	1
6	内蒙古农牧业科学院草原研究所	1
6	内蒙古农牧业科学院兽医研究所	1

注：全部发文研究所数量不足 10 个。

1.3 高发文期刊 TOP10

2008—2017 年内蒙古农牧业科学院 SCI 高发文期刊 TOP10 见表 1-3。

表 1-3 2008—2017 年内蒙古农牧业科学院 SCI 高发文期刊 TOP10

排序	期刊名称	发文量（篇）	WOS 所有数据库总被引频次	WOS 核心库被引频次	期刊影响因子（最近年度）
1	GENETICS AND MOLECULAR RESEARCH	5	5	4	0.764 (2015)
2	JOURNAL OF INTEGRATIVE AGRICULTURE	4	9	7	1.042 (2016)
3	PLOS ONE	3	4	4	2.806 (2016)
4	MOLECULAR BIOLOGY REPORTS	3	32	22	1.828 (2016)
5	JOURNAL OF THEORETICAL BIOLOGY	2	3	3	2.113 (2016)
6	SCIENTIFIC REPORTS	2	6	6	4.259 (2016)
7	PHYTOPARASITICA	2	3	2	0.882 (2016)
8	BMC GENOMICS	2	38	30	3.729 (2016)
9	FRONTIERS IN PLANT SCIENCE	2	0	0	4.298 (2016)
10	SOIL & TILLAGE RESEARCH	2	16	13	3.401 (2016)

1.4 合作发文国家与地区 TOP10

2008—2017 年内蒙古农牧业科学院 SCI 合作发文国家与地区（合作发文 1 篇以上）TOP10 见表 1-4。

表 1-4 2008—2017 年内蒙古农牧业科学院 SCI 合作发文国家与地区 TOP10

排序	国家与地区	合作发文量	WOS 所有数据库总被引频次	WOS 核心库被引频次
1	美国	12	34	31
2	加拿大	8	43	38
3	澳大利亚	6	10	8
4	日本	4	21	19
5	苏格兰	3	20	18
6	荷兰	2	2	2
7	波兰	2	19	17

注：2008—2017 年合作发文 1 篇以上的国家与地区数量不足 10 个

1.5 合作发文机构 TOP10

2008—2017 年内蒙古农牧业科学院 SCI 合作发文机构 TOP10 见表 1-5。

表 1-5 2008—2017 年内蒙古农牧业科学院 SCI 合作发文机构 TOP10

排序	合作发文机构	发文量	WOS 所有数据库总被引频次	WOS 核心库被引频次
1	中国科学院	28	90	78
2	内蒙古农业大学	20	42	37
3	中国农业大学	15	63	57
4	内蒙古大学	14	29	26
5	中国农业科学院	11	67	55
6	沈阳农业大学	7	9	9
7	中华人民共和国农业农村部	6	16	15
8	澳大利亚西澳大学	5	10	8
9	加拿大农业及农业食品部	4	19	16
10	河北省农林科学院	3	9	7

1.6 高被引论文 TOP10

2008—2017 年内蒙古农牧业科学院发表的 SCI 高被引论文 TOP10 见表 1-6，内蒙古农牧业科学院以第一或通讯作者完成单位发表的 SCI 高被引论文 TOP10 见表 1-7。

表 1-6 2008—2017 年内蒙古农牧业科学院 SCI 高被引论文 TOP10

排序	标题	WOS 所有数据库总被引频次	WOS 核心库被引频次	作者机构	出版年份	期刊名称	期刊影响因子（最近年度）
1	Analysis of copy number variations in the sheep genome using 50K SNP BeadChip array	35	28	内蒙古农牧业科学院动物营养与饲料研究所	2013 年	BMC GENOMICS	3.729 (2016)
2	Cloning, characterisation and expression profiling of the cDNA encoding the ryanodine receptor in diamondback moth, Plutella xylostella (L.) (Lepidoptera：Plutellidae)	24	21	中国科学院内蒙古草业研究中心	2012 年	PEST MANAGEMENT SCIENCE	3.253 (2016)
3	Leptosphaeria spp., phoma stem canker and potential spread of L. maculans on oilseed rape crops in China	18	16	内蒙古农牧业科学院	2014 年	PLANT PATHOLOGY	2.425 (2016)
4	MODIS normalized difference vegetation index (NDVI) and vegetation phenology dynamics in the Inner Mongolia grassland	17	15	内蒙古农牧业科学院生物技术研究中心	2015 年	SOLID EARTH	3.495 (2016)
5	Cloning and characterization of dehydrin gene from Ammopiptanthus mongolicus	14	7	内蒙古农牧业科学院	2013 年	MOLECULAR BIOLOGY REPORTS	1.828 (2016)
6	Spatial variations and distributions of phosphorus and nitrogen in bottom sediments from a typical north-temperate lake, China	14	11	内蒙古农牧业科学院资源环境与检测技术研究所	2014 年	ENVIRONMENTAL EARTH SCIENCES	1.569 (2016)
7	The effect of myostatin silencing by lentiviral-mediated RNA interference on goat fetal fibroblasts	13	11	内蒙古农牧业科学院动物营养与饲料研究所	2013 年	MOLECULAR BIOLOGY REPORTS	1.828 (2016)

（续表）

排序	标题	WOS 所有数据库总被引频次	WOS 核心库被引频次	作者机构	出版年份	期刊名称	期刊影响因子（最近年度）
8	Spatial and seasonal variations of pesticide contamination in agricultural soils and crops sample from an intensive horticulture area of Hohhot, North-West China	11	11	内蒙古农牧业科学院资源环境与检测技术研究所	2013 年	ENVIRONMENTAL MONITORING AND ASSESSMENT	1.687（2016）
9	Effect of conservation farming practices on soil organic matter and stratification in a mono-cropping system of Northern China	10	9	内蒙古农牧业科学院	2016 年	SOIL & TILLAGE RESEARCH	3.401（2016）
10	A Study on BMPR-IB Genes of Bayanbulak Sheep	9	6	内蒙古农牧业科学院	2013 年	ASIAN-AUSTRALASIAN JOURNAL OF ANIMAL SCIENCES	0.86（2016）

表 1-7　2008—2017 年内蒙古农牧业科学院 SCI 高被引论文 TOP10（第一或通讯作者完成单位）

排序	标题	WOS 所有数据库总被引频次	WOS 核心库被引频次	作者机构	出版年份	期刊名称	期刊影响因子（最近年度）
1	Adaptive Evolution of the STRA6 Genes in Mammalian	3	3	中国科学院内蒙古草业研究中心，内蒙古农牧业科学院动物营养与饲料研究所	2014 年	PLOS ONE	2.806（2016）
2	Hair follicle transcriptome profiles during the transition from anagen to catagen in Cashmere goat（Capra hircus）	3	3	中国科学院内蒙古草业研究中心，内蒙古农牧业科学院动物营养与饲料研究所	2015 年	GENETICS AND MOLECULAR RESEARCH	0.764（2015）
3	Reverse Transcription Cross-Priming Amplification-Nucleic Acid Test Strip for Rapid Detection of Porcine Epidemic Diarrhea Virus	3	3	内蒙古农牧业科学院兽医研究所	2016 年	SCIENTIFIC REPORTS	4.259（2016）

（续表）

排序	标题	WOS 所有数据库总被引频次	WOS 核心库被引频次	作者机构	出版年份	期刊名称	期刊影响因子（最近年度）
4	Adaptive Evolution of Hoxc13 Genes in the Origin and Diversification of the Vertebrate Integument	2	2	中国科学院内蒙古草业研究中心，内蒙古农牧业科学院	2013 年	JOURNAL OF EXPERIMENTAL ZOOLOGY PART B-MOLECULAR AND DEVELOPMENTAL EVOLUTION	2.387（2016）
5	Use of the N-alkanes to Estimate Intake, Apparent Digestibility and Diet Composition in Sheep Grazing on Stipa breviflora Desert Steppe	2	2	中国科学院内蒙古草业研究中心，内蒙古农牧业科学院动物营养与饲料研究所	2014 年	JOURNAL OF INTEGRATIVE AGRICULTURE	1.042（2016）
6	Efficient Detection of Leptosphaeria maculans from Infected Seed lots of Oilseed Rape	1	1	内蒙古农牧业科学院植物保护研究所	2016 年	JOURNAL OF PHYTOPATHOLOGY	0.853（2016）

注：被引频次大于 0 的全部发文数量不足 10 篇。

1.7　高频词 TOP20

2008—2017 年内蒙古农牧业科学院 SCI 发文高频词（作者关键词）TOP20 见表 1-8。

表 1-8　2008—2017 年内蒙古农牧业科学院 SCI 发文高频词（作者关键词）TOP20

排序	关键词（作者关键词）	频次	排序	关键词（作者关键词）	频次
1	ISSR	3	11	desert wormwood	2
2	RNA-Seq	3	12	mRNA	2
3	Optimal matched segments	3	13	sheep	2
4	Gene expression	3	14	Cashmere goat	2
5	Introns	3	15	Climate	2
6	wheat	3	16	Embryo culture	2
7	Precipitation	2	17	Mongolian horse	2
8	fermentation quality	2	18	Nitrogen fertiliser	2
9	Potato	2	19	Inner Mongolia	2
10	Chinese cabbage	2	20	Polymorphism	2

2 中文期刊论文分析

2008—2017年，中国农业科技文献数据库（CASDD）共收录由内蒙古农牧业科学院作者发表的中文期刊论文 2 630篇，其中北大中文核心期刊论文 801 篇，中国科学引文数据库（CSCD）期刊论文 438 篇。

2.1 发文量

2008—2017 年内蒙古农牧业科学院中文文献历年发文趋势（2008—2017 年）见下图。

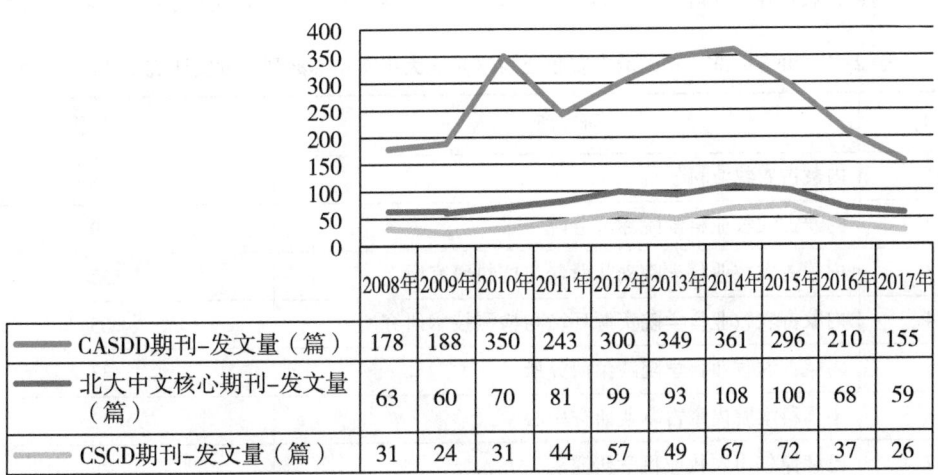

	2008年	2009年	2010年	2011年	2012年	2013年	2014年	2015年	2016年	2017年
CASDD期刊–发文量（篇）	178	188	350	243	300	349	361	296	210	155
北大中文核心期刊–发文量（篇）	63	60	70	81	99	93	108	100	68	59
CSCD期刊–发文量（篇）	31	24	31	44	57	49	67	72	37	26

图 内蒙古农牧业科学院中文文献历年发文趋势（2008—2017 年）

2.2 高发文研究所 TOP10

2008—2017 年内蒙古农牧业科学院 CASDD 期刊高发文研究所 TOP10 见表 2-1，2008—2017 年内蒙古农牧业科学院北大中文核心期刊高发文研究所 TOP10 见表 2-2，2008—2017 年内蒙古农牧业科学院中国科学引文数据库（CSCD）期刊高发文研究所 TOP10 见表 2-3。

表 2-1 2008—2017 年内蒙古农牧业科学院 CASDD 期刊高发文研究所 TOP10 单位：篇

排序	研究所	发文量
1	内蒙古农牧业科学院	904
2	内蒙古农牧业科学院赤峰分院	732
3	内蒙古农牧业科学院动物营养与饲料研究所	247
4	巴彦淖尔市农牧业科学研究院	128
5	内蒙古农牧业科学院资源环境与检测技术研究所	113

（续表）

排序	研究所	发文量
6	内蒙古农牧业科学院蔬菜研究所	74
7	内蒙古农牧业科学院植物保护研究所	73
8	内蒙古农牧业科学院畜牧研究所	70
8	内蒙古农牧业科学院兽医研究所	70
9	中国科学院内蒙古草业研究中心	63
10	内蒙古农牧业科学院草原研究所	55
11	内蒙古农牧业科学院农牧业经济与信息研究所	41

注："内蒙古农牧业科学院"发文包括作者单位只标注为"内蒙古农牧业科学院"、院属实验室等。

表2-2 2008—2017年内蒙古农牧业科学院北大中文核心期刊高发文研究所TOP10 单位：篇

排序	研究所	发文量
1	内蒙古农牧业科学院	248
2	内蒙古农牧业科学院赤峰分院	219
3	内蒙古农牧业科学院动物营养与饲料研究所	133
4	内蒙古农牧业科学院资源环境与检测技术研究所	65
5	内蒙古农牧业科学院蔬菜研究所	33
6	中国科学院内蒙古草业研究中心	32
7	巴彦淖尔市农牧业科学研究院	26
8	内蒙古农牧业科学院植物保护研究所	18
9	内蒙古农牧业科学院畜牧研究所	13
10	内蒙古农牧业科学院兽医研究所	12
11	内蒙古农牧业科学院生物技术研究中心	10

注："内蒙古农牧业科学院"发文包括作者单位只标注为"内蒙古农牧业科学院"、院属实验室等。

表2-3 2008—2017年内蒙古农牧业科学院CSCD期刊高发文研究所TOP10 单位：篇

排序	研究所	发文量
1	内蒙古农牧业科学院	164
2	内蒙古农牧业科学院赤峰分院	87
3	内蒙古农牧业科学院资源环境与检测技术研究所	54
4	内蒙古农牧业科学院动物营养与饲料研究所	45
5	中国科学院内蒙古草业研究中心	22
6	巴彦淖尔市农牧业科学研究院	15

（续表）

排序	研究所	发文量
6	内蒙古农牧业科学院植物保护研究所	15
7	内蒙古农牧业科学院蔬菜研究所	12
8	内蒙古农牧业科学院生物技术研究中心	10
9	内蒙古农牧业科学院作物育种与栽培研究所	9
10	内蒙古农牧业科学院特色作物研究所	8
10	内蒙古自治区园艺所	8
11	内蒙古农牧业科学院草原研究所	5
11	内蒙古农牧业科学院兽医研究所	5

注："内蒙古农牧业科学院"发文包括作者单位只标注为"内蒙古农牧业科学院"、院属实验室等。

2.3　高发文期刊 TOP10

2008—2017 年内蒙古农牧业科学院高发文 CASDD 期刊 TOP10 见表 2-4，2008—2017 年内蒙古农牧业科学院高发文北大中文核心期刊 TOP10 见表 2-5，2008—2017 年内蒙古农牧业科学院高发文 CSCD 期刊 TOP10 见表 2-6。

表 2-4　2008—2017 年内蒙古农牧业科学院高发文期刊（CASDD）TOP10　　单位：篇

排序	期刊名称	发文量	排序	期刊名称	发文量
1	畜牧与饲料科学	579	6	饲料工业	68
2	内蒙古农业科技	419	7	动物营养学报	54
3	当代畜禽养殖业	104	8	黑龙江畜牧兽医	49
4	北方农业学报	75	9	现代农业	35
5	华北农学报	73	10	饲料研究	34

表 2-5　2008—2017 年内蒙古农牧业科学院高发文期刊（北大中文核心）TOP10　单位：篇

排序	期刊名称	发文量	排序	期刊名称	发文量
1	华北农学报	73	6	中国畜牧兽医	27
2	饲料工业	68	7	内蒙古农业大学学报（自然科学版）	27
3	动物营养学报	54	8	种子	26
4	黑龙江畜牧兽医	49	9	作物杂志	23
5	饲料研究	31	10	北方园艺	22

表2-6　2008—2017年内蒙古农牧业科学院高发文期刊（CSCD）TOP10　　　　单位：篇

排序	期刊名称	发文量	排序	期刊名称	发文量
1	华北农学报	73	7	中国草地学报	14
2	动物营养学报	42	8	农业工程学报	12
3	作物杂志	21	9	中国农业大学学报	8
4	种子	19	10	中国农业科学	8
5	草业科学	15	10	干旱地区农业研究	8
6	中国农学通报	15			

2.4　合作发文机构TOP10

2008—2017年内蒙古农牧业科学院中文期刊合作发文机构TOP10见表2-7。

表2-7　2008—2017年内蒙古农牧业科学院合作发文机构TOP10　　　　单位：篇

排序	合作发文机构	发文量	排序	合作发文机构	发文量
1	内蒙古农业大学	1 200	6	内蒙古民族大学	51
2	内蒙古大学	187	7	中华人民共和国农业农村部	42
3	中国农业大学	168	8	西北农林科技大学	30
4	中国农业科学院	157	9	内蒙古医科大学	29
5	中国科学院	152	10	江西省农业科学院	29

宁夏农林科学院

1 英文期刊论文分析

分析数据来源于科学引文索引数据库（Web of Science，WOS）收录的文献类型为期刊论文（ARTICLE）、会议论文（PROCEEDINGS PAPER）和述评（REVIEW）的 Science Citation Index Expanded（SCIE）论文数据，数据时间范围为 2008—2017 年，共检索到宁夏农林科学院作者发表的论文 68 篇。

1.1 发文量

2008—2017 年宁夏农林科学院历年 SCI 发文与被引情况见表 1-1，宁夏农林科学院英文文献历年发文趋势（2008—2017 年）见下图。

表 1-1 2008—2017 年宁夏农林科学院历年 SCI 发文与被引情况

出版年	发文量（篇）	WOS 所有数据库总被引频次	WOS 核心库被引频次
2008 年	7	124	102
2009 年	2	16	14
2010 年	3	48	37
2011 年	1	0	0
2012 年	3	51	29
2013 年	3	14	12
2014 年	9	63	51
2015 年	8	78	60
2016 年	14	40	34
2017 年	18	15	12

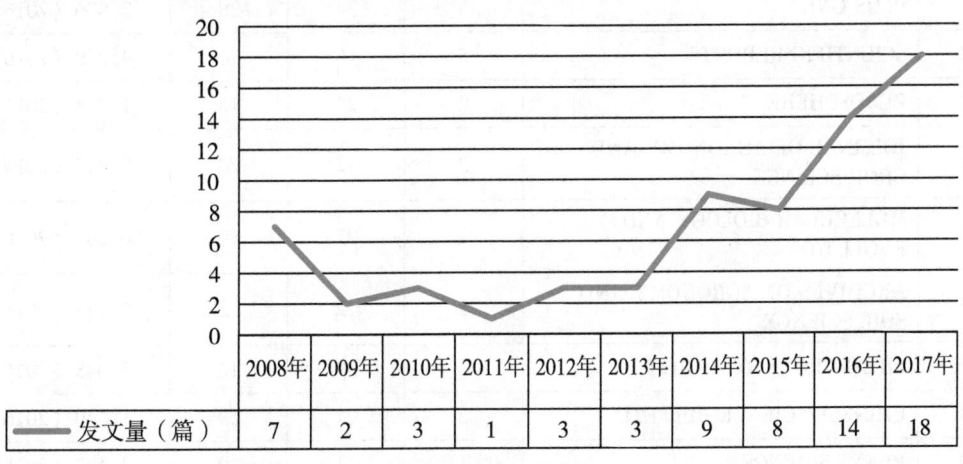

	2008年	2009年	2010年	2011年	2012年	2013年	2014年	2015年	2016年	2017年
——发文量（篇）	7	2	3	1	3	3	9	8	14	18

图 宁夏农林科学院英文文献历年发文趋势（2008—2017 年）

1.2 高发文研究所 TOP10

2008—2017 年宁夏农林科学院 SCI 高发文研究所 TOP10 见表 1-2。

表 1-2　2008—2017 年宁夏农林科学院 SCI 高发文研究所 TOP10　　　单位：篇

排序	研究所	发文量
1	宁夏农林科学院农作物研究所	13
2	宁夏农林科学院农业生物技术研究中心	12
3	宁夏农林科学院荒漠化治理研究所	11
4	宁夏农林科学院农业资源与环境研究所	7
5	宁夏农林科学院动物科学研究所	6
6	宁夏农林科学院植物保护研究所	4
6	宁夏农林科学院枸杞工程技术研究所	4
7	宁夏农林科学院固原分院	2
7	宁夏农林科学院种质资源研究所	2
8	宁夏农林科学院农业经济与信息技术研究所	1

1.3 高发文期刊 TOP10

2008—2017 年宁夏农林科学院 SCI 高发文期刊 TOP10 见表 1-3。

表 1-3　2008—2017 年宁夏农林科学院 SCI 高发文期刊 TOP10

排序	期刊名称	发文量（篇）	WOS 所有数据库总被引频次	WOS 核心库被引频次	期刊影响因子（最近年度）
1	PLOS ONE	5	34	26	2.806（2016）
2	SCIENTIFIC REPORTS	5	5	4	4.259（2016）
3	PEDOSPHERE	2	23	18	1.734（2016）
4	JOURNAL OF AGRONOMY AND CROP SCIENCE	2	32	28	2.727（2016）
5	MOLECULAR BIOLOGY AND EVOLUTION	2	22	18	6.202（2016）
6	ARCHIVES OF AGRONOMY AND SOIL SCIENCE	2	2	2	2.137（2016）
7	FIELD CROPS RESEARCH	2	29	13	3.048（2016）
8	CHINESE SCIENCE BULLETIN	2	27	19	1.649（2016）
9	PLANT SCIENCE	1	11	9	3.437（2016）

（续表）

排序	期刊名称	发文量（篇）	WOS 所有数据库总被引频次	WOS 核心库被引频次	期刊影响因子（最近年度）
10	LAND DEGRADATION & DEVELOPMENT	1	4	4	9.787（2016）

1.4 合作发文国家与地区 TOP10

2008—2017 年宁夏农林科学院 SCI 合作发文国家与地区（合作发文 1 篇以上）TOP10 见表 1-4。

表 1-4 2008—2017 年宁夏农林科学院 SCI 合作发文国家与地区 TOP10

排序	国家与地区	合作发文量	WOS 所有数据库总被引频次	WOS 核心库被引频次
1	澳大利亚	4	59	49
2	加拿大	3	9	4
3	芬兰	3	29	23
4	日本	2	5	5
5	美国	2	19	14
6	巴基斯坦	2	24	19
7	韩国	2	3	3
8	肯尼亚	2	22	18
9	法国	2	13	10

注：2008—2017 年合作发文 1 篇以上的国家与地区数量不足 10 个

1.5 合作发文机构 TOP10

2008—2017 年宁夏农林科学院 SCI 合作发文机构 TOP10 见表 1-5。

表 1-5 2008—2017 年宁夏农林科学院 SCI 合作发文机构 TOP10

排序	合作发文机构	发文量	WOS 所有数据库总被引频次	WOS 核心库被引频次
1	中国科学院	21	189	149
2	中国农业科学院	19	138	107
3	西北农林科技大学	17	99	85
4	中国农业大学	10	110	79

（续表）

排序	合作发文机构	发文量	WOS 所有数据库总被引频次	WOS 核心库被引频次
5	甘肃农业大学	7	69	52
6	宁夏大学	6	52	44
7	宁夏医科大学	5	34	27
8	南京农业大学	5	43	34
9	云南农业大学	4	36	30
10	东芬兰大学	3	29	23

1.6 高被引论文 TOP10

2008—2017年宁夏农林科学院发表的 SCI 高被引论文 TOP10 见表1-6，宁夏农林科学院以第一或通讯作者完成单位发表的 SCI 高被引论文 TOP10 见表1-7。

表1-6　2008—2017年宁夏农林科学院 SCI 高被引论文 TOP10

排序	标题	WOS 所有数据库总被引频次	WOS 核心库被引频次	作者机构	出版年份	期刊名称	期刊影响因子（最近年度）
1	Association between % SDS-unextractable polymeric protein（% UPP）and end-use quality in Chinese bread wheat cultivars	29	23	宁夏农林科学院农作物研究所	2008年	CEREAL CHEMISTRY	0.978（2016）
2	Simulation of nitrate leaching under irrigated maize on sandy soil in desert oasis in Inner Mongolia, China	28	26	宁夏农林科学院农业生物技术研究中心	2008年	AGRICULTURAL WATER MANAGEMENT	2.848（2016）
3	Modeling Nitrate Leaching and Optimizing Water and Nitrogen Management under Irrigated Maize in Desert Oases in Northwestern China	26	19	宁夏农林科学院农业生物技术研究中心	2010年	JOURNAL OF ENVIRONMENTAL QUALITY	2.344（2016）
4	Maize/faba bean intercropping with rhizobia inoculation enhances productivity and recovery of fertilizer P in a reclaimed desert soil	25	12	宁夏农林科学院农业资源与环境研究所，宁夏农林科学院农作物研究所	2012年	FIELD CROPS RESEARCH	3.048（2016）

（续表）

排序	标题	WOS 所有数据库总被引频次	WOS 核心库被引频次	作者机构	出版年份	期刊名称	期刊影响因子（最近年度）
5	Aggregate Characteristics During Natural Revegetation on the Loess Plateau	23	18	宁夏农林科学院农业资源与环境研究所	2008 年	PEDOSPHERE	1.734（2016）
6	Changes in sugars and organic acids in wolfberry (Lycium barbarum L.) fruit during development and maturation	22	15	宁夏农林科学院枸杞工程技术研究所，宁夏农林科学院荒漠化治理研究所	2015 年	FOOD CHEMISTRY	4.529（2016）
7	Lycium barbarum polysaccharides as an adjuvant for recombinant vaccine through enhancement of humoral immunity by activating Tfh cells	21	17	宁夏农林科学院	2014 年	VETERINARY IMMUNOLOGY AND IMMUNOPATHOLOGY	1.718（2016）
8	Mitogenomic Meta-Analysis Identifies Two Phases of Migration in the History of Eastern Eurasian Sheep	21	17	宁夏农林科学院动物科学研究所	2015 年	MOLECULAR BIOLOGY AND EVOLUTION	6.202（2016）
9	Combinational transformation of three wheat genes encoding fructan biosynthesis enzymes confers increased fructan content and tolerance to abiotic stresses in tobacco	18	13	宁夏农林科学院农作物研究所	2012 年	PLANT CELL REPORTS	2.869（2016）
10	Relationship between Carbon Isotope Discrimination, Mineral Content and Gas Exchange Parameters in Vegetative Organs of Wheat Grown under Three Different Water Regimes	17	13	宁夏农林科学院农业生物技术研究中心	2010 年	JOURNAL OF AGRONOMY AND CROP SCIENCE	2.727（2016）

表1-7　2008—2017 年宁夏农林科学院 SCI 高被引论文 TOP10（第一或通讯作者完成单位）

排序	标题	WOS 所有数据库总被引频次	WOS 核心库被引频次	作者机构	出版年份	期刊名称	期刊影响因子（最近年度）
1	Transcriptome Profiling of the Potato（Solanum tuberosum L.）Plant under Drought Stress and Water-Stimulus Conditions	16	13	宁夏农林科学院农业生物技术研究中心，宁夏农林科学院固原分院	2015 年	PLOS ONE	2.806（2016）
2	Greenhouse tomato-cucumber yield and soil N leaching as affected by reducing N rate and adding manure：a case study in the Yellow River Irrigation Region China	8	4	宁夏农林科学院农业资源与环境研究所	2012 年	NUTRIENT CYCLING IN AGROECOSYSTEMS	1.843（2016）
3	Effect of silicon on seed germination and the physiological characteristics of Glycyrrhiza uralensis under different levels of salinity	5	4	宁夏农林科学院荒漠化治理研究所	2015 年	JOURNAL OF HORTICULTURAL SCIENCE & BIOTECHNOLOGY	0.538（2016）
4	LbCML38 and LbRH52, two reference genes derived from RNASeq data suitable for assessing gene expression in Lycium barbarum L.	2	1	宁夏农林科学院农业生物技术研究中心	2016 年	SCIENTIFIC REPORTS	4.259（2016）
5	Large-scale prediction of microRNA-disease associations by combinatorial prioritization algorithm	2	2	宁夏农林科学院农业生物技术研究中心	2017 年	SCIENTIFIC REPORTS	4.259（2016）
6	Mass trapping of apple leafminer, Phyllonorycter ringoniella with sex pheromone traps in apple orchards	2	2	宁夏农林科学院种质资源研究所	2017 年	JOURNAL OF ASIA-PACIFIC ENTOMOLOGY	1.046（2016）

注：被引频次大于 0 的全部发文数量不足 10 篇。

1.7　高频词 TOP20

2008—2017 年宁夏农林科学院 SCI 发文高频词（作者关键词）TOP20 见表 1-8。

表 1-8　2008—2017 年宁夏农林科学院 SCI 发文高频词（作者关键词）TOP20

排序	关键词（作者关键词）	频次	排序	关键词（作者关键词）	频次
1	carbon isotope discrimination	4	11	Wheat（Triticum aestivum L.）	2
2	harvest index	3	12	Ovis aries	2
3	Wheat	2	13	Glycyrrhiza uralensis	2
4	Grain yield	2	14	Water-soluble carbohydrate	2
5	ash content	2	15	SNP	2
6	Water drainage	2	16	drought	2
7	Silicon	2	17	Antioxidant enzymes	2
8	Maize	2	18	Desert oasis	2
9	Nitrate leaching	2	19	particulate organic C	1
10	Irrigation	2	20	Follicular helper T cells	1

2　中文期刊论文分析

2008—2017 年，中国农业科技文献数据库（CASDD）共收录由宁夏农林科学院作者发表的中文期刊论文 3 064篇，其中北大中文核心期刊论文 1 521篇，中国科学引文数据库（CSCD）期刊论文 815 篇。

2.1　发文量

2008—2017 年宁夏农林科学院中文文献历年发文趋势（2008—2017 年）见下图。

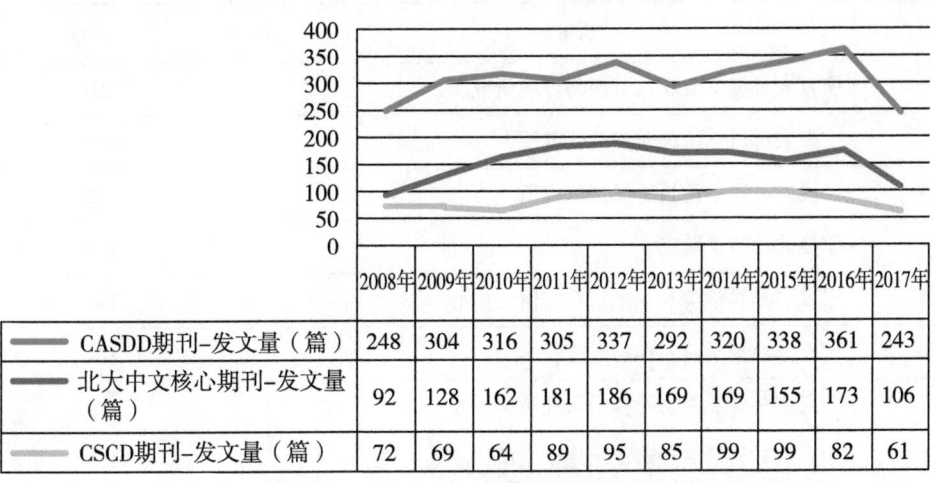

图　宁夏农林科学院中文文献历年发文趋势（2008—2017 年）

2.2 高发文研究所 TOP10

2008—2017年宁夏农林科学院 CASDD 期刊高发文研究所 TOP10 见表2-1，2008—2017年宁夏农林科学院北大中文核心期刊高发文研究所 TOP10 见表2-2，2008—2017年宁夏农林科学院中国科学引文数据库（CSCD）期刊高发文研究所 TOP10 见表2-3。

表2-1　2008—2017年宁夏农林科学院 CASDD 期刊高发文研究所 TOP10　　单位：篇

排序	研究所	发文量
1	宁夏农林科学院	411
2	宁夏农林科学院种质资源研究所	387
3	宁夏农林科学院农作物研究所	383
4	宁夏农林科学院农业资源与环境研究所	356
5	宁夏农林科学院植物保护研究所	280
6	宁夏农林科学院动物科学研究所	266
7	宁夏农林科学院荒漠化治理研究所	256
8	宁夏农林科学院农业生物技术研究中心	226
9	宁夏农林科学院农业经济与信息技术研究所	163
10	宁夏农林科学院枸杞工程技术研究所	158
11	宁夏农林科学院质量标准与检测技术研究所	115

注："宁夏农林科学院"发文包括作者单位只标注为"宁夏农林科学院"、院属实验室等。

表2-2　2008—2017年宁夏农林科学院北大中文核心期刊高发文研究所 TOP10　　单位：篇

排序	研究所	发文量
1	宁夏农林科学院农业资源与环境研究所	219
2	宁夏农林科学院种质资源研究所	212
3	宁夏农林科学院植物保护研究所	183
4	宁夏农林科学院	175
5	宁夏农林科学院农业生物技术研究中心	167
6	宁夏农林科学院农作物研究所	161
7	宁夏农林科学院动物科学研究所	132
8	宁夏农林科学院荒漠化治理研究所	122
9	宁夏农林科学院枸杞工程技术研究所	112

（续表）

排序	研究所	发文量
10	宁夏农林科学院质量标准与检测技术研究所	60
11	宁夏农林科学院农业经济与信息技术研究所	43

注："宁夏农林科学院"发文包括作者单位只标注为"宁夏农林科学院"、院属实验室等。

表2-3　2008—2017年宁夏农林科学院CSCD期刊高发文研究所TOP10　　单位：篇

排序	研究所	发文量
1	宁夏农林科学院农业资源与环境研究所	142
2	宁夏农林科学院农业生物技术研究中心	137
3	宁夏农林科学院农作物研究所	127
4	宁夏农林科学院荒漠化治理研究所	112
5	宁夏农林科学院	94
6	宁夏农林科学院植物保护研究所	91
7	宁夏农林科学院种质资源研究所	61
8	宁夏农林科学院枸杞工程技术研究所	57
9	宁夏农林科学院质量标准与检测技术研究所	30
10	宁夏农林科学院固原分院	13
11	宁夏农林科学院银北盐碱土改良试验站	7
11	宁夏农林科学院枸杞研究所	7
11	宁夏农林科学院动物科学研究所	7

注："宁夏农林科学院"发文包括作者单位只标注为"宁夏农林科学院"、院属实验室等。

2.3　高发文期刊TOP10

2008—2017年宁夏农林科学院高发文CASDD期刊TOP10见表2-4，2008—2017年宁夏农林科学院高发文北大中文核心期刊TOP10见表2-5，2008—2017年宁夏农林科学院高发文CSCD期刊TOP10见表2-6。

表2-4　2008—2017年宁夏农林科学院高发文期刊（CASDD）TOP10　　单位：篇

排序	期刊名称	发文量	排序	期刊名称	发文量
1	宁夏农林科技	774	6	中国农学通报	93
2	北方园艺	224	7	现代农业科技	83
3	安徽农业科学	153	8	江苏农业科学	58
4	黑龙江畜牧兽医	129	9	农业科学研究	41
5	西北农业学报	115	10	种子	37

表2-5　2008—2017年宁夏农林科学院高发文期刊（北大中文核心）TOP10　　单位：篇

排序	期刊名称	发文量	排序	期刊名称	发文量
1	北方园艺	224	6	江苏农业科学	58
2	黑龙江畜牧兽医	129	7	种子	37
3	安徽农业科学	125	8	干旱地区农业研究	31
4	西北农业学报	115	9	水土保持研究	30
5	中国农学通报	59	10	麦类作物学报	26

表2-6　2008—2017年宁夏农林科学院高发文期刊（CSCD）TOP10　　单位：篇

排序	期刊名称	发文量	排序	期刊名称	发文量
1	西北农业学报	115	7	西北植物学报	22
2	中国农学通报	65	8	西北农林科技大学学报（自然科学版）	19
3	种子	33	9	水土保持通报	19
4	干旱地区农业研究	31	10	安徽农业科学	15
5	水土保持研究	30	10	干旱区资源与环境	15
6	麦类作物学报	26			

2.4　合作发文机构 TOP10

2008—2017年宁夏农林科学院中文期刊合作发文机构TOP10见表2-7。

表2-7　2008—2017年宁夏农林科学院合作发文机构TOP10　　单位：篇

排序	合作发文机构	发文量	排序	合作发文机构	发文量
1	宁夏大学	649	6	宁夏畜牧工作站	70
2	西北农林科技大学	243	7	中国科学院	58
3	中国农业科学院	237	8	宁夏医科大学	42
4	中华人民共和国农业农村部	163	9	宁夏职业技术学院	40
5	中国农业大学	104	10	宁夏农业综合开发办公室	39

青海省农林科学院

1 英文期刊论文分析

分析数据来源于科学引文索引数据库（Web of Science，WOS）收录的文献类型为期刊论文（ARTICLE）、会议论文（PROCEEDINGS PAPER）和述评（REVIEW）的 Science Citation Index Expanded（SCIE）论文数据，数据时间范围为 2008—2017 年，共检索到青海省农林科学院作者发表的论文 41 篇。

1.1 发文量

2008—2017 年青海省农林科学院历年 SCI 发文与被引情况见表 1-1，青海省农林科学院英文文献历年发文趋势（2008—2017 年）见下图。

表 1-1　2008—2017 年青海省农林科学院历年 SCI 发文与被引情况

出版年	发文量（篇）	WOS 所有数据库总被引频次	WOS 核心库被引频次
2008 年	0	0	0
2009 年	0	0	0
2010 年	1	6	5
2011 年	0	0	0
2012 年	2	31	26
2013 年	4	33	23
2014 年	5	292	269
2015 年	12	65	58
2016 年	7	11	11
2017 年	10	3	3

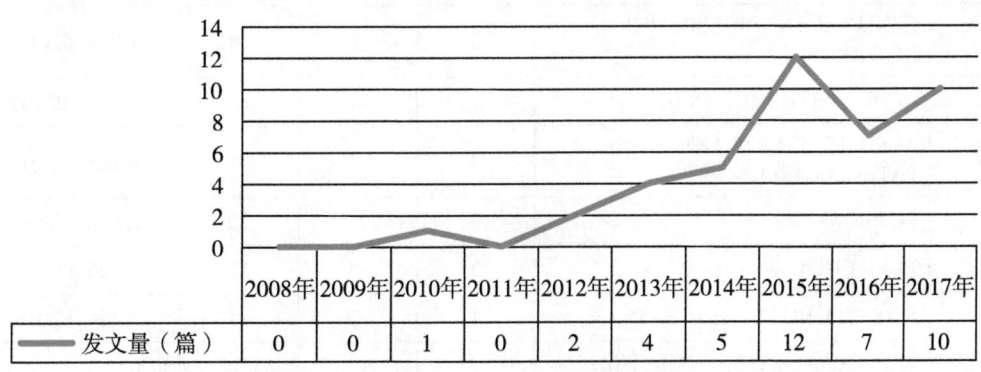

图　青海省农林科学院英文文献历年发文趋势（2008—2017 年）

1.2 高发文研究所 TOP10

2008—2017 年青海省农林科学院 SCI 高发文研究所 TOP10 见表 1-2。

表 1-2 2008—2017 年青海省农林科学院 SCI 高发文研究所 TOP10 单位：篇

排序	研究所	发文量
1	青海省农林科学院林业科学研究所	39
2	青海省农林科学院土壤肥料研究所	6
3	青海省农林科学院作物育种栽培研究所	4
3	青海省农林科学院春油菜研究所	4
4	青海省农林科学院植物保护研究所	3
5	青海省农林科学院园艺研究所	2
6	青海省农林科学院生物技术研究所	1

注：2008—2017 年间全部发文研究所数量不足 10 个。

1.3 高发文期刊 TOP10

2008—2017 年青海省农林科学院 SCI 高发文期刊 TOP10 见表 1-3。

表 1-3 2008—2017 年青海省农林科学院 SCI 高发文期刊 TOP10

排序	期刊名称	发文量（篇）	WOS 所有数据库总被引频次	WOS 核心库被引频次	期刊影响因子（最近年度）
1	JOURNAL OF INTEGRATIVE AGRICULTURE	5	16	11	1.042（2016）
2	THEORETICAL AND APPLIED GENETICS	3	41	35	4.132（2016）
3	MOLECULAR BREEDING	3	12	10	2.465（2016）
4	GENETICS AND MOLECULAR RESEARCH	3	8	8	0.764（2015）
5	ALLELOPATHY JOURNAL	2	1	1	1.05（2016）
6	AUSTRALASIAN PLANT PATHOLOGY	2	6	5	1.085（2016）
7	PLOS ONE	2	21	20	2.806（2016）
8	EUPHYTICA	2	15	12	1.626（2016）
9	SCIENTIA HORTICULTURAE	1	7	5	1.624（2016）
10	SPECTROSCOPY AND SPECTRAL ANALYSIS	1	0	0	0.344（2016）

1.4 合作发文国家与地区 TOP10

2008—2017 年青海省农林科学院 SCI 合作发文国家与地区（合作发文 1 篇以上）TOP10 见表 1-4。

表 1-4 2008—2017 年青海省农林科学院 SCI 合作发文国家与地区 TOP10

排序	国家与地区	合作发文量	WOS 所有数据库总被引频次	WOS 核心库被引频次
1	美国	7	293	273
2	日本	4	9	5
3	英格兰	4	270	250
4	加拿大	3	270	252
5	澳大利亚	3	279	259
6	丹麦	2	265	243

注：2008—2017 年合作发文 1 篇以上的国家与地区数量不足 10 个

1.5 合作发文机构 TOP10

2008—2017 年青海省农林科学院 SCI 合作发文机构 TOP10 见表 1-5。

表 1-5 2008—2017 年青海省农林科学院 SCI 合作发文机构 TOP10

排序	合作发文机构	发文量	WOS 所有数据库总被引频次	WOS 核心库被引频次
1	中国农业科学院	7	273	251
2	华中农业大学	7	295	274
3	西北农林科技大学	7	53	44
4	中国科学院	6	20	20
5	鹿儿岛大学	4	9	5
6	中国农业大学	3	14	9
7	东北农业大学	2	1	1
8	哥本哈根大学	2	265	243
9	伦敦大学	2	12	10
10	中华人民共和国农业农村部	2	7	6
10	湖南农业大学	2	260	242
10	中华人民共和国教育部	2	1	1

1.6 高被引论文 TOP10

2008—2017 年青海省农林科学院发表的 SCI 高被引论文 TOP10 见表 1-6，青海省农林科学院以第一或通讯作者完成单位发表的 SCI 高被引论文 TOP10 见表 1-7。

表 1-6　2008—2017 年青海省农林科学院 SCI 高被引论文 TOP10

排序	标题	WOS 所有数据库总被引频次	WOS 核心库被引频次	作者机构	出版年份	期刊名称	期刊影响因子（最近年度）
1	The Brassica oleracea genome reveals the asymmetrical evolution of polyploid genomes	258	240	青海省农林科学院林业科学研究所	2014 年	NATURE COMMUNICATIONS	12.124 (2016)
2	Genetic characterization and fine mapping of a yellow-seeded gene in Dahuang（a Brassica rapa landrace）	26	21	青海省农林科学院春油菜研究所，青海省农林科学院林业科学研究所	2012 年	THEORETICAL AND APPLIED GENETICS	4.132 (2016)
3	Constructing a dense genetic linkage map and mapping QTL for the traits of flower development in Brassica carinata	15	14	青海省农林科学院林业科学研究所	2014 年	THEORETICAL AND APPLIED GENETICS	4.132 (2016)
4	Proteomic analysis of leaves of different wheat genotypes subjected to PEG 6000 stress and rewatering	14	9	青海省农林科学院作物育种栽培研究所，青海省农林科学院林业科学研究所	2013 年	PLANT OMICS	0.777 (2013)
5	Mapping a Large Number of QTL for Durable Resistance to Stripe Rust in Winter Wheat Druchamp Using SSR and SNP Markers	11	11	青海省农林科学院林业科学研究所，青海省农林科学院植物保护研究所	2015 年	PLOS ONE	2.806 (2016)
6	Quantitative trait analysis of flowering time in spring rapeseed（B-napus L.）	10	7	青海省农林科学院林业科学研究所	2014 年	EUPHYTICA	1.626 (2016)
7	Fungal demethylation of Kraft lignin	10	10	青海省农林科学院林业科学研究所	2015 年	ENZYME AND MICROBIAL TECHNOLOGY	2.502 (2016)
8	Three New Species of Cyphellophora（Chaetothyriales）Associated with Sooty Blotch and Flyspeck	10	9	青海省农林科学院林业科学研究所，青海省农林科学院植物保护研究所	2015 年	PLOS ONE	2.806 (2016)

（续表）

排序	标题	WOS所有数据库总被引频次	WOS核心库被引频次	作者机构	出版年份	期刊名称	期刊影响因子（最近年度）
9	Genetic Analysis and Molecular Mapping of an All-Stage Stripe Rust Resistance Gene in Triticum aestivum-Haynaldia villosa Translocation Line V3	7	6	青海省农林科学院林业科学研究所	2013年	JOURNAL OF INTEGRATIVE AGRICULTURE	1.042 (2016)
10	Intergeneric addition and substitution of Brassica napus with different chromosomes from Orychophragmus violaceus：Phenotype and cytology	7	5	青海省农林科学院林业科学研究所	2013年	SCIENTIA HORTICULTURAE	1.624 (2016)

表1-7　2008—2017年青海省农林科学院SCI高被引论文TOP10（第一或通讯作者完成单位）

排序	标题	WOS所有数据库总被引频次	WOS核心库被引频次	作者机构	出版年份	期刊名称	期刊影响因子（最近年度）
1	Mapping a Large Number of QTL for Durable Resistance to Stripe Rust in Winter Wheat Druchamp Using SSR and SNP Markers	11	11	青海省农林科学院林业科学研究所，青海省农林科学院植物保护研究所	2015年	PLOS ONE	2.806 (2016)
2	Quantitative trait analysis of flowering time in spring rapeseed（B-napus L.）	10	7	青海省农林科学院林业科学研究所	2014年	EUPHYTICA	1.626 (2016)
3	Genetic diversity analysis of faba bean（Vicia faba L.）germplasms using sodium dodecyl sulfate-polyacrylamide gel electrophoresis	3	3	青海省农林科学院林业科学研究所	2015年	GENETICS AND MOLECULAR RESEARCH	0.764 (2015)
4	Pika Gut May Select for Rare but Diverse Environmental Bacteria	3	3	青海省农林科学院土壤肥料研究所，青海省农林科学院林业科学研究所	2016年	FRONTIERS IN MICROBIOLOGY	4.076 (2016)

（续表）

排序	标题	WOS 所有数据库总被引频次	WOS 核心库被引频次	作者机构	出版年份	期刊名称	期刊影响因子（最近年度）
5	QTL analysis and the development of closely linked markers for days to flowering in spring oilseed rape (Brassica napus L.)	2	2	青海省农林科学院春油菜研究所，青海省农林科学院林业科学研究所	2016 年	MOLECULAR BREEDING	2.465（2016）
6	THE DIFFERENTIAL GENE EXPRESSION OF KEY ENZYME IN THE GIBBERELLIN PATHWAY IN THE POTATO (SOLANUM TUBEROSUM) MUTANT M4P-9	1	1	青海省农林科学院作物育种栽培研究所，青海省农林科学院林业科学研究所，青海省农林科学院生物技术研究所	2016 年	PAKISTAN JOURNAL OF BOTANY	0.69（2016）
7	Dynamics of soil bacterial communities in Jerusalem artichoke monocropping system	1	1	青海省农林科学院园艺研究所，青海省农林科学院林业科学研究所	2016 年	ALLELOPATHY JOURNAL	1.05（2016）

注：被引频次大于 0 的全部发文数量不足 10 篇。

1.7 高频词 TOP20

2008—2017 年青海省农林科学院 SCI 发文高频词（作者关键词）TOP20 见表 1-8。

表 1-8 2008—2017 年青海省农林科学院 SCI 发文高频词（作者关键词）TOP20

排序	关键词（作者关键词）	频次	排序	关键词（作者关键词）	频次
1	green manure	3	11	Faba bean	2
2	Brassica napus	3	12	Fine mapping	2
3	SSR	3	13	Hulless barley	2
4	wheat	3	14	distribution	2
5	AFLP	2	15	Quantitative trait locus (QTL)	1
6	stripe rust	2	16	ferric iron reduction	1
7	Orychophragmus violaceus	2	17	NAC	1
8	Helianthus tuberosus L.	2	18	Genetic analysis	1
9	Brassica napus L.	2	19	mineral nitrogen	1
10	QTL analysis	2	20	Hordeum vulgare	1

2　中文期刊论文分析

2008—2017 年，中国农业科技文献数据库（CASDD）共收录由青海省农林科学院作者发表的中文期刊论文 1 304 篇，其中北大中文核心期刊论文 667 篇，中国科学引文数据库（CSCD）期刊论文 383 篇。

2.1　发文量

2008—2017 年青海省农林科学院中文文献历年发文趋势（2008—2017 年）见下图。

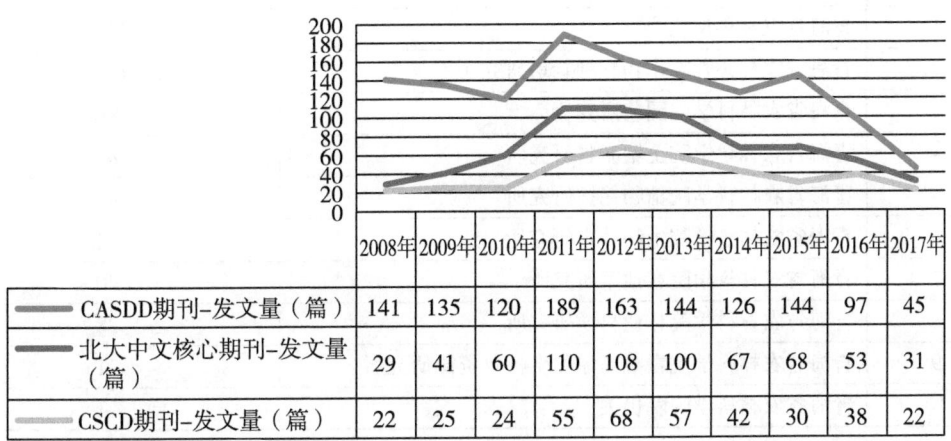

	2008年	2009年	2010年	2011年	2012年	2013年	2014年	2015年	2016年	2017年
CASDD期刊-发文量（篇）	141	135	120	189	163	144	126	144	97	45
北大中文核心期刊-发文量（篇）	29	41	60	110	108	100	67	68	53	31
CSCD期刊-发文量（篇）	22	25	24	55	68	57	42	30	38	22

图　青海省农林科学院中文文献历年发文趋势（2008—2017 年）

2.2　高发文研究所 TOP10

2008—2017 年青海省农林科学院 CASDD 期刊高发文研究所 TOP10 见表 2-1，2008—2017 年青海省农林科学院北大中文核心期刊高发文研究所 TOP10 见表 2-2，2008—2017 年青海省农林科学院中国科学引文数据库（CSCD）期刊高发文研究所 TOP10 见表 2-3。

表 2-1　2008—2017 年青海省农林科学院 CASDD 期刊高发文研究所 TOP10　　单位：篇

排序	研究所	发文量
1	青海省农林科学院	472
2	青海省农林科学院作物育种栽培研究所	194
3	青海省农林科学院植物保护研究所	156
4	青海省农林科学院土壤肥料研究所	145
5	青海省农林科学院园艺研究所	133
6	青海省农林科学院生物技术研究所	80
7	青海省农林科学院林业科学研究所	78
8	青海省农林科学院春油菜研究所	64

（续表）

排序	研究所	发文量
9	青海省农林科学院青藏高原野生植物资源研究所	62
10	青海省农林科学院院机关	5
10	青海省农林科学院信息所	5

注："青海省农林科学院"发文包括作者单位只标注为"青海省农林科学院"、院属实验室等。

表2-2　2008—2017年青海省农林科学院北大中文核心期刊高发文研究所TOP10　单位：篇

排序	研究所	发文量
1	青海省农林科学院	223
2	青海省农林科学院作物育种栽培研究所	130
3	青海省农林科学院园艺研究所	89
4	青海省农林科学院土壤肥料研究所	81
5	青海省农林科学院植物保护研究所	80
6	青海省农林科学院生物技术研究所	42
7	青海省农林科学院春油菜研究所	40
8	青海省农林科学院林业科学研究所	28
9	青海省农林科学院青藏高原野生植物资源研究所	21
10	青海省农林科学院院机关	1

注："青海省农林科学院"发文包括作者单位只标注为"青海省农林科学院"、院属实验室等。

表2-3　2008—2017年青海省农林科学院CSCD期刊高发文研究所TOP10　单位：篇

排序	研究所	发文量
1	青海省农林科学院	125
2	青海省农林科学院作物育种栽培研究所	86
3	青海省农林科学院植物保护研究所	53
4	青海省农林科学院土壤肥料研究所	47
5	青海省农林科学院园艺研究所	38
6	青海省农林科学院生物技术研究所	29
7	青海省农林科学院春油菜研究所	26
8	青海省农林科学院林业科学研究所	15
9	青海省农林科学院青藏高原野生植物资源研究所	4

注："青海省农林科学院"发文包括作者单位只标注为"青海省农林科学院"、院属实验室等。
2008—2017年间CSCD期刊高发文研究所数量不足10个。

2.3　高发文期刊TOP10

2008—2017年青海省农林科学院高发文CASDD期刊TOP10见表2-4，2008—2017年青海省农林科学院高发文北大中文核心期刊 TOP10 见表 2-5，2008—2017 年青海省农林科学院高发文 CSCD 期刊 TOP10 表 2-6。

表 2-4 2008—2017 年青海省农林科学院高发文期刊（CASDD）TOP10　　单位：篇

排序	期刊名称	发文量	排序	期刊名称	发文量
1	青海农林科技	174	6	江苏农业科学	57
2	北方园艺	102	7	湖北农业科学	36
3	青海大学学报（自然科学版）	68	8	西北农业学报	36
4	安徽农业科学	66	9	青海科技	36
5	现代农业科技	61	10	广东农业科学	28

表 2-5 2008—2017 年青海省农林科学院高发文期刊（北大中文核心）TOP10　　单位：篇

排序	期刊名称	发文量	排序	期刊名称	发文量
1	北方园艺	102	7	种子	21
2	安徽农业科学	63	8	西南农业学报	18
3	江苏农业科学	57	9	作物杂志	16
4	西北农业学报	36	10	中国农学通报	12
5	湖北农业科学	36	10	植物遗传资源学报	12
6	广东农业科学	28			

表 2-6 2008—2017 年青海省农林科学院高发文期刊（CSCD）TOP10　　单位：篇

排序	期刊名称	发文量	排序	期刊名称	发文量
1	西北农业学报	36	8	麦类作物学报	10
2	广东农业科学	28	9	西北林学院学报	10
3	种子	20	10	浙江农业学报	9
4	江苏农业科学	19	10	中国农学通报	9
5	西南农业学报	18	10	分子植物育种	9
6	作物杂志	15	10	西北农林科技大学学报（自然科学版）	9
7	植物遗传资源学报	12			

2.4　合作发文机构 TOP10

2008—2017 年青海省农林科学院中文期刊合作发文机构 TOP10 见表 2-7。

表2-7　2008—2017年青海省农林科学院中文期刊合作发文机构TOP10　　单位：篇

排序	合作发文机构	发文量	排序	合作发文机构	发文量
1	青海大学	256	7	北京林业大学	29
2	中国农业科学院	71	8	中国林业科学研究院荒漠化研究所	15
3	西北农林科技大学	61	9	中国人民共和国农业农村部	11
4	中国科学院	38	10	江苏省农业科学院	10
5	青海师范大学	31	10	石河子大学	10
6	华南农业大学	29	10	北京师范大学	10

山东省农业科学院

1 英文期刊论文分析

分析数据来源于科学引文索引数据库（Web of Science，WOS）收录的文献类型为期刊论文（ARTICLE）、会议论文（PROCEEDINGS PAPER）和述评（REVIEW）的 Science Citation Index Expanded（SCIE）论文数据，数据时间范围为 2008—2017 年，共检索到山东省农业科学院作者发表的论文 1 260篇。

1.1 发文量

2008—2017 年山东省农业科学院历年 SCI 发文与被引情况见表 1-1，山东省农业科学院英文文献历年发文趋势（2008—2017 年）见下图。

表 1-1 2008—2017 年山东省农业科学院历年 SCI 发文与被引情况

出版年	发文量（篇）	WOS 所有数据库总被引频次	WOS 核心库被引频次
2008 年	48	875	681
2009 年	69	1 748	1 412
2010 年	80	1 627	1 265
2011 年	115	2 567	2 091
2012 年	129	2 970	2 664
2013 年	144	1 409	1 215
2014 年	146	1 368	1 205
2015 年	155	896	797
2016 年	202	638	580
2017 年	172	133	124

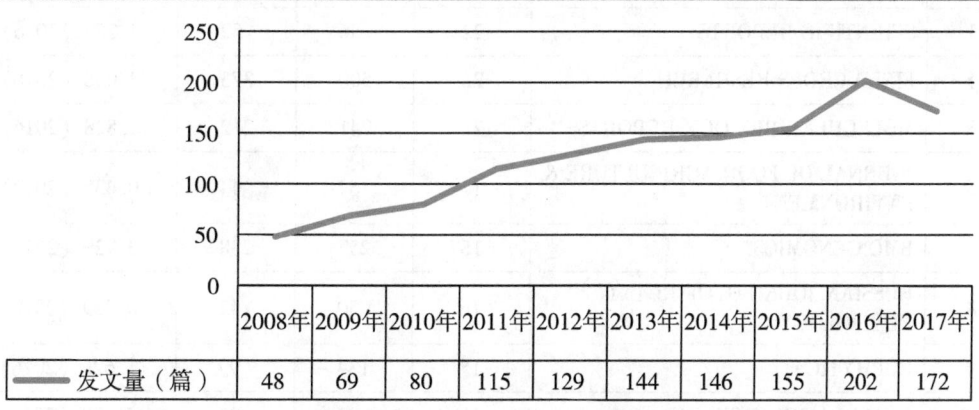

图 山东省农业科学院英文文献历年发文趋势（2008—2017 年）

1.2　高发文研究所 TOP10

2008—2017 年山东省农业科学院 SCI 高发文研究所 TOP10 见表 1-2。

表 1-2　2008—2017 年山东省农业科学院 SCI 高发文研究所 TOP10　　　单位：篇

排序	研究所	发文量
1	山东省农业科学院作物研究所	188
2	山东省农业科学院生物技术研究中心	153
3	山东省农业科学院畜牧兽医研究所	136
4	山东省果树研究所	113
5	山东棉花研究中心	97
6	山东省农业科学院农产品研究所	93
7	山东省农业科学院奶牛研究中心	89
8	山东省水稻研究所	66
9	山东省农业科学院农业质量标准与检测技术研究所	64
10	山东省农业科学院蔬菜花卉研究所	54

1.3　高发文期刊 TOP10

2008—2017 年山东省农业科学院 SCI 高发文期刊 TOP10 见表 1-3。

表 1-3　2008—2017 年山东省农业科学院 SCI 高发文期刊 TOP10

排序	期刊名称	发文量（篇）	WOS 所有数据库总被引频次	WOS 核心库被引频次	期刊影响因子（最近年度）
1	PLOS ONE	62	596	511	2.806（2016）
2	FRONTIERS IN PLANT SCIENCE	25	60	50	4.298（2016）
3	SCIENTIFIC REPORTS	22	56	52	4.259（2016）
4	FIELD CROPS RESEARCH	22	500	373	3.048（2016）
5	MOLECULAR BIOLOGY REPORTS	21	241	212	1.828（2016）
6	JOURNAL OF FOOD AGRICULTURE & ENVIRONMENT	17	64	44	0.435（2012）
7	BMC GENOMICS	16	257	238	3.729（2016）
8	RUSSIAN JOURNAL OF PLANT PHYSIOLOGY	16	50	42	0.739（2016）
9	EUPHYTICA	15	134	99	1.626（2016）
10	VETERINARY MICROBIOLOGY	15	93	84	2.628（2016）

1.4 合作发文国家与地区 TOP10

2008—2017 年山东省农业科学院 SCI 合作发文国家与地区（合作发文 1 篇以上）TOP10 见表 1-4。

表1-4 2008—2017 年山东省农业科学院 SCI 合作发文国家与地区 TOP10

排序	国家与地区	合作发文量（篇）	WOS 所有数据库总被引频次	WOS 核心库被引频次
1	美国	140	4 326	3 904
2	日本	28	1 526	1 448
3	澳大利亚	23	1 049	896
4	印度	12	2 055	1 927
5	加拿大	11	90	72
6	荷兰	10	2 762	2 526
7	法国	9	1 356	1 308
8	德国	9	1 284	1 243
9	墨西哥	9	154	119
10	埃及	8	110	96
10	新西兰	8	795	717

1.5 合作发文机构 TOP10

2008—2017 年山东省农业科学院 SCI 合作发文机构 TOP10 见表 1-5。

表1-5 2008—2017 年山东省农业科学院 SCI 合作发文机构 TOP10

排序	合作发文机构	发文量（篇）	WOS 所有数据库总被引频次	WOS 核心库被引频次
1	山东农业大学	194	1 686	1 391
2	中国农业科学院	126	4 424	3 842
3	山东大学	109	890	788
4	中国农业大学	96	2 948	2 617
5	中国科学院	91	2 888	2 566
6	山东师范大学	78	575	502
7	南京农业大学	53	422	349
8	青岛农业大学	49	1 758	1 598
9	中华人民共和国农业农村部	34	276	216
10	浙江大学	24	156	133

1.6 高被引论文 TOP10

2008—2017 年山东省农业科学院发表的 SCI 高被引论文 TOP10 见表 1-6，山东省农业科学院以第一或通讯作者完成单位发表的 SCI 高被引论文 TOP10 见表 1-7。

表 1-6　2008—2017 年山东省农业科学院 SCI 高被引论文 TOP10

排序	标题	WOS 所有数据库总被引频次	WOS 核心库被引频次	作者机构	出版年份	期刊名称	期刊影响因子（最近年度）
1	The tomato genome sequence provides insights into fleshy fruit evolution	1 123	1 089	山东省农业科学院生物技术研究中心，山东省农业科学院蔬菜花卉研究所	2012 年	NATURE	40.137（2016）
2	The genome of the cucumber, Cucumis sativus L.	731	621	山东省农业科学院生物技术研究中心	2009 年	NATURE GENETICS	27.959（2016）
3	Genome sequence and analysis of the tuber crop potato	705	628	山东省农业科学院生物技术研究中心	2011 年	NATURE	40.137（2016）
4	Solexa Sequencing of Novel and Differentially Expressed MicroRNAs in Testicular and Ovarian Tissues in Holstein Cattle	214	91	山东省农业科学院奶牛研究中心	2011 年	INTERNATIONAL JOURNAL OF BIOLOGICAL SCIENCES	3.873（2016）
5	Deep sequencing identifies novel and conserved microRNAs in peanuts（Arachis hypogaea L.）	185	149	山东省农业科学院生物技术研究中心	2010 年	BMC PLANT BIOLOGY	3.964（2016）
6	Invasion biology of spotted wing Drosophila（Drosophila suzukii）: a global perspective and future priorities	148	142	山东省农业科学院植物保护研究所	2015 年	JOURNAL OF PEST SCIENCE	3.728（2016）
7	Further Spread of and Domination by Bemisia tabaci（Hemiptera: Aleyrodidae）Biotype Q on Field Crops in China	118	73	山东省农业科学院生物技术研究中心	2011 年	JOURNAL OF ECONOMIC ENTOMOLOGY	1.824（2016）

（续表）

排序	标题	WOS 所有数据库总被引频次	WOS 核心库被引频次	作者机构	出版年份	期刊名称	期刊影响因子（最近年度）
8	Change in the Biotype Composition of Bemisia tabaci in Shandong Province of China From 2005 to 2008	115	90	山东省农业科学院生物技术研究中心	2010 年	ENVIRONMENTAL ENTOMOLOGY	1. 601 (2016)
9	Rapid Spread of Tomato Yellow Leaf Curl Virus in China Is Aided Differentially by Two Invasive Whiteflies	105	82	山东省农业科学院生物技术研究中心	2012 年	PLOS ONE	2. 806 (2016)
10	Early plastic mulching increases stand establishment and lint yield of cotton in saline fields	95	64	山东棉花研究中心	2009 年	FIELD CROPS RESEARCH	3. 048 (2016)

表 1-7   2008—2017 年山东省农业科学院 SCI 高被引论文 TOP10（第一或通讯作者完成单位）

排序	标题	WOS 所有数据库总被引频次	WOS 核心库被引频次	作者机构	出版年份	期刊名称	期刊影响因子（最近年度）
1	Solexa Sequencing of Novel and Differentially Expressed MicroRNAs in Testicular and Ovarian Tissues in Holstein Cattle	214	91	山东省农业科学院奶牛研究中心	2011 年	INTERNATIONAL JOURNAL OF BIOLOGICAL SCIENCES	3. 873 (2016)
2	Deep sequencing identifies novel and conserved microRNAs in peanuts（Arachis hypogaea L.)	185	149	山东省农业科学院生物技术研究中心	2010 年	BMC PLANT BIOLOGY	3. 964 (2016)
3	Change in the Biotype Composition of Bemisia tabaci in Shandong Province of China From 2005 to 2008	115	90	山东省农业科学院生物技术研究中心	2010 年	ENVIRONMENTAL ENTOMOLOGY	1. 601 (2016)
4	Early plastic mulching increases stand establishment and lint yield of cotton in saline fields	95	64	山东棉花研究中心	2009 年	FIELD CROPS RESEARCH	3. 048 (2016)

（续表）

排序	标题	WOS所有数据库总被引频次	WOS核心库被引频次	作者机构	出版年份	期刊名称	期刊影响因子（最近年度）
5	Pathotypical characterization and molecular epidemiology of Newcastle disease virus isolates from different hosts in China from 1996 to 2005	85	66	山东省农业科学院家禽研究所	2008年	JOURNAL OF CLINICAL MICROBIOLOGY	3.712 (2016)
6	Effects of cotton rootstock on endogenous cytokinins and abscisic acid in xylem sap and leaves in relation to leaf senescence	82	68	山东棉花研究中心	2008年	JOURNAL OF EXPERIMENTAL BOTANY	5.83 (2016)
7	Effects of plant density and nitrogen and potassium fertilization on cotton yield and uptake of major nutrients in two fields with varying fertility	70	45	山东棉花研究中心	2010年	FIELD CROPS RESEARCH	3.048 (2016)
8	Wheat cropping systems and technologies in China	67	57	山东省农业科学院作物研究所	2009年	FIELD CROPS RESEARCH	3.048 (2016)
9	Nitrogen rate and plant density effects on yield and late-season leaf senescence of cotton raised on a saline field	59	49	山东棉花研究中心	2012年	FIELD CROPS RESEARCH	3.048 (2016)
10	Phytochromes Regulate SA and JA Signaling Pathways in Rice and Are Required for Developmentally Controlled Resistance to Magnaporthe grisea	55	44	山东省农业科学院生物技术研究中心	2011年	MOLECULAR PLANT	8.827 (2016)

1.7 高频词TOP20

2008—2017年山东省农业科学院SCI发文高频词（作者关键词）TOP20见表1-8。

表 1-8　2008—2017 年山东省农业科学院 SCI 发文高频词（作者关键词）TOP20

排序	关键词（作者关键词）	频次	排序	关键词（作者关键词）	频次
1	cotton	32	11	Pig	14
2	Wheat	28	12	Haplotype	13
3	peanut	27	13	China	13
4	rice	22	14	photosynthesis	12
5	Maize	18	15	Arachis hypogaea	12
6	gene expression	18	16	SNPs	12
7	yield	16	17	Salt stress	12
8	Transcriptome	16	18	Chinese cabbage	11
9	Mastitis	16	19	bovine	11
10	Expression	14	20	Triticum aestivum	11

2　中文期刊论文分析

2008—2017 年，中国农业科技文献数据库（CASDD）共收录由山东省农业科学院作者发表的中文期刊论文 9 636篇，其中北大中文核心期刊 3 544篇，中国科学引文数据库（CSCD）期刊论文 2 532篇。

2.1　发文量

2008—2017 年山东省农业科学院中文文献历年发文趋势（2008—2017 年）见下图。

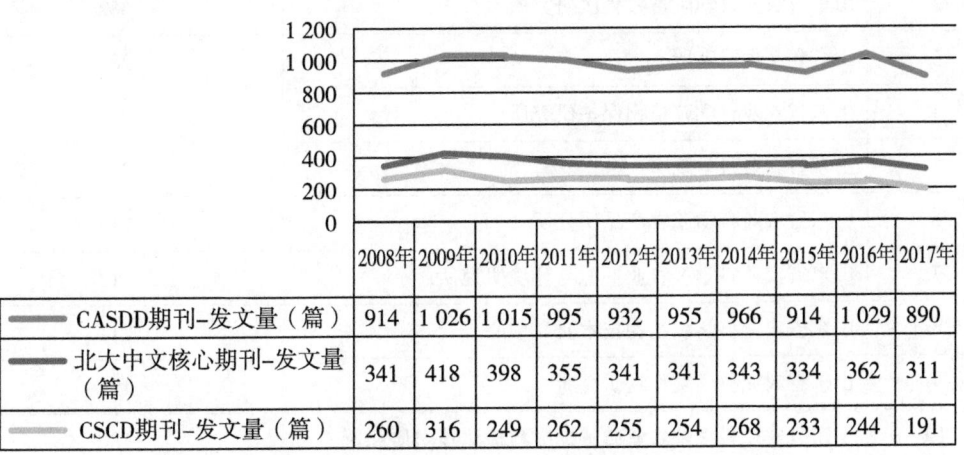

	2008年	2009年	2010年	2011年	2012年	2013年	2014年	2015年	2016年	2017年
CASDD期刊-发文量（篇）	914	1 026	1 015	995	932	955	966	914	1 029	890
北大中文核心期刊-发文量（篇）	341	418	398	355	341	341	343	334	362	311
CSCD期刊-发文量（篇）	260	316	249	262	255	254	268	233	244	191

图　山东省农业科学院中文文献历年发文趋势（2008—2017 年）

2.2 高发文研究所 TOP10

2008—2017 年山东省农业科学院 CASDD 期刊高发文研究所 TOP10 见表 2-1，2008—2017 年山东省农业科学院北大中文核心期刊高发文研究所 TOP10 见表 2-2，2008—2017 年山东省农业科学院中国科学引文数据库（CSCD）期刊高发文研究所 TOP10 见表 2-3。

表 2-1　2008—2017 年山东省农业科学院 CASDD 期刊高发文研究所 TOP10　　单位：篇

排序	研究所	发文量
1	山东省果树研究所	1662
2	山东省农业科学院畜牧兽医研究所	893
3	山东省农业科学院	729
4	山东省农业科学院农业资源与环境研究所	648
5	山东省农业科学院农产品研究所	605
6	山东省花生研究所	590
7	山东省农业科学院家禽研究所	550
8	山东省农业科学院植物保护研究所	549
9	山东省农业科学院作物研究所	463
10	山东省农业科学院蔬菜花卉研究所	453

注："山东省农业科学院"发文包括作者单位只标注为"山东省农业科学院"、院属实验室等。

表 2-2　2008—2017 年山东省农业科学院北大中文核心期刊高发文研究所 TOP10　　单位：篇

排序	研究所	发文量
1	山东省果树研究所	539
2	山东省农业科学院畜牧兽医研究所	382
3	山东省花生研究所	284
4	山东省农业科学院植物保护研究所	271
5	山东省农业科学院	247
6	山东省农业科学院农产品研究所	216
7	山东省农业科学院农业资源与环境研究所	213
8	山东省农业科学院生物技术研究中心	211
9	山东省农业科学院作物研究所	199
10	山东省农业科学院农业质量标准与检测技术研究所	180

注："山东省农业科学院"发文包括作者单位只标注为"山东省农业科学院"、院属实验室等。

表 2-3　2008—2017 年山东省农业科学院 CSCD 期刊高发文研究所 TOP10　　单位：篇

排序	研究所	发文量
1	山东省果树研究所	367
2	山东省花生研究所	244
3	山东省农业科学院植物保护研究所	234
4	山东省农业科学院畜牧兽医研究所	225
5	山东省农业科学院	204
6	山东省农业科学院生物技术研究中心	190
7	山东省农业科学院作物研究所	185
8	山东省农业科学院农业资源与环境研究所	155
9	山东省农业科学院农业质量标准与检测技术研究所	131
10	山东省农业科学院蔬菜花卉研究所	116

注："山东省农业科学院"发文包括作者单位只标注为"山东省农业科学院"、院属实验室等。

2.3　高发文期刊 TOP10

2008—2017 年山东省农业科学院高发文 CASDD 期刊 TOP10 见表 2-4，2008—2017 年山东省农业科学院高发文北大中文核心期刊 TOP10 见表 2-5，2008—2017 年山东省农业科学院高发文 CSCD 期刊 TOP10 见表 2-6。

表 2-4　2008—2017 年山东省农业科学院高发文期刊（CASDD）TOP10　　单位：篇

排序	期刊名称	发文量	排序	期刊名称	发文量
1	山东农业科学	1 742	6	花生学报	174
2	落叶果树	421	7	农业装备与车辆工程	152
3	家禽科学	216	8	中国食物与营养	133
4	中国农学通报	208	9	农业知识（瓜果菜）	125
5	安徽农业科学	192	10	中外葡萄与葡萄酒	117

表 2-5　2008—2017 年山东省农业科学院高发文期刊（北大中文核心）TOP10　　单位：篇

排序	期刊名称	发文量	排序	期刊名称	发文量
1	中国农学通报	157	7	农药	73
2	安徽农业科学	114	8	果树学报	69
3	中国农业科学	90	9	作物学报	66
4	核农学报	88	10	西南农业学报	60
5	华北农学报	78	10	中国蔬菜	60
6	北方园艺	78			

表 2-6　2008—2017 年山东省农业科学院高发文期刊（CSCD）TOP10　　单位：篇

排序	期刊名称	发文量	排序	期刊名称	发文量
1	中国农学通报	110	6	作物学报	66
2	中国农业科学	90	7	西南农业学报	60
3	核农学报	88	8	中国兽医学报	58
4	华北农学报	86	9	园艺学报	56
5	果树学报	69	10	食品科学	52

2.4　合作发文机构 TOP10

2008—2017 年山东省农业科学院中文期刊合作发文机构 TOP10 见表 2-7。

表 2-7　2008—2017 年山东省农业科学院中文期刊合作发文机构 TOP10　　单位：篇

排序	合作发文机构	发文量	排序	合作发文机构	发文量
1	山东农业大学	1 587	6	山东师范大学	306
2	青岛农业大学	832	7	新疆农垦科学院	250
3	中华人民共和国农业农村部	522	8	山东大学	202
4	中国农业科学院	386	9	吉林农业大学	145
5	中国农业大学	329	10	南京农业大学	141

山西省农业科学院

1 英文期刊论文分析

分析数据来源于科学引文索引数据库（Web of Science，WOS）收录的文献类型为期刊论文（ARTICLE）、会议论文（PROCEEDINGS PAPER）和述评（REVIEW）的 Science Citation Index Expanded（SCIE）论文数据，数据时间范围为 2008—2017 年，共检索到山西省农业科学院作者发表的论文 426 篇。

1.1 发文量

2008—2017 年山西省农业科学院历年 SCI 发文与被引情况见表 1-1，山西省农业科学院英文文献历年发文趋势（2008—2017 年）见下图。

表 1-1 2008—2017 年山西省农业科学院历年 SCI 发文与被引情况

出版年	发文量（篇）	WOS 所有数据库总被引频次	WOS 核心库被引频次
2008 年	23	806	654
2009 年	46	1 125	902
2010 年	33	470	373
2011 年	27	378	312
2012 年	29	266	220
2013 年	45	675	554
2014 年	45	576	471
2015 年	46	268	221
2016 年	50	124	96
2017 年	82	51	47

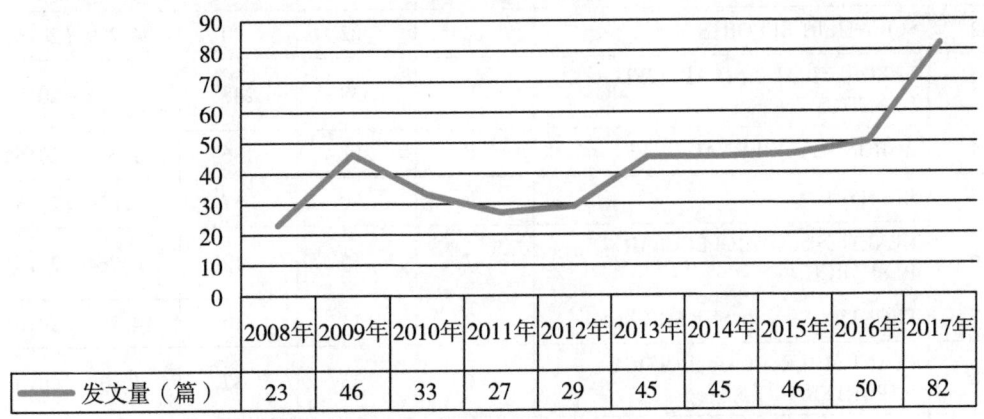

	2008年	2009年	2010年	2011年	2012年	2013年	2014年	2015年	2016年	2017年
发文量（篇）	23	46	33	27	29	45	45	46	50	82

图 山西省农业科学院英文文献历年发文趋势（2008—2017 年）

1.2 高发文研究所 TOP10

2008—2017年山西省农业科学院 SCI 高发文研究所 TOP10 见表1-2。

表1-2 2008—2017年山西省农业科学院 SCI 高发文研究所 TOP10　　　单位：篇

排序	研究所	发文量
1	山西省农业科学院棉花研究所	45
2	山西省农业科学院植物保护研究所	41
3	山西省农业科学院农业环境与资源研究所	32
4	山西省农业科学院生物技术研究中心	24
5	山西省农业科学院园艺研究所	18
6	山西省农业科学院畜牧兽医研究所	17
7	山西省农业科学院作物科学研究所	16
8	山西省农业科学院农产品加工研究所	15
9	山西省农业科学院玉米研究所	12
10	山西省农业科学院农作物品种资源研究所	11

1.3 高发文期刊 TOP10

2008—2017年山西省农业科学院 SCI 高发文期刊 TOP10 见表1-3。

表1-3 2008—2017年山西省农业科学院 SCI 高发文期刊 TOP10

排序	期刊名称	载文量（篇）	WOS所有数据库总被引频次	WOS核心库被引频次	期刊影响因子（最近年度）
1	PLOS ONE	24	181	152	2.806（2016）
2	SCIENTIFIC REPORTS	12	22	20	4.259（2016）
3	THEORETICAL AND APPLIED GENETICS	8	338	248	4.132（2016）
4	AGRONOMY JOURNAL	8	258	186	1.614（2016）
5	EUPHYTICA	7	90	67	1.626（2016）
6	GENETICS AND MOLECULAR RESEARCH	7	15	12	0.764（2015）
7	FRONTIERS IN PLANT SCIENCE	7	11	10	4.298（2016）
8	PLANT MOLECULAR BIOLOGY REPORTER	6	45	37	1.932（2016）
9	ZOOTAXA	5	20	14	0.972（2016）

（续表）

排序	期刊名称	载文量（篇）	WOS 所有数据库总被引频次	WOS 核心库被引频次	期刊影响因子（最近年度）
10	ADVANCES IN BROOMCORN MILLET RESEARCH, PROCEEDINGS OF THE 1ST INTERNATIONAL SYMPOSIUM ON BROOMCORN MILLET, 2012	5	1	1	未发布

1.4 合作发文国家与地区 TOP10

2008—2017 年山西省农业科学院 SCI 合作发文国家与地区（合作发文 1 篇以上）TOP10 见表 1-4。

表 1-4 2008—2017 年山西省农业科学院 SCI 合作发文国家与地区 TOP10

排序	国家与地区	合作发文量（篇）	WOS 所有数据库总被引频次	WOS 核心库被引频次
1	美国	51	910	769
2	澳大利亚	23	440	377
3	加拿大	22	232	197
4	英格兰	6	88	68
5	意大利	5	26	24
6	荷兰	4	20	19
7	日本	3	0	0
8	俄国	3	12	12
9	新西兰	2	3	3
10	德国	2	28	22

1.5 合作发文机构 TOP10

2008—2017 年山西省农业科学院 SCI 合作发文机构 TOP10 见表 1-5。

表 1-5 2008—2017 年山西省农业科学院 SCI 合作发文机构 TOP10

排序	合作发文机构	发文量（篇）	WOS 所有数据库总被引频次	WOS 核心库被引频次
1	山西农业大学	75	357	285
2	中国农业科学院	74	1 129	896
3	山西大学	60	782	640

（续表）

排序	合作发文机构	发文量（篇）	WOS所有数据库总被引频次	WOS核心库被引频次
4	中国农业大学	44	951	735
5	中国科学院	33	1 003	845
6	中华人民共和国农业农村部	21	151	114
7	西北农林科技大学	19	161	135
8	加拿大农业与农产食品部	19	217	185
9	南京农业大学	15	534	428
10	河南农业大学	15	574	433

1.6 高被引论文TOP10

2008—2017年山西省农业科学院发表的SCI高被引论文TOP10见表1-6，山西省农业科学院以第一或通讯作者完成单位发表的SCI高被引论文TOP10见表1-7。

表1-6 2008—2017年山西省农业科学院SCI高被引论文TOP10

排序	标题	WOS所有数据库总被引频次	WOS核心库被引频次	作者机构	出版年份	期刊名称	期刊影响因子（最近年度）
1	Producing more grain with lower environmental costs	250	201	山西省农业科学院农业环境与资源研究所	2014年	NATURE	40.137（2016）
2	Comparative Evaluation of Quercetin, Isoquercetin and Rutin as Inhibitors of alpha-Glucosidase	180	167	山西省农业科学院农产品加工研究所	2009年	JOURNAL OF AGRICULTURAL AND FOOD CHEMISTRY	3.154（2016）
3	A haplotype map of genomic variations and genome-wide association studies of agronomic traits in foxtail millet (Setaria italica)	138	116	山西省农业科学院谷子研究所	2013年	NATURE GENETICS	27.959（2016）
4	On-farm evaluation of the improved soil N (min) - based nitrogen management for summer maize in North China Plain	124	92	山西省农业科学院农业环境与资源研究所	2008年	AGRONOMY JOURNAL	1.614（2016）

（续表）

排序	标题	WOS 所有数据库总被引频次	WOS 核心库被引频次	作者机构	出版年份	期刊名称	期刊影响因子（最近年度）
5	Inhibitory effect of mung bean extract and its constituents vitexin and isovitexin on the formation of advanced glycation endproducts	116	105	山西省农业科学院农产品加工研究所	2008 年	FOOD CHEMISTRY	4.529 (2016)
6	Inheritance and mapping of powdery mildew resistance gene Pm43 introgressed from Thinopyrum intermedium into wheat	109	73	山西省农业科学院作物科学研究所，山西省农业科学院植物保护研究所	2009 年	THEORETICAL AND APPLIED GENETICS	4.132 (2016)
7	Effects of irrigation, fertilization and crop straw management on nitrous oxide and nitric oxide emissions from a wheat-maize rotation field in northern China	91	78	山西省农业科学院农业环境与资源研究所	2011 年	AGRICULTURE ECOSYSTEMS & ENVIRONMENT	4.099 (2016)
8	Characterization and chromosomal location of Pm40 in common wheat: a new gene for resistance to powdery mildew derived from Elytrigia intermedium	80	52	山西省农业科学院作物科学研究所	2009 年	THEORETICAL AND APPLIED GENETICS	4.132 (2016)
9	The R2R3 MYB Transcription Factor GhMYB109 Is Required for Cotton Fiber Development	71	61	山西省农业科学院棉花研究所	2008 年	GENETICS	4.556 (2016)
10	D-chiro-Inositol-Enriched Tartary Buckwheat Bran Extract Lowers the Blood Glucose Level in KK-A（y）Mice	71	61	山西省农业科学院农产品加工研究所	2008 年	JOURNAL OF AGRICULTURAL AND FOOD CHEMISTRY	3.154 (2016)

表 1-7　2008—2017 年山西省农业科学院 SCI 高被引论文 TOP10（第一或通讯作者完成单位）

排序	标题	WOS 所有数据库总被引频次	WOS 核心库被引频次	作者机构	出版年份	期刊名称	期刊影响因子（最近年度）
1	Effects of anaerobic stress on the proteome of citrus fruit	23	18	山西省农业科学院农产品贮藏保鲜研究所	2008 年	PLANT SCIENCE	3.437（2016）
2	Characterization of a partial wheat-Thinopyrum intermedium amphiploid and its reaction to fungal diseases of wheat	20	9	山西省农业科学院作物科学研究所	2010 年	HEREDITAS	1.345（2016）
3	Chemical and preclinical studies on Hedyotis diffusa with anticancer potential	18	15	山西省农业科学院农业环境与资源研究所，山西省农业科学院农业资源与经济研究所	2013 年	JOURNAL OF ASIAN NATURAL PRODUCTS RESEARCH	1.071（2016）
4	Damage repair effect of He-Ne laser on wheat exposed to enhanced ultraviolet-B radiation	17	14	山西省农业科学院生物技术研究中心	2012 年	PLANT PHYSIOLOGY AND BIOCHEMISTRY	2.724（2016）
5	The complete mitochondrial genome of Sasakia funebris（Leech）（Lepidoptera：Nymphalidae）and comparison with other Apaturinae insects	15	11	山西省农业科学院植物保护研究所	2013 年	GENE	2.415（2016）
6	Generation of double-virus-resistant marker-free transgenic potato plants	13	11	山西省农业科学院作物科学研究所	2009 年	PROGRESS IN NATURAL SCIENCE	0.704（2009）
7	Long-Term Monitoring of Rainfed Wheat Yield and Soil Water at the Loess Plateau Reveals Low Water Use Efficiency	12	11	山西省农业科学院旱地农业研究中心	2013 年	PLOS ONE	2.806（2016）
8	Topographic Indices and Yield Variability in a Rolling Landscape of Western Canada	11	8	山西省农业科学院旱地农业研究中心	2009 年	PEDOSPHERE	1.734（2016）

（续表）

排序	标题	WOS 所有数据库总被引频次	WOS 核心库被引频次	作者机构	出版年份	期刊名称	期刊影响因子（最近年度）
9	Influence of environmental factors on degradation of carbendazim by Bacillus pumilus strain NY97-1	10	7	山西省农业科学院农药研究重点实验室（植物保护研究所）	2009 年	INTERNATIONAL JOURNAL OF ENVIRONMENT AND POLLUTION	0.32 (2016)
10	Genome-Wide Analysis of Microsatellite Markers Based on Sequenced Database in Chinese Spring Wheat (Triticum aestivum L.)	7	7	山西省农业科学院生物技术研究中心	2015 年	PLOS ONE	2.806 (2016)

1.7　高频词 TOP20

2008—2017 年山西省农业科学院 SCI 发文高频词（作者关键词）TOP20 见表 1-8。

表 1-8　2008—2017 年山西省农业科学院 SCI 发文高频词（作者关键词）TOP20

排序	关键词（作者关键词）	频次	排序	关键词（作者关键词）	频次
1	wheat	15	11	Broomcorn millet	5
2	Genetic Diversity	11	12	breeding	5
3	Cotton	9	13	yield	5
4	Maize	8	14	Lactation performance	5
5	China	7	15	Gossypium	5
6	Nymphalidae	6	16	Maize (Zea mays L.)	5
7	Flavonoids	6	17	Mitochondrial genome	5
8	Tartary buckwheat	6	18	Lepidoptera	5
9	phylogenetic analysis	6	19	gene expression	4
10	Foxtail millet	5	20	Metabolites	4

2　中文期刊论文分析

2008—2017 年，中国农业科技文献数据库（CASDD）共收录由山西省农业科学院作者发表的中文期刊论文 7 515 篇，其中北大中文核心期刊 1 885 篇，中国科学引文数据库（CSCD）期刊论文 1 949 篇。

2.1 发文量

2008—2017 年山西省农业科学院中文文献历年发文趋势（2008—2017 年）见下图。

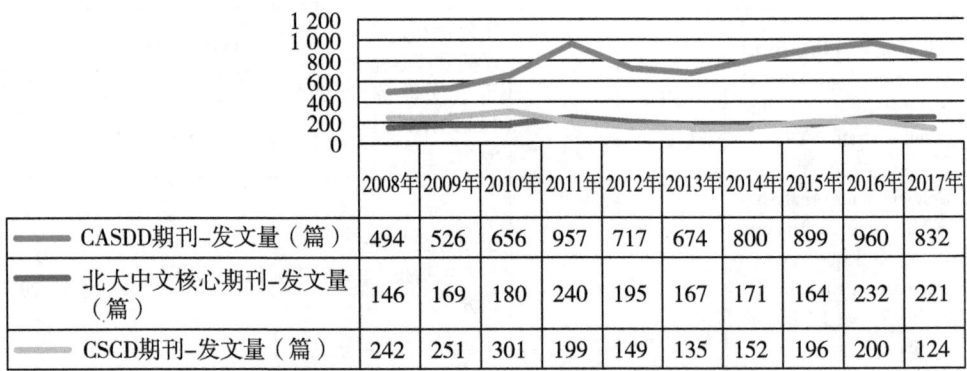

	2008年	2009年	2010年	2011年	2012年	2013年	2014年	2015年	2016年	2017年
CASDD期刊-发文量（篇）	494	526	656	957	717	674	800	899	960	832
北大中文核心期刊-发文量（篇）	146	169	180	240	195	167	171	164	232	221
CSCD期刊-发文量（篇）	242	251	301	199	149	135	152	196	200	124

图 山西省农业科学院中文文献历年发文趋势（2008—2017 年）

2.2 高发文研究所 TOP10

2008—2017 年山西省农业科学院 CASDD 期刊高发文研究所 TOP10 见表 2-1，2008—2017 年山西省农业科学院北大中文核心期刊高发文研究所 TOP10 见表 2-2，2008—2017 年山西省农业科学院中国科学引文数据库（CSCD）期刊高发文研究所 TOP10 见表 2-3。

表 2-1 2008—2017 年山西省农业科学院 CASDD 期刊高发文研究所 TOP10 单位：篇

排序	研究所	发文量
1	山西省农业科学院果树研究所	844
2	山西省农业科学院畜牧兽医研究所	693
3	山西省农业科学院农业资源与经济研究所	574
4	山西省农业科学院作物科学研究所	553
5	山西省农业科学院棉花研究所	441
6	山西省农业科学院高粱研究所	439
7	山西省农业科学院	433
8	山西省农业科学院植物保护研究所	399
9	山西省农业科学院蔬菜研究所	380
9	山西省农业科学院小麦研究所	380
10	山西省农业科学院经济作物研究所	370
11	山西省农业科学院高寒区作物研究所	364

注："山西省农业科学院"发文包括作者单位只标注为"山西省农业科学院"、院属实验室等。

表 2-2　2008—2017 年山西省农业科学院北大中文核心期刊高发文研究所 TOP10　单位：篇

排序	研究所	发文量
1	山西省农业科学院畜牧兽医研究所	207
2	山西省农业科学院植物保护研究所	169
3	山西省农业科学院果树研究所	154
4	山西省农业科学院农业资源与经济研究所	148
5	山西省农业科学院棉花研究所	147
6	山西省农业科学院作物科学研究所	144
7	山西省农业科学院农业环境与资源研究所	125
8	山西省农业科学院小麦研究所	121
9	山西省农业科学院	118
10	山西省农业科学院农作物品种资源研究所	117
11	山西省农业科学院高粱研究所	100

注："山西省农业科学院"发文包括作者单位只标注为"山西省农业科学院"、院属实验室等。

表 2-3　2008—2017 年山西省农业科学院 CSCD 期刊高发文研究所 TOP10　单位：篇

排序	研究所	发文量
1	山西省农业科学院作物科学研究所	180
2	山西省农业科学院植物保护研究所	170
3	山西省农业科学院农业资源与经济研究所	162
4	山西省农业科学院农业环境与资源研究所	156
5	山西省农业科学院棉花研究所	148
6	山西省农业科学院果树研究所	143
7	山西省农业科学院小麦研究所	136
8	山西省农业科学院农作物品种资源研究所	131
9	山西省农业科学院	126
10	山西省农业科学院高粱研究所	113
11	山西省农业科学院畜牧兽医研究所	104

注："山西省农业科学院"发文包括作者单位只标注为"山西省农业科学院"、院属实验室等。

2.3　高发文期刊 TOP10

2008—2017 年山西省农业科学院高发文 CASDD 期刊 TOP10 见表 2-4，2008—2017 年

山西省农业科学院高发文北大中文核心期刊 TOP10 见表 2-5，2008—2017 年山西省农业科学院高发文 CSCD 期刊 TOP10 见表 2-6。

表 2-4　2008—2017 年山西省农业科学院高发文期刊（CASDD）TOP10　　单位：篇

排序	期刊名称	发文量	排序	期刊名称	发文量
1	山西农业科学	1 762	6	农学学报	146
2	中国农学通报	331	7	安徽农业科学	135
3	现代农业科技	218	8	农业技术与装备	127
4	山西果树	213	9	作物杂志	110
5	农业科技通讯	211	10	山西农业大学学报（自然科学版）	97

表 2-5　2008—2017 年山西省农业科学院高发文期刊（北大中文核心）TOP10　　单位：篇

排序	期刊名称	发文量	排序	期刊名称	发文量
1	中国农学通报	148	7	果树学报	44
2	作物杂志	110	8	安徽农业科学	44
3	华北农学报	87	9	北方园艺	42
4	植物遗传资源学报	48	10	中国农业科学	41
5	园艺学报	48	10	中国果树	41
6	中国生态农业学报	47			

表 2-6　2008—2017 年山西省农业科学院高发文期刊（CSCD）TOP10　　单位：篇

排序	期刊名称	发文量	排序	期刊名称	发文量
1	山西农业科学	438	6	园艺学报	48
2	中国农学通报	222	7	中国生态农业学报	47
3	作物杂志	91	8	果树学报	44
4	华北农学报	87	9	中国农业科学	41
5	植物遗传资源学报	48	10	麦类作物学报	38

2.4　合作发文机构 TOP10

2008—2017 年山西省农业科学院中文期刊合作发文机构 TOP10 见表 2-7。

表 2-7 2008—2017 年山西省农业科学院中文期刊合作发文机构 TOP10　　　单位：篇

排序	合作发文机构	发文量	排序	合作发文机构	发文量
1	山西农业大学	1 692	7	中国科学院	85
2	山西大学	1 043	8	太原师范学院	84
3	中国农业科学院	350	9	南京农业大学	84
4	中国农业大学	218	10	太原理工大学	78
5	西北农林科技大学	114	11	扬州大学	77
6	中华人民共和国农业农村部	91			

上海市农业科学院

1 英文期刊论文分析

分析数据来源于科学引文索引数据库（Web of Science，WOS）收录的文献类型为期刊论文（ARTICLE）、会议论文（PROCEEDINGS PAPER）和述评（REVIEW）的 Science Citation Index Expanded（SCIE）论文数据，数据时间范围为 2008—2017 年，共检索到上海市农业科学院作者发表的论文 775 篇。

1.1 发文量

2008—2017 年上海市农业科学院历年 SCI 发文与被引情况见表 1-1，上海市农业科学院英文文献历年发文趋势（2008—2017 年）见下图。

表 1-1　2008—2017 年上海市农业科学院历年 SCI 发文与被引情况

出版年	发文量（篇）	WOS 所有数据库总被引频次	WOS 核心库被引频次
2008 年	37	1 032	869
2009 年	51	1 000	844
2010 年	56	958	781
2011 年	66	800	656
2012 年	72	803	680
2013 年	70	707	590
2014 年	78	741	635
2015 年	102	680	577
2016 年	132	384	341
2017 年	111	80	78

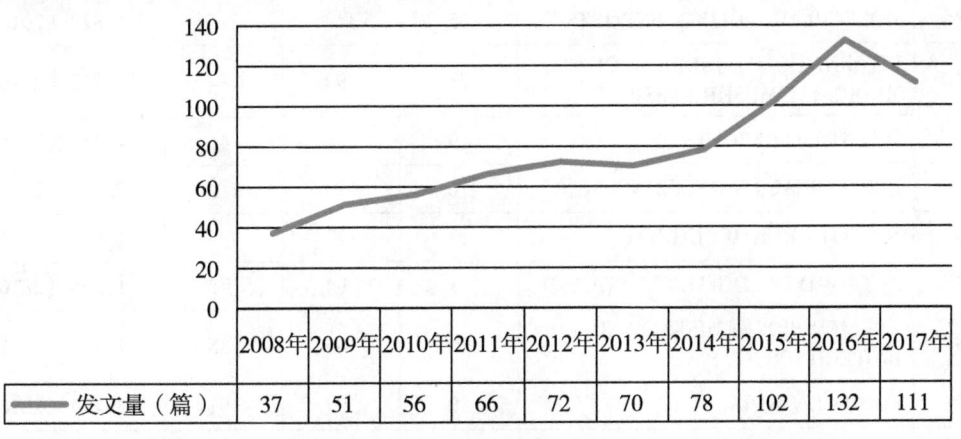

	2008年	2009年	2010年	2011年	2012年	2013年	2014年	2015年	2016年	2017年
发文量（篇）	37	51	56	66	72	70	78	102	132	111

图　上海市农业科学院英文文献历年发文趋势（2008—2017 年）

1.2 高发文研究所 TOP10

2008—2017年上海市农业科学院SCI高发文研究所TOP10见表1-2。

表1-2 2008—2017年上海市农业科学院SCI高发文研究所TOP10　　单位：篇

排序	研究所	发文量
1	上海市农业科学院生物技术研究所	183
2	上海市农业科学院畜牧兽医研究所	142
3	上海市农业科学院食用菌研究所	120
4	上海市农业科学院农产品质量标准与检测技术研究所	81
5	上海市农业科学院生态环境保护研究所	63
6	上海市农业科学院设施园艺研究所	53
7	上海市农业生物基因中心	35
8	上海市农业科学院林木果树研究所	31
9	上海市农业科学院作物育种栽培研究所	26
10	上海市农业科学院农业科技信息研究所	16

1.3 高发文期刊 TOP10

2008—2017年上海市农业科学院SCI高发文期刊TOP10见表1-3。

表1-3 2008—2017年上海市农业科学院SCI发文期刊TOP10

排序	期刊名称	发文量（篇）	WOS所有数据库总被引频次	WOS核心库被引频次	期刊影响因子（最近年度）
1	PLOS ONE	33	301	257	2.806（2016）
2	MOLECULAR BIOLOGY REPORTS	25	349	276	1.828（2016）
3	INTERNATIONAL JOURNAL OF MEDICINAL MUSHROOMS	23	99	84	1.272（2016）
4	SCIENTIFIC REPORTS	19	48	46	4.259（2016）
5	ECOLOGICAL ENGINEERING	16	139	112	2.914（2016）
6	SCIENTIA HORTICULTURAE	13	127	99	1.624（2016）
7	ACTA PHYSIOLOGIAE PLANTARUM	11	94	73	1.364（2016）
8	APPLIED BIOCHEMISTRY AND BIOTECHNOLOGY	10	45	35	1.751（2016）
9	FOOD CONTROL	10	97	91	3.496（2016）
10	FOOD CHEMISTRY	9	163	123	4.529（2016）

1.4 合作发文国家与地区 TOP10

2008—2017 年上海市农业科学院 SCI 合作发文国家与地区（合作发文 1 篇以上）TOP10 见表 1-4。

表 1-4 2008—2017 年上海市农业科学院 SCI 合作发文国家与地区 TOP10

排序	国家与地区	合作发文量	WOS 所有数据库总被引频次	WOS 核心库被引频次
1	美国	64	704	612
2	比利时	42	423	405
3	加拿大	20	348	282
4	日本	16	175	149
5	德国	12	97	83
6	英格兰	9	153	148
7	澳大利亚	7	144	121
8	韩国	4	30	26
9	荷兰	3	28	27
10	埃及	2	37	36
10	菲律宾	2	23	21
10	土耳其	2	94	88
10	墨西哥	2	11	10
10	巴基斯坦	2	5	2
10	伊朗	2	6	6

1.5 合作发文机构 TOP10

2008—2017 年上海市农业科学院 SCI 合作发文机构 TOP10 见表 1-5。

表 1-5 2008—2017 年上海市农业科学院 SCI 合作发文机构 TOP10

排序	合作发文机构	发文量	WOS 所有数据库总被引频次	WOS 核心库被引频次
1	南京农业大学	113	1 283	1 064
2	上海交通大学	67	678	598
3	中国农业科学院	44	315	275
4	中国科学院	42	464	377
5	扬州大学	39	623	511

（续表）

排序	合作发文机构	发文量	WOS 所有数据库总被引频次	WOS 核心库被引频次
6	浙江大学	35	302	240
7	中国农业大学	27	333	263
8	复旦大学	24	206	179
9	比利时列日大学	23	61	61
10	上海海洋大学	20	157	138
10	华中农业大学	20	199	162

1.6 高被引论文 TOP10

2008—2017 年上海市农业科学院发表的 SCI 高被引论文 TOP10 见表 1-6，上海市农业科学院以第一或通讯作者完成单位发表的 SCI 高被引论文 TOP10 见表 1-7。

表 1-6 2008—2017 年上海市农业科学院 SCI 高被引论文 TOP10

排序	标题	WOS 所有数据库总被引频次	WOS 核心库被引频次	作者机构	出版年份	期刊名称	期刊影响因子（最近年度）
1	Microbial biodegradation of polyaromatic hydrocarbons	303	289	上海市农业科学院生物技术研究所	2008 年	FEMS MICROBIOLOGY REVIEWS	12.198 (2016)
2	Genome-wide analysis of the AP2/ERF gene family in Populus trichocarpa	164	136	上海市农业科学院	2008 年	BIOCHEMICAL AND BIOPHYSICAL RESEARCH COMMUNICATIONS	2.466 (2016)
3	Microbial Conversion of Glycerol to 1, 3-Propanediol by an Engineered Strain of Escherichia coli	92	86	上海市农业科学院生物技术研究所	2009 年	APPLIED AND ENVIRONMENTAL MICROBIOLOGY	3.807 (2016)
4	AtCPK6, a functionally redundant and positive regulator involved in salt/drought stress tolerance in Arabidopsis	91	79	上海市农业科学院生物技术研究所	2010 年	PLANTA	3.361 (2016)
5	Multiplex Lateral Flow Immunoassay for Mycotoxin Determination	72	70	上海市农业科学院	2014 年	ANALYTICAL CHEMISTRY	6.32 (2016)

（续表）

排序	标题	WOS 所有数据库总被引频次	WOS 核心库被引频次	作者机构	出版年份	期刊名称	期刊影响因子（最近年度）
6	Variation in NRT1. 1B contributes to nitrate-use divergence between rice subspecies	67	45	上海市农业科学院作物育种栽培研究所	2015 年	NATURE GENETICS	27. 959 (2016)
7	Drought-responsive mechanisms in rice genotypes with contrasting drought tolerance during reproductive stage	65	58	上海市农业科学院	2012 年	JOURNAL OF PLANT PHYSIOLOGY	3. 121 (2016)
8	Genetic evolution of swine influenza A (H3N2) viruses in China from 1970 to 2006	64	56	上海市农业科学院畜牧兽医研究所	2008 年	JOURNAL OF CLINICAL MICROBIOLOGY	3. 712 (2016)
9	Discovery and expression profile analysis of AP2/ERF family genes from Triticum aestivum	62	48	上海市农业科学院	2011 年	MOLECULAR BIOLOGY REPORTS	1. 828 (2016)
10	Genome-wide analysis of the putative AP2/ERF family genes in Vitis vinifera	61	53	上海市农业科学院	2009 年	SCIENTIA HORTICULTURAE	1. 624 (2016)

表 1-7 2008—2017 年上海市农业科学院 SCI 高被引论文 TOP10（第一或通讯作者完成单位）

排序	标题	WOS 所有数据库总被引频次	WOS 核心库被引频次	作者机构	出版年份	期刊名称	期刊影响因子（最近年度）
1	Microbial biodegradation of polyaromatic hydrocarbons	303	289	上海市农业科学院生物技术研究所	2008 年	FEMS MICROBIOLOGY REVIEWS	12. 198 (2016)
2	Microbial Conversion of Glycerol to 1, 3-Propanediol by an Engineered Strain of Escherichia coli	92	86	上海市农业科学院生物技术研究所	2009 年	APPLIED AND ENVIRONMENTAL MICROBIOLOGY	3. 807 (2016)
3	AtCPK6, a functionally redundant and positive regulator involved in salt/drought stress tolerance in Arabidopsis	91	79	上海市农业科学院生物技术研究所	2010 年	PLANTA	3. 361 (2016)

（续表）

排序	标题	WOS 所有数据库总被引频次	WOS 核心库被引频次	作者机构	出版年份	期刊名称	期刊影响因子（最近年度）
4	Multiplex Lateral Flow Immunoassay for Mycotoxin Determination	72	70	上海市农业科学院	2014 年	ANALYTICAL CHEMISTRY	6.32（2016）
5	Structural elucidation of the polysaccharide moiety of a glycopeptide（GLPCW-Ⅱ）from Ganoderma lucidum fruiting bodies	47	39	上海市农业科学院食用菌研究所	2008 年	CARBOHYDRATE RESEARCH	2.096（2016）
6	OsNAC52, a rice NAC transcription factor, potentially responds to ABA and confers drought tolerance in transgenic plants	44	38	上海市农业科学院生物技术研究所	2010 年	PLANT CELL TISSUE AND ORGAN CULTURE	2.002（2016）
7	Forced expression of Mdmyb10, a myb transcription factor gene from apple, enhances tolerance to osmotic stress in transgenic Arabidopsis	43	32	上海市农业科学院生物技术研究所	2011 年	MOLECULAR BIOLOGY REPORTS	1.828（2016）
8	Chemical gene synthesis: strategies, softwares, error corrections, and applications	41	37	上海市农业科学院生物技术研究所	2008 年	FEMS MICROBIOLOGY REVIEWS	12.198（2016）
9	Expression of a rice DREB1 gene, OsDREB1D, enhances cold and high-salt tolerance in transgenic Arabidopsis	40	33	上海市农业科学院生物技术研究所	2009 年	BMB REPORTS	3.089（2016）
10	Isolation and genetic characterization of avian-like H1N1 and novel ressortant H1N2 influenza viruses from pigs in China	39	30	上海市农业科学院畜牧兽医研究所	2009 年	BIOCHEMICAL AND BIOPHYSICAL RESEARCH COMMUNICATIONS	2.466（2016）

1.7　高频词 TOP20

2008—2017 年上海市农业科学院 SCI 发文高频词（作者关键词）TOP20 见表 1-8。

表 1-8　2008—2017 年上海市农业科学院 SCI 发文高频词（作者关键词）TOP20

排序	关键词（作者关键词）	频次	排序	关键词（作者关键词）	频次
1	medicinal mushrooms	21	11	nucleopolyhedrovirus	10
2	Pichia pastoris	21	12	AP2/ERF	10
3	Arabidopsis	21	13	expression	9
4	Ganoderma lucidum	20	14	Transgenic Arabidopsis	9
5	rice	19	15	Purification	9
6	Gene expression	15	16	LC-MS/MS	9
7	Transcription factor	13	17	mycotoxins	8
8	Polysaccharide	13	18	Lentinula edodes	8
9	Arabidopsis thaliana	13	19	proline	8
10	Phytoremediation	11	20	Tomato	8

2　中文期刊论文分析

2008—2017 年，中国农业科技文献数据库（CASDD）共收录由上海市农业科学院作者发表的中文期刊论文 3 230篇，其中北大中文核心期刊论文 2 084篇，中国科学引文数据库（CSCD）期刊论文 1 916篇。

2.1　发文量

2008—2017 年上海市农业科学院中文文献历年发文趋势（2008—2017 年）见下图。

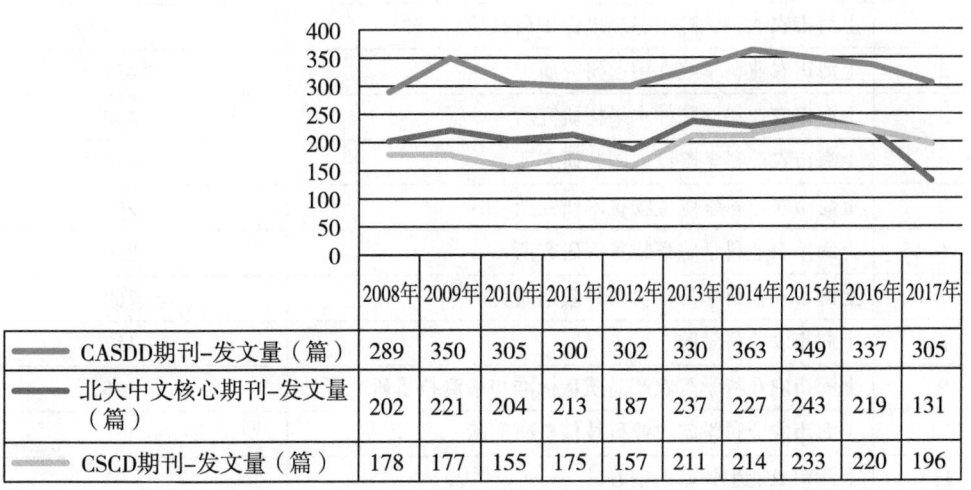

	2008年	2009年	2010年	2011年	2012年	2013年	2014年	2015年	2016年	2017年
CASDD期刊-发文量（篇）	289	350	305	300	302	330	363	349	337	305
北大中文核心期刊-发文量（篇）	202	221	204	213	187	237	227	243	219	131
CSCD期刊-发文量（篇）	178	177	155	175	157	211	214	233	220	196

图　上海市农业科学院中文文献历年发文趋势（2008—2017 年）

2.2 高发文研究所 TOP10

2008—2017 年上海市农业科学院 CASDD 期刊高发文研究所 TOP10 见表 2-1，2008—2017 年上海市农业科学院北大中文核心期刊高发文研究所 TOP10 见表 2-2，2008—2017 年上海市农业科学院中国科学引文数据库（CSCD）期刊高发文研究所 TOP10 见表 2-3。

表 2-1　2008—2017 年上海市农业科学院 CASDD 期刊高发文研究所 TOP10　　单位：篇

排序	研究所	发文量
1	上海市农业科学院生态环境保护研究所	763
2	上海市农业科学院林木果树研究所	652
3	上海市农业科学院食用菌研究所	612
4	上海市农业科学院设施园艺研究所	607
5	上海市农业科学院畜牧兽医研究所	437
6	上海市农业科学院	367
7	上海市农业科学院生物技术研究所	300
8	上海市农业科学院作物育种栽培研究所	246
9	上海市农业科学院农产品质量标准与检测技术研究所	212
10	上海市农业科学院农业科技信息研究所	208
11	上海市农业生物基因中心	127

注："上海市农业科学院"发文包括作者单位只标注为"上海市农业科学院"、院属实验室等。

表 2-2　2008—2017 年上海市农业科学院北大中文核心期刊高发文研究所 TOP10　　单位：篇

排序	研究所	发文量
1	上海市农业科学院生态环境保护研究所	533
2	上海市农业科学院食用菌研究所	457
3	上海市农业科学院林木果树研究所	440
4	上海市农业科学院设施园艺研究所	415
5	上海市农业科学院生物技术研究所	267
6	上海市农业科学院畜牧兽医研究所	238
7	上海市农业科学院作物育种栽培研究所	169
8	上海市农业科学院	157
9	上海市农业科学院农产品质量标准与检测技术研究所	146
10	上海市农业科学院农业科技信息研究所	132
11	上海市农业生物基因中心	93

注："上海市农业科学院"发文包括作者单位只标注为"上海市农业科学院"、院属实验室等。

表2-3 2008—2017年上海市农业科学院CSCD期刊高发文研究所TOP10 单位：篇

排序	研究所	发文量
1	上海市农业科学院生态环境保护研究所	553
2	上海市农业科学院林木果树研究所	461
3	上海市农业科学院设施园艺研究所	435
4	上海市农业科学院食用菌研究所	337
5	上海市农业科学院生物技术研究所	240
6	上海市农业科学院畜牧兽医研究所	196
7	上海市农业科学院作物育种栽培研究所	179
8	上海市农业科学院农产品质量标准与检测技术研究所	135
9	上海市农业科学院	129
10	上海市农业科学院农业科技信息研究所	120
11	上海市农业生物基因中心	107

注："上海市农业科学院"发文包括作者单位只标注为"上海市农业科学院"、院属实验室等。

2.3 高发文期刊 TOP10

2008—2017年上海市农业科学院高发文CASDD期刊TOP10见表2-4，2008—2017年上海市农业科学院高发文北大中文核心期刊TOP10见表2-5，2008—2017年上海市农业科学院高发文CSCD期刊TOP10见表2-6。

表2-4 2008—2017年上海市农业科学院高发文期刊（CASDD）TOP10 单位：篇

排序	期刊名称	发文量	排序	期刊名称	发文量
1	上海农业学报	818	6	国外畜牧学（猪与禽）	76
2	食用菌学报	189	7	菌物学报	51
3	上海畜牧兽医通讯	93	8	核农学报	49
4	中国农学通报	90	9	上海交通大学学报（农业科学版）	42
5	上海农业科技	86	10	上海农村经济	39

表2-5 2008—2017年上海市农业科学院高发文期刊（北大中文核心）TOP10 单位：篇

排序	期刊名称	发文量	排序	期刊名称	发文量
1	上海农业学报	701	7	果树学报	34
2	食用菌学报	189	8	食品科学	29
3	中国农学通报	57	9	园艺学报	25
4	菌物学报	51	10	安徽农业科学	23
5	核农学报	49	10	植物遗传资源学报	23
6	植物生理学报	35	10	西北植物学报	23

表 2-6　2008—2017 年上海市农业科学院高发文期刊（CSCD）TOP10　　单位：篇

排序	期刊名称	发文量	排序	期刊名称	发文量
1	上海农业学报	818	6	植物生理学报	35
2	食用菌学报	67	7	果树学报	34
3	中国农学通报	63	8	食品科学	29
4	菌物学报	51	9	分子植物育种	28
5	核农学报	49	10	天然产物研究与开发	27

2.4　合作发文机构 TOP10

2008—2017 年上海市农业科学院中文期刊合作发文机构 TOP10 见表 2-7。

表 2-7　2008—2017 年上海市农业科学院合作发文机构 TOP10　　单位：篇

排序	合作发文机构	发文量	排序	合作发文机构	发文量
1	南京农业大学	509	6	湖北省农业科学院	106
2	中华人民共和国农业农村部	424	7	上海理工大学	89
3	上海海洋大学	330	8	中国农业科学院	81
4	上海交通大学	185	9	上海师范大学	80
5	扬州大学	122	10	上海市农业技术推广服务中心	67

四川省农业科学院

1 英文期刊论文分析

分析数据来源于科学引文索引数据库（Web of Science，WOS）收录的文献类型为期刊论文（ARTICLE）、会议论文（PROCEEDINGS PAPER）和述评（REVIEW）的 Science Citation Index Expanded（SCIE）论文数据，数据时间范围为 2008—2017 年，共检索到四川省农业科学院作者发表的论文 432 篇。

1.1 发文量

2008—2017 年四川省农业科学院历年 SCI 发文与被引情况见表 1-1，四川省农业科学院英文文献历年发文趋势（2008—2017 年）见下图。

表 1-1 2008—2017 年四川省农业科学院 SCI 历年发文与被引情况

出版年	发文量（篇）	WOS 所有数据库总被引频次	WOS 核心库被引频次
2008 年	16	453	353
2009 年	28	689	489
2010 年	14	129	98
2011 年	26	282	250
2012 年	29	577	496
2013 年	36	548	467
2014 年	40	622	552
2015 年	70	383	329
2016 年	90	226	195
2017 年	83	43	36

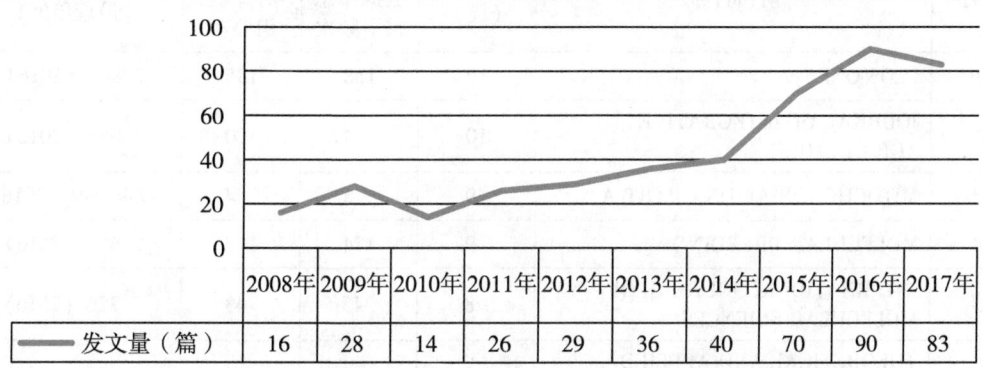

图 四川省农业科学院英文文献历年发文趋势（2008—2017 年）

1.2 高发文研究所 TOP10

2008—2017年四川省农业科学院SCI高发文研究所TOP10见表1-2。

表1-2 2008—2017年四川省农业科学院SCI高发文研究所TOP10　　单位：篇

排序	研究所	发文量
1	四川省农业科学院土壤肥料研究所	96
1	四川省农业科学院作物研究所	96
2	四川省农业科学院生物技术核技术研究所	44
3	四川省农业科学院植物保护研究所	39
4	四川省农业科学院园艺研究所	33
5	四川省农业科学院水产研究所	27
6	四川省农业科学院水稻高粱研究所	26
7	四川省农业科学院经济作物研究所	21
8	四川省农业科学院分析测试中心、质量标准与检测技术研究所	18
8	四川省农业科学院农产品加工研究所	18
9	四川省农业科学院绵阳分院	17
10	四川省农业科学院蚕业研究所	6

1.3 高发文期刊 TOP10

2008—2017年四川省农业科学院SCI高发文期刊TOP10见表1-3。

表1-3 2008—2017年四川省农业科学院SCI高发文期刊TOP10

排序	期刊名称	发文量（篇）	WOS所有数据库总被引频次	WOS核心库被引频次	期刊影响因子（最近年度）
1	PLOS ONE	19	168	135	2.806（2016）
2	JOURNAL OF INTEGRATIVE AGRICULTURE	10	24	20	1.042（2016）
3	MITOCHONDRIAL DNA PART A	9	5	4	-999.999（2016）
4	MOLECULAR BREEDING	9	174	142	2.465（2016）
5	INTERNATIONAL JOURNAL OF MOLECULAR SCIENCES	8	45	43	3.226（2016）
6	THEORETICAL AND APPLIED GENETICS	8	150	142	4.132（2016）

（续表）

排序	期刊名称	发文量（篇）	WOS 所有数据库总被引频次	WOS 核心库被引频次	期刊影响因子（最近年度）
7	GENETICS AND MOLECULAR RESEARCH	7	14	9	0.764（2015）
8	SCIENTIFIC REPORTS	7	13	11	4.259（2016）
9	FRONTIERS IN PLANT SCIENCE	7	15	15	4.298（2016）
10	PROCEEDINGS OF THE 2015 6TH INTERNATIONAL CONFERENCE ON MANUFACTURING SCIENCE AND ENGINEERING	6	0	0	未发布

1.4 合作发文国家与地区 TOP10

2008—2017 年四川省农业科学院 SCI 合作发文国家与地区（合作发文 1 篇以上）TOP10 见表 1-4。

表 1-4　2008—2017 年四川省农业科学院 SCI 合作发文国家与地区 TOP10

排序	国家与地区	合作发文量	WOS 所有数据库总被引频次	WOS 核心库被引频次
1	美国	31	689	603
2	澳大利亚	15	374	351
3	芬兰	8	199	156
4	墨西哥	7	111	107
5	加拿大	6	305	285
6	比利时	6	98	94
7	新西兰	5	22	19
8	菲律宾	4	22	21
9	英格兰	4	475	432
10	德国	3	91	84
10	沙特阿拉伯	3	322	304
10	意大利	3	223	207
10	以色列	3	55	53

1.5 合作发文机构 TOP10

2008—2017 年四川省农业科学院 SCI 合作发文机构 TOP10 见表 1-5。

表 1-5　2008—2017 年四川省农业科学院 SCI 合作发文机构 TOP10

排序	合作发文机构	发文量	WOS 所有数据库总被引频次	WOS 核心库被引频次
1	四川农业大学	107	695	531
2	四川大学	64	706	603
3	中国科学院	46	690	583
4	中国农业科学院	37	941	801
5	中华人民共和国农业农村部	35	99	86
6	中国农业大学	25	271	208
7	电子科技大学	23	66	60
8	华中农业大学	18	481	440
9	西南大学	16	478	403
10	云南省农业科学院	9	41	38
10	西华师范大学	9	14	9
10	湖南农业大学	9	339	305
10	重庆大学	9	97	81

1.6　高被引论文 TOP10

2008—2017 年四川省农业科学院发表的 SCI 高被引论文 TOP10 见表 1-6，四川省农业科学院以第一或通讯作者完成单位发表的 SCI 高被引论文 TOP10 见表 1-7。

表 1-6　2008—2017 年四川省农业科学院 SCI 高被引论文 TOP10

排序	标题	WOS 所有数据库总被引频次	WOS 核心库被引频次	作者机构	出版年份	期刊名称	期刊影响因子（最近年度）
1	The Brassica oleracea genome reveals the asymmetrical evolution of polyploid genomes	258	240	四川省农业科学院	2014 年	NATURE COMMUNICATIONS	12. 124 (2016)
2	Retrotransposons Control Fruit-Specific, Cold-Dependent Accumulation of Anthocyanins in Blood Oranges	161	145	四川省农业科学院	2012 年	PLANT CELL	8. 688 (2016)

（续表）

排序	标题	WOS 所有数据库总被引频次	WOS 核心库被引频次	作者机构	出版年份	期刊名称	期刊影响因子（最近年度）
3	Race Dynamics, Diversity, and Virulence Evolution in Puccinia striiformis f. sp tritici, the Causal Agent of Wheat Stripe Rust in China from 2003 to 2007	136	91	四川省农业科学院植物保护研究所	2009 年	PLANT DISEASE	3.173 (2016)
4	Blue-light-dependent interaction of cryptochrome 1 with SPA1 defines a dynamic signaling mechanism	121	109	四川省农业科学院园艺研究所	2011 年	GENES & DEVELOPMENT	9.413 (2016)
5	Biochar soil amendment increased bacterial but decreased fungal gene abundance with shifts in community structure in a slightly acid rice paddy from Southwest China	104	80	四川省农业科学院作物研究所	2013 年	APPLIED SOIL ECOLOGY	2.786 (2016)
6	$FeCl_3$-Catalyzed Stereoselective Construction of Spirooxindole Tetrahydroquinolines via Tandem 1, 5-Hydride Transfer/Ring Closure	92	91	四川省农业科学院分析测试中心、质量标准与检测技术研究所	2012 年	ORGANIC LETTERS	6.579 (2016)
7	Combined thermotherapy and cryotherapy for efficient virus eradication: relation of virus distribution, subcellular changes, cell survival and viral RNA degradation in shoot tips	68	57	四川省农业科学院农产品加工研究所	2008 年	MOLECULAR PLANT PATHOLOGY	4.697 (2016)
8	Soil microbial biomass, crop yields, and bacterial community structure as affected by long-term fertilizer treatments under wheat-rice cropping	68	49	四川省农业科学院土壤肥料研究所	2009 年	EUROPEAN JOURNAL OF SOIL BIOLOGY	2.445 (2016)

（续表）

排序	标题	WOS 所有数据库总被引频次	WOS 核心库被引频次	作者机构	出版年份	期刊名称	期刊影响因子（最近年度）
9	Synthetic hexaploid wheat and its utilization for wheat genetic improvement in China	66	45	四川省农业科学院作物研究所	2009 年	JOURNAL OF GENETICS AND GENOMICS	4.051（2016）
10	Multiple Rice MicroRNAs Are Involved in Immunity against the Blast Fungus Magnaporthe oryzae	66	61	四川省农业科学院水稻高粱研究所	2014 年	PLANT PHYSIOLOGY	6.456（2016）

表 1-7　2008—2017 年四川省农业科学院 SCI 高被引论文 TOP10（第一或通讯作者完成单位）

排序	标题	WOS 所有数据库总被引频次	WOS 核心库被引频次	作者机构	出版年份	期刊名称	期刊影响因子（最近年度）
1	Synthetic hexaploid wheat and its utilization for wheat genetic improvement in China	66	45	四川省农业科学院作物研究所	2009 年	JOURNAL OF GENETICS AND GENOMICS	4.051（2016）
2	Quantitative trait loci of stripe rust resistance in wheat	64	61	四川省农业科学院作物研究所	2013 年	THEORETICAL AND APPLIED GENETICS	4.132（2016）
3	A multi-residue method for the determination of 124 pesticides in rice by modified QuEChERS extraction and gas chromatography-tandem mass spectrometry	59	45	四川省农业科学院分析测试中心、质量标准与检测技术研究所	2013 年	FOOD CHEMISTRY	4.529（2016）
4	The First Illumina-Based De Novo Transcriptome Sequencing and Analysis of Safflower Flowers	46	32	四川省农业科学院经济作物研究所	2012 年	PLOS ONE	2.806（2016）
5	The effect of plant hedgerows on the spatial distribution of soil erosion and soil fertility on sloping farmland in the purple-soil area of China	40	25	四川省农业科学院土壤肥料研究所	2009 年	SOIL & TILLAGE RESEARCH	3.401（2016）

（续表）

排序	标题	WOS 所有数据库总被引频次	WOS 核心库被引频次	作者机构	出版年份	期刊名称	期刊影响因子（最近年度）
6	A multi-residue method for the determination of pesticides in tea using multi-walled carbon nanotubes as a dispersive solid phase extraction absorbent	39	32	四川省农业科学院分析测试中心、质量标准与检测技术研究所	2014 年	FOOD CHEMISTRY	4.529 (2016)
7	Synthetic hexaploid wheat enhances variation and adaptive evolution of bread wheat in breeding processes	23	17	四川省农业科学院作物研究所	2014 年	JOURNAL OF SYSTEMATICS AND EVOLUTION	2.05 (2016)
8	The complete mitochondrial genome of the Sichuan taimen (Hucho bleekeri)：Repetitive sequences in the control region and phylogenetic implications for Salmonidae	20	19	四川省农业科学院水产研究所	2011 年	MARINE GENOMICS	1.923 (2016)
9	QTL analysis of the spring wheat "Chapio" identifies stable stripe rust resistance despite inter-continental genotype x environment interactions	20	20	四川省农业科学院作物研究所	2013 年	THEORETICAL AND APPLIED GENETICS	4.132 (2016)
10	Genetic analysis and gene fine mapping of aroma in rice (Oryza sativa L. Cyperales, Poaceae)	17	15	四川省农业科学院作物研究所	2008 年	GENETICS AND MOLECULAR BIOLOGY	1.147 (2016)

1.7 高频词 TOP20

2008—2017 年四川省农业科学院 SCI 发文高频词（作者关键词）TOP20 见表 1-8。

表1-8　2008—2017年四川省农业科学院SCI发文高频词（作者关键词）TOP20

排序	关键词（作者关键词）	频次	排序	关键词（作者关键词）	频次
1	rice	15	11	Yellow rust	7
2	Wheat	15	12	molecular marker	6
3	genetic diversity	14	13	Population structure	6
4	Triticum aestivum	12	14	Phylogeny	6
5	grain yield	12	15	complete mitochondrial genome	6
6	Taxonomy	11	16	Puccinia striiformis	5
7	Mitochondrial genome	9	17	potato	5
8	Hybrid rice	9	18	phytase	5
9	Phylogenetic analysis	8	19	marker-assisted selection	5
10	transcriptome	7	20	Capsella bursa-pastoris	4

2　中文期刊论文分析

2008—2017年，中国农业科技文献数据库（CASDD）共收录由四川省农业科学院作者发表的中文期刊论文4 103篇，其中北大中文核心期刊2 156篇，中国科学引文数据库（CSCD）期刊论文1 776篇。

2.1　发文量

2008—2017年四川省农业科学院中文文献历年发文趋势（2008—2017年）见下图。

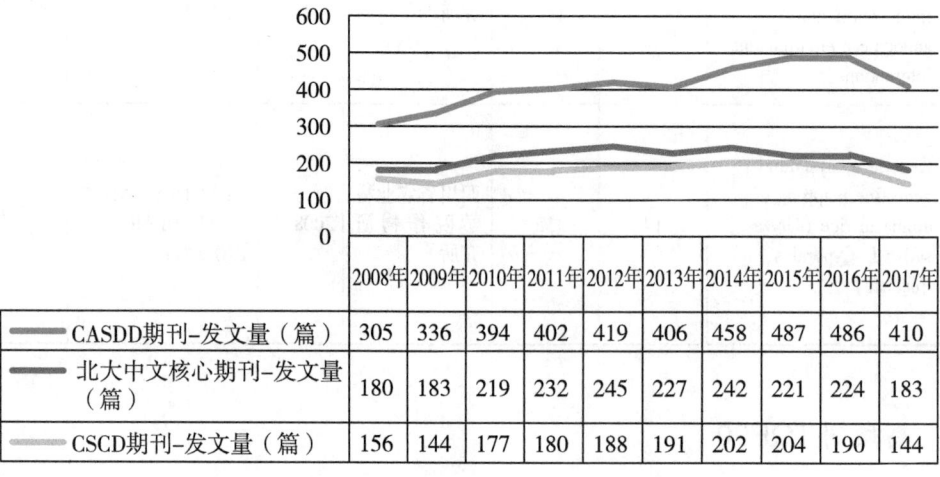

	2008年	2009年	2010年	2011年	2012年	2013年	2014年	2015年	2016年	2017年
CASDD期刊-发文量（篇）	305	336	394	402	419	406	458	487	486	410
北大中文核心期刊-发文量（篇）	180	183	219	232	245	227	242	221	224	183
CSCD期刊-发文量（篇）	156	144	177	180	188	191	202	204	190	144

图　四川省农业科学院中文文献历年发文趋势（2008—2017年）

2.2 高发文研究所 TOP10

2008—2017 年四川省农业科学院 CASDD 期刊高发文研究所 TOP10 见表 2-1，2008—2017 年四川省农业科学院北大中文核心期刊高发文研究所 TOP10 见表 2-2，2008—2017 年四川省农业科学院中国科学引文数据库（CSCD）期刊高发文研究所 TOP10 见表 2-3。

表 2-1　2008—2017 年四川省农业科学院 CASDD 期刊高发文研究所 TOP10　　单位：篇

排序	研究所	发文量
1	四川省农业科学院土壤肥料研究所	575
2	四川省农业科学院作物研究所	508
3	四川省农业科学院植物保护研究所	399
4	四川省农业科学院水稻高粱研究所	388
5	四川省农业科学院	378
6	四川省农业科学院园艺研究所	368
7	四川省农业科学院绵阳分院	277
8	四川省农业科学院分析测试中心、质量标准与检测技术研究所	231
9	四川省农业科学院农业信息与农村经济研究所	230
10	四川省农业科学院蚕业研究所	225
11	四川省农业科学院川南分院	217

注："四川省农业科学院"发文包括作者单位只标注为"四川省农业科学院"、院属实验室等。

表 2-2　2008—2017 年四川省农业科学院北大中文核心期刊高发文研究所 TOP10　单位：篇

排序	研究所	发文量
1	四川省农业科学院土壤肥料研究所	409
2	四川省农业科学院作物研究所	287
3	四川省农业科学院水稻高粱研究所	223
4	四川省农业科学院植物保护研究所	205
5	四川省农业科学院园艺研究所	203
6	四川省农业科学院	190
7	四川省农业科学院分析测试中心、质量标准与检测技术研究所	143
8	四川省农业科学院生物技术核技术研究所	136
9	四川省农业科学院蚕业研究所	113
10	四川省农业科学院农业信息与农村经济研究所	83

（续表）

排序	研究所	发文量
10	四川省农业科学院绵阳分院	83
11	四川省农业科学院水产研究所	68

注："四川省农业科学院"发文包括作者单位只标注为"四川省农业科学院"、院属实验室等。

表2-3 2008—2017年四川省农业科学院CSCD期刊高发文研究所TOP10 单位：篇

排序	研究所	发文量
1	四川省农业科学院土壤肥料研究所	392
2	四川省农业科学院作物研究所	276
3	四川省农业科学院植物保护研究所	199
4	四川省农业科学院水稻高粱研究所	177
5	四川省农业科学院园艺研究所	134
6	四川省农业科学院生物技术核技术研究所	133
7	四川省农业科学院	130
8	四川省农业科学院分析测试中心、质量标准与检测技术研究所	117
9	四川省农业科学院蚕业研究所	96
10	四川省农业科学院绵阳分院	58
11	四川省农业科学院川南分院	57

注："四川省农业科学院"发文包括作者单位只标注为"四川省农业科学院"、院属实验室等。

2.3 高发文期刊TOP10

2008—2017年四川省农业科学院高发文CASDD期刊TOP10见表2-4，2008—2017年四川省农业科学院高发文北大中文核心期刊TOP10见表2-5，2008—2017年四川省农业科学院高发文CSCD期刊TOP10见表2-6。

表2-4 2008—2017年四川省农业科学院高发文期刊（CASDD）TOP10 单位：篇

排序	期刊名称	发文量	排序	期刊名称	发文量
1	西南农业学报	630	6	中国稻米	99
2	四川农业科技	472	7	农业科技通讯	89
3	安徽农业科学	151	8	现代农业科技	75
4	中国农学通报	104	9	中国种业	49
5	杂交水稻	99	10	四川蚕业	47

表 2-5　2008—2017 年四川省农业科学院高发文期刊（北大中文核心）TOP10 单位：篇

排序	期刊名称	发文量	排序	期刊名称	发文量
1	西南农业学报	630	6	中国农业科学	41
2	安徽农业科学	109	7	北方园艺	38
3	杂交水稻	99	8	作物学报	31
4	中国农学通报	50	9	种子	31
5	蚕业科学	41	10	湖北农业科学	29

表 2-6　2008—2017 年四川省农业科学院高发文期刊（CSCD）TOP10 单位：篇

排序	期刊名称	发文量	排序	期刊名称	发文量
1	西南农业学报	630	6	分子植物育种	41
2	杂交水稻	99	7	作物学报	31
3	中国农学通报	63	8	种子	27
4	蚕业科学	41	9	麦类作物学报	25
5	中国农业科学	41	10	核农学报	23

2.4　合作发文机构 TOP10

2008—2017 年四川省农业科学院中文期刊合作发文机构 TOP10 见表 2-7。

表 2-7　2008—2017 年四川省农业科学院合作发文机构 TOP10 单位：篇

排序	合作发文机构	发文量	排序	合作发文机构	发文量
1	四川农业大学	905	6	西华师范大学	117
2	四川大学	301	7	四川省中医药科学院	107
3	中国农业科学院	224	8	中华人民共和国农业农村部	90
4	四川省烟草公司	216	9	中国科学院	76
5	西南大学	158	10	沈阳农业大学	67

天津市农业科学院

1 英文期刊论文分析

分析数据来源于科学引文索引数据库（Web of Science，WOS）收录的文献类型为期刊论文（ARTICLE）、会议论文（PROCEEDINGS PAPER）和述评（REVIEW）的 Science Citation Index Expanded（SCIE）论文数据，数据时间范围为 2008—2017 年，共检索到天津市农业科学院作者发表的论文 107 篇。

1.1 发文量

2008—2017 年天津市农业科学院历年 SCI 发文与被引情况见表 1-1，天津市农业科学院英文文献历年发文趋势（2008—2017 年）见下图。

表 1-1　2008—2017 年天津市农业科学院 SCI 历年发文与被引情况

出版年	发文量（篇）	WOS 所有数据库总被引频次	WOS 核心库被引频次
2008 年	4	102	88
2009 年	4	145	126
2010 年	6	112	100
2011 年	7	91	71
2012 年	7	133	106
2013 年	15	226	193
2014 年	8	105	99
2015 年	13	111	92
2016 年	21	56	52
2017 年	22	20	20

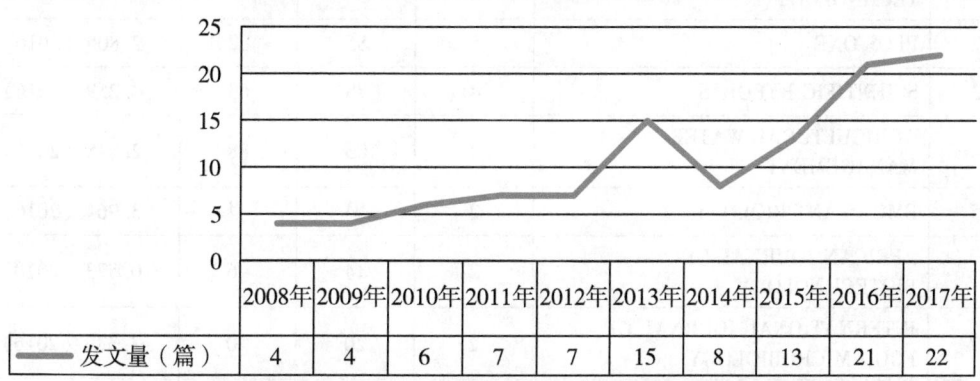

图　天津市农业科学院英文文献历年发文趋势（2008—2017 年）

1.2 高发文研究所 TOP10

2008—2017 年天津市农业科学院 SCI 高发文研究所 TOP10 见表 1-2。

表 1-2　2008—2017 年天津市农业科学院 SCI 高发文研究所 TOP10　　单位：篇

排序	研究所	发文量
1	国家农产品保鲜工程技术研究中心（天津）	31
2	天津市农业质量标准与检测技术研究所	16
3	天津市农作物（水稻）研究所	12
3	天津市植物保护研究所	12
4	天津市林业果树研究所	6
5	天津市畜牧兽医研究所	5
6	天津市农业科学院信息研究所	3
7	天津科润农业科技股份有限公司蔬菜研究所	1
7	天津市农业资源与环境研究所	1
7	天津市农村经济与区划研究所	1
7	天津市园艺工程研究所	1

1.3 高发文期刊 TOP10

2008—2017 年天津市农业科学院 SCI 高发文期刊 TOP10 见表 1-3。

表 1-3　2008—2017 年天津市农业科学院 SCI 发文期刊 TOP10

排序	期刊名称	发文量（篇）	WOS 所有数据库总被引频次	WOS 核心库被引频次	期刊影响因子（最近年度）
1	POSTHARVEST BIOLOGY AND TECHNOLOGY	5	51	46	3.248（2016）
2	PLOS ONE	5	85	82	2.806（2016）
3	SCIENTIFIC REPORTS	4	78	63	4.259（2016）
4	AGRICULTURAL WATER MANAGEMENT	4	103	88	2.848（2016）
5	BMC PLANT BIOLOGY	2	4	4	3.964（2016）
6	AFRICAN JOURNAL OF BIOTECHNOLOGY	2	14	6	0.573（2010）
7	INTERNATIONAL JOURNAL OF FOOD MICROBIOLOGY	2	20	20	3.339（2016）
8	FOOD CONTROL	2	28	26	3.496（2016）

（续表）

排序	期刊名称	发文量（篇）	WOS 所有数据库总被引频次	WOS 核心库被引频次	期刊影响因子（最近年度）
9	SPECTROSCOPY AND SPECTRAL ANALYSIS	2	4	2	0.344 （2016）
10	PLANT SOIL AND ENVIRONMENT	2	2	2	1.225 （2016）

1.4 合作发文国家与地区 TOP10

2008—2017 年天津市农业科学院 SCI 合作发文国家与地区（合作发文 1 篇以上）TOP10 见表 1-4。

表 1-4 2008—2017 年天津市农业科学院 SCI 合作发文国家与地区 TOP10

排序	国家与地区	合作发文量	WOS 所有数据库总被引频次	WOS 核心库被引频次
1	美国	25	330	293
2	丹麦	16	339	294
3	德国	2	14	8

注：2008—2017 年合作发文 1 篇以上的国家与地区数量不足 10 个

1.5 合作发文机构 TOP10

2008—2017 年天津市农业科学院 SCI 合作发文机构 TOP10 见表 1-5。

表 1-5 2017—2018 年天津市农业科学院 SCI 合作发文机构 TOP10

排序	合作发文机构	发文量	WOS 所有数据库总被引频次	WOS 核心库被引频次
1	中国农业科学院	37	679	580
2	哥本哈根大学	16	339	294
3	中国农业大学	12	138	129
4	南开大学	10	55	51
5	美国农业部农业科学研究院	10	94	86
6	天津商业大学	9	39	37
7	中国科学院	7	22	21
8	天津科技大学	7	53	51
9	天津农学院	5	7	6

（续表）

排序	合作发文机构	发文量	WOS 所有数据库总被引频次	WOS 核心库被引频次
10	天津大学	5	17	6
10	南京农业大学	5	93	81

1.6 高被引论文 TOP10

　　2008—2017 年天津市农业科学院发表的 SCI 高被引论文 TOP10 见表 1-6，天津市农业科学院以第一或通讯作者完成单位发表的 SCI 高被引论文 TOP10 见表 1-7。

表 1-6　2008—2017 年天津市农业科学院 SCI 高被引论文 TOP10

排序	标题	WOS 所有数据库总被引频次	WOS 核心库被引频次	作者机构	出版年份	期刊名称	期刊影响因子（最近年度）
1	Water deficits and heat shock effects on photosynthesis of a transgenic Arabidopsis thaliana constitutively expressing ABP9, a bZIP transcription factor	86	74	天津市农业科学院	2008 年	JOURNAL OF EXPERIMENTAL BOTANY	5.83（2016）
2	Evaluation of temperature-based global solar radiation models in China	76	68	天津市农业科学院	2009 年	AGRICULTURAL AND FOREST METEOROLOGY	3.887（2016）
3	QTL analysis for yield components and kernel-related traits in maize across multi-environments	72	62	天津市农作物（水稻）研究所	2011 年	THEORETICAL AND APPLIED GENETICS	4.132（2016）
4	Multiple Forms of Vector Manipulation by a Plant-Infecting Virus: Bemisia tabaci and Tomato Yellow Leaf Curl Virus	67	54	天津市植物保护研究所	2013 年	JOURNAL OF VIROLOGY	4.663（2016）
5	Deficit irrigation based on drought to lerance and root signalling in potatoes and tomatoes	65	59	天津市农业科学院	2010 年	AGRICULTURAL WATER MANAGEMENT	2.848（2016）
6	Targeted mutagenesis in soybean using the CRISPR-Cas9 system	62	48	天津市农业质量标准与检测技术研究所	2015 年	SCIENTIFIC REPORTS	4.259（2016）
7	Arabidopsis Transcriptome Analysis Reveals Key Roles of Melatonin in Plant Defense Systems	61	59	天津市农作物（水稻）研究所	2014 年	PLOS ONE	2.806（2016）

（续表）

排序	标题	WOS 所有数据库总被引频次	WOS 核心库被引频次	作者机构	出版年份	期刊名称	期刊影响因子（最近年度）
8	Calibration of the Angstrom-Prescott coefficients（a，b）under different time scales and their impacts in estimating global solar radiation in the Yellow River basin	45	41	天津市农业科学院	2009 年	AGRICULTURAL AND FOREST METEOROLOGY	3.887（2016）
9	Effects of UV-C treatment on inactivation of Escherichia coli O157：H7，microbial loads，and quality of button mushrooms	38	33	国家农产品保鲜工程技术研究中心（天津）	2012 年	POSTHARVEST BIOLOGY AND TECHNOLOGY	3.248（2016）
10	Development of indirect competitive immunoassay for highly sensitive determination of ractopamine in pork liver samples based on surface plasmon resonance sensor	36	30	天津市农业质量标准与检测技术研究所	2012 年	SENSORS AND ACTUATORS B-CHEMICAL	5.401（2016）

表 1-7　2008—2017 年天津市农业科学院 SCI 高被引论文 TOP10（第一或通讯作者完成单位）

排序	标题	WOS 所有数据库总被引频次	WOS 核心库被引频次	作者机构	出版年份	期刊名称	期刊影响因子（最近年度）
1	Exploring MicroRNA-Like Small RNAs in the Filamentous Fungus Fusarium oxysporum	18	17	天津市农业质量标准与检测技术研究所	2014 年	PLOS ONE	2.806（2016）
2	Preparation of Cross-Linked Enzyme Aggregates of Trehalose Synthase via Co-aggregation with Polyethyleneimine	6	5	天津市林业果树研究所	2014 年	APPLIED BIOCHEMISTRY AND BIOTECHNOLOGY	1.751（2016）
3	Preparation of cross-linked enzyme aggregates in water-in-oil emulsion：Application to trehalose synthase	5	5	天津市林业果树研究所	2014 年	JOURNAL OF MOLECULAR CATALYSIS B-ENZYMATIC	2.269（2016）

（续表）

排序	标题	WOS 所有数据库总被引频次	WOS 核心库被引频次	作者机构	出版年份	期刊名称	期刊影响因子（最近年度）
4	Comparative Profiling of microRNA Expression in Soybean Seeds from Genetically Modified Plants and their Near-Isogenic Parental Lines	5	5	天津市农业质量标准与检测技术研究所	2016 年	PLOS ONE	2.806（2016）
5	Production of Biological Control Agent Bacillus subtilis B579 by Solid-State Fermentation using Agricultural Residues	2	1	天津市植物保护研究所	2013 年	JOURNAL OF PURE AND APPLIED MICROBIOLOGY	0.073（2013）
6	Development of the One-step Visual Loop-Mediated Isothermal Amplification Assay for Genetically Modified Rice Event TT51-1	1	0	天津市农业质量标准与检测技术研究所	2014 年	FOOD SCIENCE AND TECHNOLOGY RESEARCH	0.459（2016）
7	GmDREB1 overexpression affects the expression of microRNAs in GM wheat seeds	1	1	天津市农业质量标准与检测技术研究所	2017 年	PLOS ONE	2.806（2016）

注：被引频次大于 0 的全部发文数量不足 10 篇。

1.7 高频词 TOP20

2008—2017 年天津市农业科学院 SCI 发文高频词（作者关键词）TOP20 见表 1-8。

表 1-8 2008—2017 年天津市农业科学院 SCI 发文高频词（作者关键词）TOP20

排序	关键词（作者关键词）	频次	排序	关键词（作者关键词）	频次
1	browning	3	11	feeding behavior	2
2	Agaricus bisporus	3	12	Nitrogen	2
3	photosynthesis	3	13	Phosphorus	2
4	Angstrom-Prescott coefficients	3	14	electrical conductivity	2
5	Escherichia coli O157：H7	3	15	Antioxidants	2
6	rice	2	16	Postharvest diseases	2
7	Color	2	17	Transcriptome	2
8	chiral stationary phase	2	18	fruit	2
9	Spinach	2	19	Soluble tannin content	2
10	Antioxidant activity	2	20	Cold storage	2

2 中文期刊论文分析

2008—2017 年，中国农业科技文献数据库（CASDD）共收录由天津市农业科学院作者发表的中文期刊论文 2 504 篇，其中北大中文核心期刊 1 116篇，中国科学引文数据库（CSCD）期刊论文 608 篇。

2.1 发文量

2008—2017 年天津市农业科学院中文文献历年发文趋势（2008—2017 年）见下图。

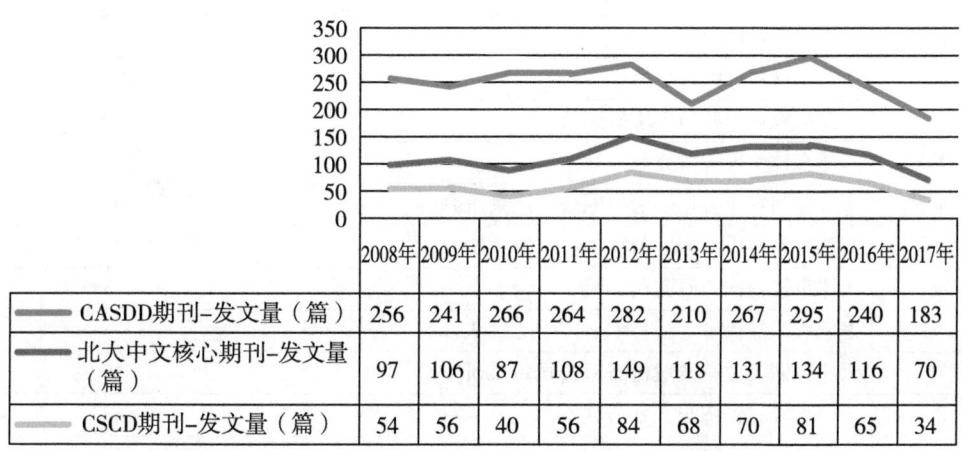

	2008年	2009年	2010年	2011年	2012年	2013年	2014年	2015年	2016年	2017年
CASDD期刊–发文量（篇）	256	241	266	264	282	210	267	295	240	183
北大中文核心期刊–发文量（篇）	97	106	87	108	149	118	131	134	116	70
CSCD期刊–发文量（篇）	54	56	40	56	84	68	70	81	65	34

图　天津市农业科学院中文文献历年发文趋势（2008—2017 年）

2.2 高发文研究所 TOP10

2008—2017 年天津市农业科学院 CASDD 期刊高发文研究所 TOP10 见表 2-1，2008—2017 年天津市农业科学院北大中文核心期刊高发文研究所 TOP10 见表 2-2，2008—2017 年天津市农业科学院中国科学引文数据库（CSCD）期刊高发文研究所 TOP10 见表 2-3。

表 2-1　2008—2017 年天津市农业科学院 CASDD 期刊高发文研究所 TOP10　单位：篇

排序	研究所	发文量
1	天津市农业科学院	396
2	天津市畜牧兽医研究所	341
3	天津市林业果树研究所	249
4	天津市农业资源与环境研究所	219
5	天津科润农业科技股份有限公司蔬菜研究所	207
6	天津市植物保护研究所	179
7	天津市农业科学院信息研究所	163
8	天津市农村经济与区划研究所	161

（续表）

排序	研究所	发文量
9	国家农产品保鲜工程技术研究中心（天津）	153
10	天津市农作物（水稻）研究所	151
11	天津市农业质量标准与检测技术研究所	143

注："天津市农业科学院"发文包括作者单位只标注为"天津市农业科学院"、院属实验室等。

表2-2　2008—2017年天津市农业科学院北大中文核心期刊高发文研究所TOP10　单位：篇

排序	研究所	发文量
1	天津市农业科学院	228
2	天津市畜牧兽医研究所	170
3	天津市农业资源与环境研究所	120
4	天津市林业果树研究所	95
4	天津科润农业科技股份有限公司蔬菜研究所	95
5	天津市农业质量标准与检测技术研究所	77
6	天津市植物保护研究所	75
6	国家农产品保鲜工程技术研究中心（天津）	75
7	天津科润农业科技股份有限公司黄瓜研究所	60
8	天津市农村经济与区划研究所	58
9	天津市农业生物技术研究中心	48
10	天津市农作物（水稻）研究所	47
11	天津市设施农业研究所	32

注："天津市农业科学院"发文包括作者单位只标注为"天津市农业科学院"、院属实验室等。

表2-3　2008—2017年天津市农业科学院CSCD期刊高发文研究所TOP10　单位：篇

排序	研究所	发文量
1	天津市农业科学院	160
2	天津市农业资源与环境研究所	102
3	天津市农业质量标准与检测技术研究所	53
4	天津市畜牧兽医研究所	49
5	天津市农作物（水稻）研究所	46
6	国家农产品保鲜工程技术研究中心（天津）	43
7	天津科润农业科技股份有限公司蔬菜研究所	42
7	天津市植物保护研究所	42
8	天津市农业生物技术研究中心	37
9	天津科润农业科技股份有限公司黄瓜研究所	28
10	天津市林业果树研究所	27

（续表）

排序	研究所	发文量
11	天津市农业科学院信息研究所	18

注："天津市农业科学院"发文包括作者单位只标注为"天津市农业科学院"、院属实验室等。

2.3 高发文期刊 TOP10

2008—2017 年天津市农业科学院高发文 CASDD 期刊 TOP10 见表 2-4，2008—2017 年天津市农业科学院高发文北大中文核心期刊 TOP10 见表 2-5，2008—2017 年天津市农业科学院高发文 CSCD 期刊 TOP10 见表 2-6。

表 2-4　2008—2017 年天津市农业科学院高发文期刊（CASDD）TOP10　　单位：篇

排序	期刊名称	发文量	排序	期刊名称	发文量
1	天津农业科学	480	6	农业科技通讯	60
2	北方园艺	108	7	长江蔬菜	60
3	保鲜与加工	102	8	中国农学通报	51
4	华北农学报	87	9	食品工业科技	50
5	中国蔬菜	64	10	安徽农业科学	46

表 2-5　2008—2017 年天津市农业科学院高发文期刊（北大中文核心）TOP10　　单位：篇

排序	期刊名称	发文量	排序	期刊名称	发文量
1	北方园艺	108	6	饲料研究	38
2	华北农学报	86	7	安徽农业科学	38
3	中国蔬菜	64	8	食品研究与开发	37
4	食品工业科技	50	9	中国农学通报	34
5	食品科学	41	10	食品与发酵工业	30

表 2-6　2008—2017 年天津市农业科学院高发文期刊（CSCD）TOP10　　单位：篇

排序	期刊名称	发文量	排序	期刊名称	发文量
1	华北农学报	87	6	园艺学报	17
2	食品工业科技	50	7	南开大学学报（自然科学版）	13
3	食品科学	41	8	中国农业科学	13
4	中国农学通报	32	9	农业环境科学学报	11
5	食品与发酵工业	30	10	农业机械学报	11

2.4 合作发文机构 TOP10

2008—2017 年天津市农业科学院中文期刊合作发文机构 TOP10 见表 2-7。

表 2-7 2008—2017 年天津市农业科学院合作发文机构 TOP10 单位：篇

排序	合作发文机构	发文量	排序	合作发文机构	发文量
1	天津农学院	173	6	中国农业大学	125
2	中国农业科学院	159	7	天津大学	115
3	南开大学	143	8	大连工业大学	93
4	天津科技大学	137	9	沈阳农业大学	87
5	天津商业大学	135	10	天津师范大学	84

西藏自治区农牧科学院

1 英文期刊论文分析

分析数据来源于科学引文索引数据库（Web of Science，WOS）收录的文献类型为期刊论文（ARTICLE）、会议论文（PROCEEDINGS PAPER）和述评（REVIEW）的 Science Citation Index Expanded（SCIE）论文数据，数据时间范围为 2008—2017 年，共检索到西藏自治区农牧科学院作者发表的论文 62 篇。

1.1 发文量

2008—2017 年西藏自治区农牧科学院历年 SCI 发文与被引情况见表 1-1，西藏自治区农牧科学院英文文献历年发文趋势（2008—2017 年）见下图。

表 1-1 2008—2017 年西藏自治区农牧科学院历年 SCI 发文与被引情况

出版年	发文量（篇）	WOS 所有数据库总被引频次	WOS 核心库被引频次
2008 年	1	18	18
2009 年	0	0	0
2010 年	4	32	23
2011 年	0	0	0
2012 年	1	7	6
2013 年	3	13	11
2014 年	7	40	33
2015 年	18	72	61
2016 年	9	13	13
2017 年	19	10	10

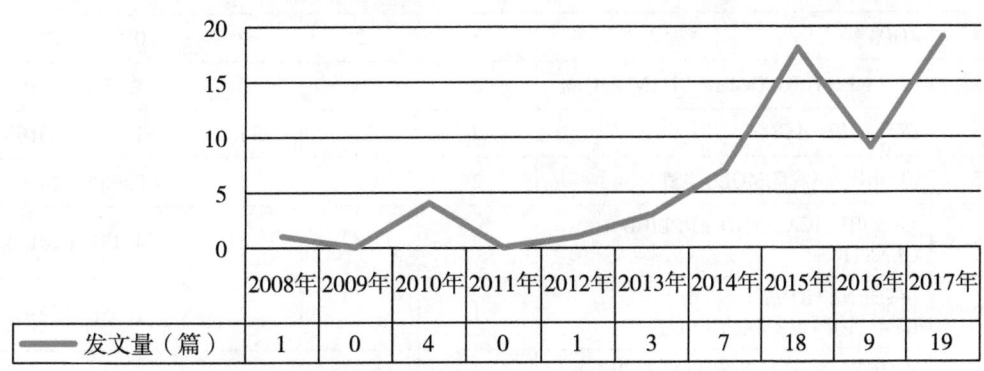

	2008年	2009年	2010年	2011年	2012年	2013年	2014年	2015年	2016年	2017年
发文量（篇）	1	0	4	0	1	3	7	18	9	19

图 西藏自治区农牧科学院英文文献历年发文趋势（2008—2017 年）

1.2 高发文研究所 TOP10

2008—2017年西藏自治区农牧科学院SCI高发文研究所TOP10见表1-2。

表1-2 2008—2017年西藏自治区农牧科学院SCI高发文研究所TOP10 　　单位：篇

排序	研究所	发文量
1	西藏自治区农牧科学院畜牧兽医研究所	60
2	西藏自治区农牧科学院农业研究所	7
3	西藏自治区农牧科学院农业资源与环境研究所	2
3	西藏自治区农牧科学院农业质量标准与检测研究所	2
4	西藏自治区农牧科学院草业科学研究所	1

注：2008—2017年间全部发文研究所数量不足10个。

1.3 高发文期刊 TOP10

2008—2017年西藏自治区农牧科学院SCI高发文期刊TOP10见表1-3。

表1-3 2008—2017年西藏自治区农牧科学院SCI发文期刊TOP10

排序	期刊名称	发文量（篇）	WOS所有数据库总被引频次	WOS核心库被引频次	期刊影响因子（最近年度）
1	MITOCHONDRIAL DNA PART B-RESOURCES	7	1	1	未发布
2	GENETICS AND MOLECULAR RESEARCH	5	3	3	0.764（2015）
3	JOURNAL OF APPLIED ICHTHYOLOGY	3	3	3	0.845（2016）
4	ZOOTAXA	3	2	2	0.972（2016）
5	ACTA PHYSIOLOGIAE PLANTARUM	2	6	4	1.364（2016）
6	INTERVIROLOGY	2	13	11	1.292（2016）
7	FLORIDA ENTOMOLOGIST	2	1	1	0.964（2016）
8	THEORETICAL AND APPLIED GENETICS	2	3	1	4.132（2016）
9	INTERNATIONAL IMMUNOPHARMACOLOGY	1	2	2	2.956（2016）
10	JOURNAL OF THE SCIENCE OF FOOD AND AGRICULTURE	1	2	2	2.463（2016）

1.4 合作发文国家与地区 TOP10

2008—2017 年西藏自治区农牧科学院 SCI 合作发文国家与地区（合作发文 1 篇以上）TOP10 见表 1-4。

表 1-4 2008—2017 年西藏自治区农牧科学院 SCI 合作发文国家与地区 TOP10

排序	国家与地区	合作发文量	WOS 所有数据库总被引频次	WOS 核心库被引频次
1	美国	2	20	11

注：2008—2017 年合作发文 1 篇以上的国家与地区数量不足 10 个

1.5 合作发文机构 TOP10

2008—2017 年西藏自治区农牧科学院 SCI 合作发文机构 TOP10 见表 1-5。

表 1-5 2008—2017 年西藏自治区农牧科学院 SCI 合作发文机构 TOP10

排序	合作发文机构	发文量	WOS 所有数据库总被引频次	WOS 核心库被引频次
1	中国科学院	12	116	90
2	中国农业科学院	12	45	30
3	四川农业大学	6	15	15
4	西南大学	6	11	8
5	中国农业大学	5	4	3
6	西北农林科技大学	5	25	24
7	中国水产科学研究院	3	0	0
8	河南农业大学	3	2	2
9	成都生命基线科技有限公司	2	6	6
10	内江师范学院	2	1	1
10	上海市农业科学院	2	13	11
10	南京农业大学	2	13	11

1.6 高被引论文 TOP10

2008—2017 年西藏自治区农牧科学院发表的 SCI 高被引论文 TOP10 见表 1-6，西藏自治区农牧科学院以第一或通讯作者完成单位发表的 SCI 高被引论文 TOP10 见表 1-7。

表 1-6　2008—2017 年西藏自治区农牧科学院 SCI 高被引论文 TOP10

排序	标题	WOS 所有数据库总被引频次	WOS 核心库被引频次	作者机构	出版年份	期刊名称	期刊影响因子（最近年度）
1	The draft genome of Tibetan hulless barley reveals adaptive patterns to the high stressful Tibetan Plateau	35	29	西藏自治区农牧科学院畜牧兽医研究所	2015 年	PROCEEDINGS OF THE NATIONAL ACADEMY OF SCIENCES OF THE UNITED STATES OF AMERICA	9.661（2016）
2	Quality evaluation of snow lotus (Saussurea)：quantitative chemical analysis and antioxidant activity assessment	19	10	西藏自治区农牧科学院	2010 年	PLANT CELL REPORTS	2.869（2016）
3	Compositional, morphological, structural and physicochemical properties of starches from seven naked barley cultivars grown in China	19	18	西藏自治区农牧科学院农业研究所，西藏自治区农牧科学院畜牧兽医研究所	2014 年	FOOD RESEARCH INTERNATIONAL	3.086（2016）
4	Understanding land use, livelihoods, and health transitions among Tibetan nomads：A case from Gangga Township, Dingri County, Tibetan Autonomous Region of China	18	18	西藏自治区农牧科学院畜牧兽医研究所	2008 年	ECOHEALTH	2.252（2016）
5	Molecularly imprinted polymer for selective extraction and simultaneous determination of four tropane alkaloids from Przewalskia tangutica Maxim. fruit extracts using LC-MS/MS	10	7	西藏自治区农牧科学院畜牧兽医研究所	2015 年	RSC ADVANCES	3.108（2016）
6	An Assessment of Nonequilibrium Dynamics in Rangelands of the Aru Basin, Northwest Tibet, China	8	8	西藏自治区农牧科学院畜牧兽医研究所	2010 年	RANGELAND ECOLOGY & MANAGEMENT	1.94（2016）

（续表）

排序	标题	WOS 所有数据库总被引频次	WOS 核心库被引频次	作者机构	出版年份	期刊名称	期刊影响因子（最近年度）
7	Development of an Indirect ELISA with Artificially Synthesized N Protein of PPR Virus	7	6	西藏自治区农牧科学院畜牧兽医研究所	2012 年	INTERVIROLOGY	1.292 (2016)
8	Tuber bomiense, a new truffle species from Tibet, China	7	6	西藏自治区农牧科学院畜牧兽医研究所	2013 年	MYCOTAXON	0.538 (2016)
9	Transcriptome Assembly and Analysis of Tibetan Hulless Barley (Hordeum vulgare L. var. nudum) Developing Grains, with Emphasis on Quality Properties	7	7	西藏自治区农牧科学院畜牧兽医研究所	2014 年	PLOS ONE	2.806 (2016)
10	Effect of immunization against GnRH on hypothalamic and testicular function in rams	7	7	西藏自治区农牧科学院畜牧兽医研究所	2015 年	THERIOGENOLOGY	1.986 (2016)

表 1-7　2008—2017 年西藏自治区农牧科学院 SCI 高被引论文 TOP10（第一或通讯作者完成单位）

排序	标题	WOS 所有数据库总被引频次	WOS 核心库被引频次	作者机构	出版年份	期刊名称	期刊影响因子（最近年度）
1	The draft genome of Tibetan hulless barley reveals adaptive patterns to the high stressful Tibetan Plateau	35	29	西藏自治区农牧科学院畜牧兽医研究所	2015 年	PROCEEDINGS OF THE NATIONAL ACADEMY OF SCIENCES OF THE UNITED STATES OF AMERICA	9.661 (2016)
2	Transcriptome analysis revealed the drought-responsive genes in Tibetan hulless barley	6	6	西藏自治区农牧科学院畜牧兽医研究所	2016 年	BMC GENOMICS	3.729 (2016)
3	Cloning and characterization of up-regulated HbSINA4 gene induced by drought stress in Tibetan hulless barley	1	1	西藏自治区农牧科学院畜牧兽医研究所	2015 年	GENETICS AND MOLECULAR RESEARCH	0.764 (2015)

（续表）

排序	标题	WOS 所有数据库总被引频次	WOS 核心库被引频次	作者机构	出版年份	期刊名称	期刊影响因子（最近年度）
4	Comparative Transcriptome Analysis Revealed Genes Commonly Responsive to Varied Nitrate Stress in Leaves of Tibetan Hulless Barley	1	1	西藏自治区农牧科学院农业研究所，西藏自治区农牧科学院农业资源与环境研究所，西藏自治区农牧科学院畜牧兽医研究所	2016 年	FRONTIERS IN PLANT SCIENCE	4.298（2016）
5	Transcriptomics analysis of hulless barley during grain development with a focus on starch biosynthesis	1	1	西藏自治区农牧科学院农业研究所，西藏自治区农牧科学院农业资源与环境研究所，西藏自治区农牧科学院畜牧兽医研究所	2017 年	FUNCTIONAL & INTEGRATIVE GENOMICS	3.496（2016）

注：被引频次大于 0 的全部发文数量不足 10 篇。

1.7 高频词 TOP20

2008—2017 年西藏自治区农牧科学院 SCI 发文高频词（作者关键词）TOP20 见表 1-8。

表 1-8 2008—2017 年西藏自治区农牧科学院 SCI 发文高频词（作者关键词）TOP20

排序	关键词（作者关键词）	频次	排序	关键词（作者关键词）	频次
1	Mitochondrial genome	7	11	Geographic Distance	2
2	phylogenetic	6	12	Dolichopodidae	2
3	Genetic diversity	6	13	Diptera	2
4	Tibet	4	14	Ram	2
5	new species	4	15	Hordeum vuglare	2
6	Phylogenetic analysis	3	16	Tibetan	2
7	Hordeum vulgare	3	17	GnRH	2
8	China	3	18	Pairwise Distance	2
9	Hulless barley	3	19	Peste des petits ruminants virus	2
10	Tibetan hulless barley	3	20	glycoprotein GP-1	1

2 中文期刊论文分析

2008—2017 年，中国农业科技文献数据库（CASDD）共收录由西藏自治区农牧科学院作者发表的中文期刊论文 1162 篇，其中北大中文核心期刊论文 266 篇，中国科学引文数据库（CSCD）期刊论文 206 篇。

2.1 发文量

2008—2017 年西藏自治区农牧科学院中文文献历年发文趋势（2008—2017 年）见下图。

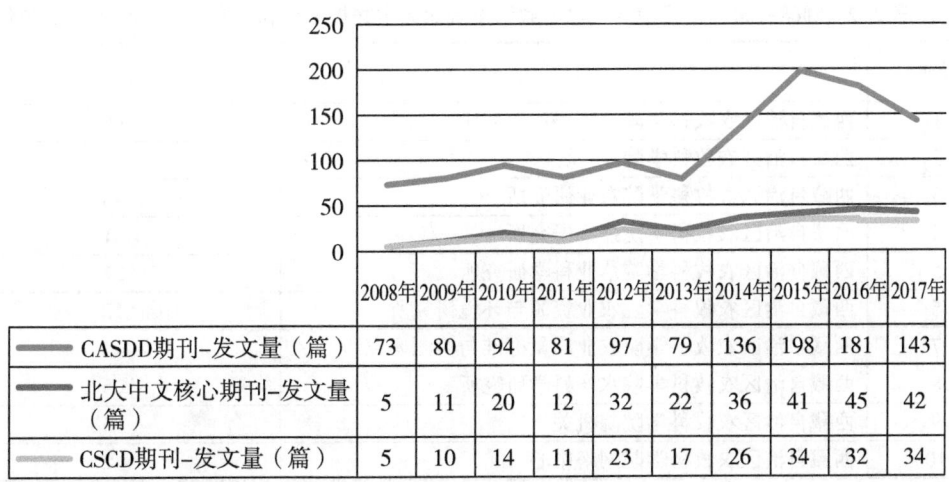

	2008年	2009年	2010年	2011年	2012年	2013年	2014年	2015年	2016年	2017年
CASDD期刊-发文量（篇）	73	80	94	81	97	79	136	198	181	143
北大中文核心期刊-发文量（篇）	5	11	20	12	32	22	36	41	45	42
CSCD期刊-发文量（篇）	5	10	14	11	23	17	26	34	32	34

图 西藏自治区农牧科学院中文文献历年发文趋势（2008—2017 年）

2.2 高发文研究所 TOP10

2008—2017 年西藏自治区农牧科学院 CASDD 期刊高发文研究所 TOP10 见表 2-1，2008—2017 年西藏自治区农牧科学院北大中文核心期刊高发文研究所 TOP10 见表 2-2，2008—2017 年西藏自治区农牧科学院中国科学引文数据库（CSCD）期刊高发文研究所 TOP10 见表 2-3。

表 2-1 2008—2017 年西藏自治区农牧科学院 CASDD 期刊高发文研究所 TOP10 单位：篇

排序	研究所	发文量
1	西藏自治区农牧科学院农业研究所	365
2	西藏自治区农牧科学院畜牧兽医研究所	275
3	西藏自治区农牧科学院蔬菜研究所	274
4	西藏自治区农牧科学院	181
5	西藏自治区农牧科学院草业科学研究所	59

（续表）

排序	研究所	发文量
6	西藏自治区农牧科学院农业质量标准与检测研究所	58
7	西藏自治区农牧科学院农业资源与环境研究所	51
8	西藏自治区农牧科学院水产科学研究所	9
9	西藏自治区农牧科学院院机关	7
10	西藏自治区农牧科学院网络中心	3

注："西藏自治区农牧科学院"发文包括作者单位只标注为"西藏自治区农牧科学院"、院属实验室等。

表2-2 2008—2017年西藏自治区农牧科学院北大中文核心期刊高发文研究所TOP10 单位：篇

排序	研究所	发文量
1	西藏自治区农牧科学院畜牧兽医研究所	96
2	西藏自治区农牧科学院	53
3	西藏自治区农牧科学院农业研究所	48
4	西藏自治区农牧科学院蔬菜研究所	41
5	西藏自治区农牧科学院草业科学研究所	22
6	西藏自治区农牧科学院农业资源与环境研究所	12
7	西藏自治区农牧科学院农业质量标准与检测研究所	12
8	西藏自治区农牧科学院水产科学研究所	5
9	西藏自治区农牧科学院院机关	5
10	西藏自治区农牧科学院网络中心	2

注："西藏自治区农牧科学院"发文包括作者单位只标注为"西藏自治区农牧科学院"、院属实验室等。

表2-3 2008—2017年西藏自治区农牧科学院CSCD期刊高发文研究所TOP10 单位：篇

排序	研究所	发文量
1	西藏自治区农牧科学院畜牧兽医研究所	70
2	西藏自治区农牧科学院	48
3	西藏自治区农牧科学院农业研究所	44
4	西藏自治区农牧科学院蔬菜研究所	25
5	西藏自治区农牧科学院草业科学研究所	18
6	西藏自治区农牧科学院农业资源与环境研究所	12
7	西藏自治区农牧科学院农业质量标准与检测研究所	8
8	西藏自治区农牧科学院水产科学研究所	5
9	西藏自治区农牧科学院院机关	2
10	西藏自治区农牧科学院网络中心	1

注："西藏自治区农牧科学院"发文包括作者单位只标注为"西藏自治区农牧科学院"、院属实验室等。

2.3 高发文期刊 TOP10

2008—2017 年西藏自治区农牧科学院高发文 CASDD 期刊 TOP10 见表 2-4，2008—2017 年西藏自治区农牧科学院高发文北大中文核心期刊 TOP10 见表 2-5，2008—2017 年西藏自治区农牧科学院高发文 CSCD 期刊 TOP10 见表 2-6。

表 2-4　2008—2017 年西藏自治区农牧科学院高发文期刊（CASDD）TOP10　单位：篇

排序	期刊名称	发文量	排序	期刊名称	发文量
1	西藏农业科技	315	6	安徽农业科学	20
2	西藏科技	161	7	中国草食动物科学	16
3	现代农业科技	64	8	麦类作物学报	15
4	西南农业学报	33	9	中国牛业科学	14
5	畜牧与饲料科学	31	10	养猪	14

表 2-5　2008—2017 年西藏自治区农牧科学院高发文期刊（北大中文核心）TOP10　单位：篇

排序	期刊名称	发文量	排序	期刊名称	发文量
1	西南农业学报	33	6	动物营养学报	6
2	麦类作物学报	15	7	作物杂志	6
3	黑龙江畜牧兽医	9	8	西北农业学报	6
4	中国畜牧兽医	9	9	中国蔬菜	6
5	北方园艺	6	10	草业科学	6

表 2-6　2008—2017 年西藏自治区农牧科学院高发文期刊（CSCD）TOP10　单位：篇

排序	期刊名称	发文量	排序	期刊名称	发文量
1	西南农业学报	33	7	中国兽医学报	5
2	麦类作物学报	15	8	草业学报	5
3	动物营养学报	6	9	中国兽医科学	4
4	中国农学通报	6	10	遗传	4
5	草业科学	6	10	四川农业大学学报	4
6	西北农业学报	6	10	西北农林科技大学学报（自然科学版）	4

2.4 合作发文机构 TOP10

2008—2017 年西藏自治区农牧科学院中文期刊合作发文机构 TOP10 见表 2-7。

表 2-7　2008—2017 年西藏自治区农牧科学院合作发文机构 TOP10　　单位：篇

排序	合作发文机构	发文量	排序	合作发文机构	发文量
1	中国农业科学院	139	6	西南民族大学	60
2	西藏农牧学院	86	7	新疆农垦科学院	46
3	西北农林科技大学	78	8	兰州大学	46
4	中国科学院	76	9	甘肃农业大学	44
5	四川农业大学	73	10	中华人民共和国农业农村部	32

新疆农垦科学院

1 英文期刊论文分析

分析数据来源于科学引文索引数据库（Web of Science，WOS）收录的文献类型为期刊论文（ARTICLE）、会议论文（PROCEEDINGS PAPER）和述评（REVIEW）的 Science Citation Index Expanded（SCIE）论文数据，数据时间范围为 2008—2017 年，共检索到新疆农垦科学院作者发表的论文 106 篇。

1.1 发文量

2008—2017 年新疆农垦科学院历年 SCI 发文与被引情况见表 1-1，新疆农垦科学院英文文献历年发文趋势（2008—2017 年）见下图。

表 1-1　2008—2017 年新疆农垦科学院历年 SCI 发文与被引情况

出版年	发文量（篇）	WOS 所有数据库总被引频次	WOS 核心库被引频次
2008 年	1	15	5
2009 年	4	94	82
2010 年	4	69	53
2011 年	5	123	107
2012 年	10	45	25
2013 年	15	182	152
2014 年	13	121	106
2015 年	16	107	101
2016 年	14	28	24
2017 年	24	10	8

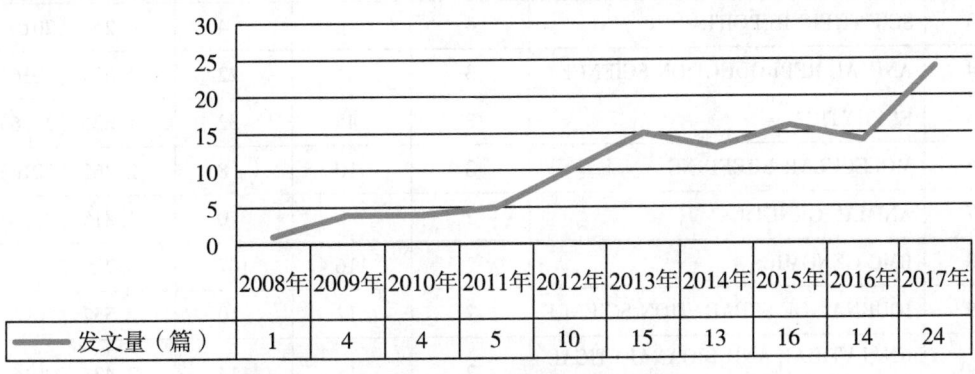

	2008年	2009年	2010年	2011年	2012年	2013年	2014年	2015年	2016年	2017年
发文量（篇）	1	4	4	5	10	15	13	16	14	24

图　新疆农垦科学院英文文献历年发文趋势（2008—2017 年）

1.2　高发文研究所 TOP10

2008—2017年新疆农垦科学院 SCI 高发文研究所 TOP10 见表 1-2。

表 1-2　2008—2017年新疆农垦科学院 SCI 高发文研究所 TOP10　　　单位：篇

排序	研究所	发文量
1	新疆农垦科学院棉花研究所	32
2	新疆农垦科学院畜牧兽医研究所	19
3	新疆农垦科学院机械装备研究所	9
4	新疆农垦科学院分析测试中心	8
4	新疆农垦科学院农产品加工研究所	8
5	新疆农垦科学院作物研究所	7
6	新疆农垦科学院林园研究所	1
6	新疆农垦科学院植物保护研究所	1
6	新疆农垦科学院分子农业技术育种中心	1
6	新疆农垦科学院农田水利及土壤肥料研究所	1

1.3　高发文期刊 TOP10

2008—2017年新疆农垦科学院 SCI 高发文期刊 TOP10 见表 1-3。

表 1-3　2008—2017年新疆农垦科学院 SCI 发文期刊 TOP10

排序	期刊名称	发文量（篇）	WOS 所有数据库总被引频次	WOS 核心库被引频次	期刊影响因子（最近年度）
1	PLOS ONE	8	118	105	2.806（2016）
2	SPECTROSCOPY AND SPECTRAL ANALYSIS	5	19	5	0.344（2016）
3	SCIENTIFIC REPORTS	4	6	4	4.259（2016）
4	ANIMAL REPRODUCTION SCIENCE	3	31	22	1.605（2016）
5	EUPHYTICA	3	45	32	1.626（2016）
6	MOLECULAR BREEDING	3	10	8	2.465（2016）
7	ANIMAL GENETICS	2	0	0	1.815（2016）
8	BMC GENOMICS	2	116	107	3.729（2016）
9	JOURNAL OF SEPARATION SCIENCE	2	12	10	2.557（2016）
10	ANALYTICAL AND BIOANALYTICAL CHEMISTRY	2	15	14	3.431（2016）

1.4 合作发文国家与地区 TOP10

2008—2017 年新疆农垦科学院 SCI 合作发文国家与地区（合作发文 1 篇以上）TOP10
见表 1-4。

表 1-4 　2008—2017 年新疆农垦科学院 SCI 合作发文国家与地区 TOP10

排序	国家与地区	合作发文量	WOS 所有数据库总被引频次	WOS 核心库被引频次
1	美国	4	15	9
2	芬兰	3	6	4

注：2008—2017 年合作发文 1 篇以上的国家与地区数量不足 10 个

1.5 合作发文机构 TOP10

2008—2017 年新疆农垦科学院 SCI 合作发文机构 TOP10 见表 1-5。

表 1-5 　2008—2017 年新疆农垦科学院 SCI 合作发文机构 TOP10

排序	合作发文机构	发文量	WOS 所有数据库总被引频次	WOS 核心库被引频次
1	石河子大学	28	58	35
2	中国农业科学院	17	97	66
3	中国科学院	14	86	71
4	中国农业大学	12	83	64
5	南京农业大学	11	218	197
6	华中农业大学	5	122	110
7	天津商业大学	4	17	16
8	东北农业大学	4	19	14
9	中华人民共和国农业农村部	4	21	13
10	新疆生产建设兵团绿洲生态农业重点实验室	4	38	34

1.6 高被引论文 TOP10

2008—2017 年新疆农垦科学院发表的 SCI 高被引论文 TOP10 见表 1-6，新疆农垦科学院以第一或通讯作者完成单位发表的 SCI 高被引论文 TOP10 见表 1-7。

表 1-6　2008—2017 年新疆农垦科学院 SCI 高被引论文 TOP10

排序	标题	WOS 所有数据库总被引频次	WOS 核心库被引频次	作者机构	出版年份	期刊名称	期刊影响因子（最近年度）
1	Genome structure of cotton revealed by a genome-wide SSR genetic map constructed from a BC1 population between gossypium hirsutum and G. barbadense	105	97	新疆农垦科学院棉花研究所	2011 年	BMC GENOMICS	3. 729 （2016）
2	Inhibitory effect of boron against Botrytis cinerea on table grapes and its possible mechanisms of action	57	46	新疆农垦科学院林园研究所	2010 年	INTERNATIONAL JOURNAL OF FOOD MICROBIOLOGY	3. 339 （2016）
3	Variations and Transmission of QTL Alleles for Yield and Fiber Qualities in Upland Cotton Cultivars Developed in China	56	51	新疆农垦科学院棉花研究所	2013 年	PLOS ONE	2. 806 （2016）
4	Using three overlapped RILs to dissect genetically clustered QTL for fiber strength on Chro. D8 in Upland cotton	45	42	新疆农垦科学院棉花研究所	2009 年	THEORETICAL AND APPLIED GENETICS	4. 132 （2016）
5	Effects of allelic variation of HMW-GS and LMW-GS on mixograph properties and Chinese noodle and steamed bread qualities in a set of Aroona near-isogenic wheat lines	30	26	新疆农垦科学院作物研究所	2013 年	JOURNAL OF CEREAL SCIENCE	2. 223 （2016）
6	SSR marker-assisted improvement of fiber qualities in Gossypium hirsutum using G-barbadense introgression lines	26	21	新疆农垦科学院棉花研究所	2014 年	THEORETICAL AND APPLIED GENETICS	4. 132 （2016）
7	Molecular tagging of QTLs for fiber quality and yield in the upland cotton cultivar Acala-Prema	25	23	新疆农垦科学院棉花研究所	2014 年	EUPHYTICA	1. 626 （2016）

（续表）

排序	标题	WOS 所有数据库总被引频次	WOS 核心库被引频次	作者机构	出版年份	期刊名称	期刊影响因子（最近年度）
8	Effects of high pressure treatment and temperature on lipid oxidation and fatty acid composition of yak（Poephagus grunniens）body fat	23	12	新疆农垦科学院农产品加工研究所	2013 年	MEAT SCIENCE	3. 126（2016）
9	Estimation of Wheat Agronomic Parameters using New Spectral Indices	21	19	新疆农垦科学院棉花研究所	2013 年	PLOS ONE	2. 806（2016）
10	Synthesis of hyperbranched polymers and their applications in analytical chemistry	20	20	新疆农垦科学院分析测试中心，新疆农垦科学院畜牧兽医研究所	2015 年	POLYMER CHEMISTRY	5. 375（2016）

表 1-7　2008—2017 年新疆农垦科学院 SCI 高被引论文 TOP10（第一或通讯作者完成单位）

排序	标题	WOS 所有数据库总被引频次	WOS 核心库被引频次	作者机构	出版年份	期刊名称	期刊影响因子（最近年度）
1	Synthesis of hyperbranched polymers and their applications in analytical chemistry	20	20	新疆农垦科学院分析测试中心，新疆农垦科学院畜牧兽医研究所	2015 年	POLYMER CHEMISTRY	5. 375（2016）
2	Aptamer-functionalized magnetic nanoparticles for simultaneous fluorometric determination of oxytetracycline and kanamycin	16	16	新疆农垦科学院分析测试中心，新疆农垦科学院畜牧兽医研究所	2015 年	MICROCHIMICA ACTA	4. 58（2016）
3	Magnetic-nanobead-based competitive enzyme-linked aptamer assay for the analysis of oxytetracycline in food	10	9	新疆农垦科学院分析测试中心，新疆农垦科学院畜牧兽医研究所	2015 年	ANALYTICAL AND BIOANALYTICAL CHEMISTRY	3. 431（2016）

（续表）

排序	标题	WOS 所有数据库总被引频次	WOS 核心库被引频次	作者机构	出版年份	期刊名称	期刊影响因子（最近年度）
4	Preliminary extraction of tannins by 1-butyl-3-methylimidazole bromide and its subsequent removal from Galla chinensis extract using macroporous resins	9	8	新疆农垦科学院分析测试中心	2013 年	JOURNAL OF SEPARATION SCIENCE	2.557（2016）
5	Determination of ionic liquid cations in soil samples by ultrasound-assisted solid-phase extraction coupled with liquid chromatography-tandem mass spectrometry	8	8	新疆农垦科学院分析测试中心，新疆农垦科学院畜牧兽医研究所	2015 年	ANALYTICAL METHODS	1.9（2016）
6	Assessment of antibacterial properties and the active ingredient of plant extracts and its effect on the performance of crucian carp（Carassius auratus gibelio var. E'erqisi, Bloch）	6	6	新疆农垦科学院棉花研究所	2013 年	JOURNAL OF THE SCIENCE OF FOOD AND AGRICULTURE	2.463（2016）
7	A BIL Population Derived from G-hirsutum and G-barbadense Provides a Resource for Cotton Genetics and Breeding	6	6	新疆农垦科学院棉花研究所	2015 年	PLOS ONE	2.806（2016）
8	Recent advances and progress in the detection of bisphenol A	5	5	新疆农垦科学院分析测试中心，新疆农垦科学院畜牧兽医研究所	2016 年	ANALYTICAL AND BIOANALYTICAL CHEMISTRY	3.431（2016）
9	Preparation and characterization of monodisperse molecularly imprinted polymers for the recognition and enrichment of oleanolic acid	3	2	新疆农垦科学院分析测试中心，新疆农垦科学院畜牧兽医研究所	2016 年	JOURNAL OF SEPARATION SCIENCE	2.557（2016）

（续表）

排序	标题	WOS 所有数据库总被引频次	WOS 核心库被引频次	作者机构	出版年份	期刊名称	期刊影响因子（最近年度）
10	Gene expression profiling of in Moniezia expansa at different developmental proglottids using cDNA microarray	1	0	新疆农垦科学院棉花研究所	2012 年	MOLECULAR BIOLOGY REPORTS	1.828 (2016)

1.7 高频词 TOP20

2008—2017 年新疆农垦科学院 SCI 发文高频词（作者关键词）TOP20 见表 1-8。

表 1-8 2008—2017 年新疆农垦科学院 SCI 发文高频词（作者关键词）TOP20

排序	关键词（作者关键词）	频次	排序	关键词（作者关键词）	频次
1	Cotton	8	11	Precipitation polymerization	2
2	Apoptosis	3	12	Spectral parameters	2
3	Apple	2	13	TM Image	2
4	Aptamer	2	14	Leaf total chlorophyll content	2
5	drip irrigation	2	15	Candidate gene	2
6	Wheat	2	16	Spectral Indices	2
7	Verticillium Wilt	2	17	QTL mapping	2
8	Bread wheat	2	18	Molecularly imprinted polymers	2
9	Stepwise regression methods	2	19	Estimation Models	2
10	single nucleotide polymorphism	2	20	Oxytetracycline	2

2 中文期刊论文分析

2008—2017 年，中国农业科技文献数据库（CASDD）共收录由新疆农垦科学院作者发表的中文期刊论文 2 200 篇，其中北大中文核心期刊论文 1 205 篇，中国科学引文数据库（CSCD）期刊论文 773 篇。

2.1 发文量

2008—2017 年新疆农垦科学院中文文献历年发文趋势（2008—2017 年）见下图。

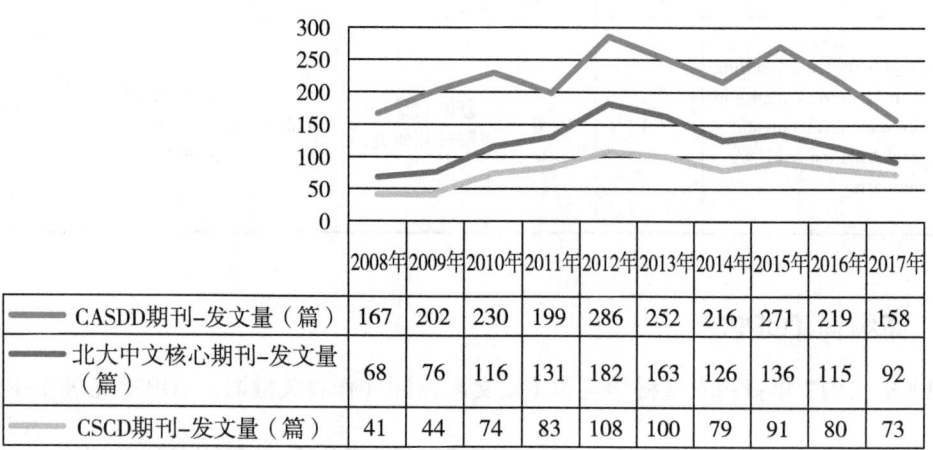

	2008年	2009年	2010年	2011年	2012年	2013年	2014年	2015年	2016年	2017年
CASDD期刊–发文量（篇）	167	202	230	199	286	252	216	271	219	158
北大中文核心期刊–发文量（篇）	68	76	116	131	182	163	126	136	115	92
CSCD期刊–发文量（篇）	41	44	74	83	108	100	79	91	80	73

图　新疆农垦科学院中文文献历年发文趋势（2008—2017 年）

2.2 高发文研究所 TOP10

2008—2017 年新疆农垦科学院 CASDD 期刊高发文研究所 TOP10 见表 2-1，2008—2017 年新疆农垦科学院北大中文核心期刊高发文研究所 TOP10 见表 2-2，2008—2017 年新疆农垦科学院中国科学引文数据库（CSCD）期刊高发文研究所 TOP10 见表 2-3。

表 2-1　2008—2017 年新疆农垦科学院 CASDD 期刊高发文研究所 TOP10　　　单位：篇

排序	研究所	发文量
1	新疆农垦科学院畜牧兽医研究所	482
2	新疆农垦科学院	411
3	新疆农垦科学院机械装备研究所	315
4	新疆农垦科学院作物研究所	276
5	新疆农垦科学院棉花研究所	235
6	新疆农垦科学院农产品加工研究所	110
7	新疆农垦科学院林园研究所	102
8	新疆农垦科学院农田水利及土壤肥料研究所	94
9	新疆农垦科学院分析测试中心	78
10	新疆农垦科学院院机关	47
11	新疆农垦科学院分子农业技术育种中心	44
11	新疆农垦科学院生物技术研究所	44

注："新疆农垦科学院"发文包括作者单位只标注为"新疆农垦科学院"、院属实验室等。

表 2-2　2008—2017 年新疆农垦科学院北大中文核心期刊高发文研究所 TOP10　　单位：篇

排序	研究所	发文量
1	新疆农垦科学院畜牧兽医研究所	271
2	新疆农垦科学院	213
3	新疆农垦科学院机械装备研究所	178
4	新疆农垦科学院作物研究所	153
5	新疆农垦科学院棉花研究所	151
6	新疆农垦科学院农产品加工研究所	74
7	新疆农垦科学院农田水利及土壤肥料研究所	62
8	新疆农垦科学院林园研究所	55
9	新疆农垦科学院分析测试中心	39
10	新疆农垦科学院分子农业技术育种中心	39
11	新疆农垦科学院生物技术研究所	37

注："新疆农垦科学院"发文包括作者单位只标注为"新疆农垦科学院"、院属实验室等。

表 2-3　2008—2017 年新疆农垦科学院 CSCD 期刊高发文研究所 TOP10　　单位：篇

排序	研究所	发文量
1	新疆农垦科学院畜牧兽医研究所	165
2	新疆农垦科学院作物研究所	139
3	新疆农垦科学院	127
4	新疆农垦科学院棉花研究所	109
5	新疆农垦科学院机械装备研究所	68
6	新疆农垦科学院农田水利及土壤肥料研究所	53
7	新疆农垦科学院农产品加工研究所	49
8	新疆农垦科学院分子农业技术育种中心	34
9	新疆农垦科学院生物技术研究所	33
10	新疆农垦科学院分析测试中心	24
11	新疆农垦科学院林园研究所	18

注："新疆农垦科学院"发文包括作者单位只标注为"新疆农垦科学院"、院属实验室等。

2.3　高发文期刊 TOP10

2008—2017年新疆农垦科学院高发文CASDD期刊TOP10见表2-4，2008—2017年新疆农垦科学院高发文北大中文核心期刊TOP10见表2-5，2008—2017年新疆农垦科学院高发文CSCD期刊TOP10见表2-6。

表2-4　2008—2017年新疆农垦科学院高发文期刊（CASDD）TOP10　　　　单位：篇

排序	期刊名称	发文量	排序	期刊名称	发文量
1	新疆农垦科技	334	6	江苏农业科学	64
2	新疆农业科学	120	7	农机化研究	61
3	安徽农业科学	86	8	中国棉花	56
4	新疆农机化	75	9	西南农业学报	39
5	西北农业学报	64	10	北方园艺	36

表2-5　2008—2017年新疆农垦科学院高发文期刊（北大中文核心）TOP10　　　　单位：篇

排序	期刊名称	发文量	排序	期刊名称	发文量
1	新疆农业科学	120	7	北方园艺	36
2	西北农业学报	64	8	麦类作物学报	33
3	江苏农业科学	64	9	中国棉花	32
4	农机化研究	61	10	食品工业科技	25
5	安徽农业科学	57	10	农业工程学报	25
6	西南农业学报	39			

表2-6　2008—2017年新疆农垦科学院高发文期刊（CSCD）TOP10　　　　单位：篇

排序	期刊名称	发文量	排序	期刊名称	发文量
1	新疆农业科学	120	6	食品工业科技	25
2	西北农业学报	64	7	棉花学报	22
3	西南农业学报	39	8	干旱地区农业研究	20
4	麦类作物学报	33	9	广东农业科学	19
5	农业工程学报	25	10	农业机械学报	18

2.4　合作发文机构 TOP10

2008—2017年新疆农垦科学院中文期刊合作发文机构TOP10见表2-7。

表 2-7 2008—2017 年新疆农垦科学院合作发文机构 TOP10

排序	合作发文机构	发文量	排序	合作发文机构	发文量
1	石河子大学	1 157	6	南京农业大学	58
2	中国农业大学	133	7	中国科学院	53
3	西北农林科技大学	99	8	新疆西部牧业股份有限公司	48
4	中国农业科学院	88	9	新疆石河子大学	46
5	中华人民共和国农业农村部	66	10	新疆科神农业装备科技开发有限公司	45

新疆农业科学院

1　英文期刊论文分析

分析数据来源于科学引文索引数据库（Web of Science，WOS）收录的文献类型为期刊论文（ARTICLE）、会议论文（PROCEEDINGS PAPER）和述评（REVIEW）的 Science Citation Index Expanded（SCIE）论文数据，数据时间范围为 2008—2017 年，共检索到新疆农业科学院作者发表的论文 311 篇。

1.1　发文量

2008—2017 年新疆农业科学院历年 SCI 发文与被引情况见表 1-1，新疆农业科学院英文文献历年发文趋势（2008—2017 年）见下图。

表 1-1　2008—2017 年新疆农业科学院历年 SCI 发文与被引情况

出版年	发文量（篇）	WOS 所有数据库总被引频次	WOS 核心库被引频次
2008 年	12	305	208
2009 年	16	500	445
2010 年	29	613	514
2011 年	30	575	490
2012 年	15	176	157
2013 年	20	492	422
2014 年	39	514	449
2015 年	51	312	272
2016 年	52	140	120
2017 年	47	45	42

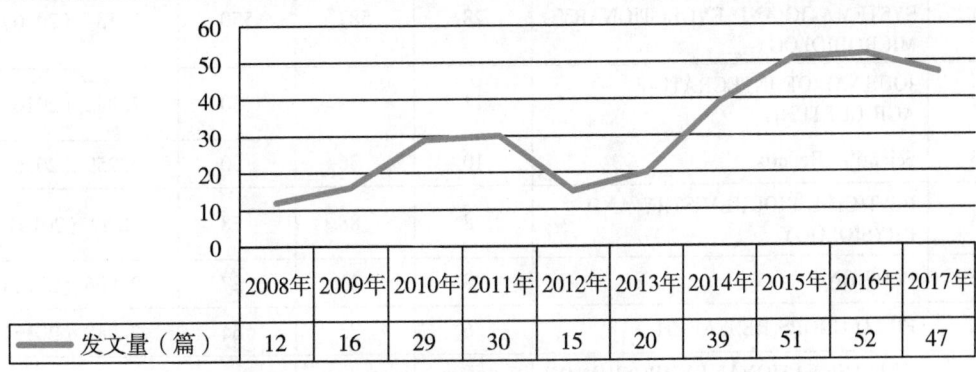

图　新疆农业科学院英文文献历年发文趋势（2008—2017 年）

1.2 高发文研究所 TOP10

2008—2017年新疆农业科学院 SCI 高发文研究所 TOP10 见表 1-2。

表 1-2　2008—2017 年新疆农业科学院 SCI 高发文研究所 TOP10　　　　单位：篇

排序	研究所	发文量
1	新疆农业科学院微生物应用研究所	77
2	新疆农业科学院植物保护研究所	50
3	新疆农业科学院粮食作物研究所	28
4	新疆农业科学院核技术生物技术研究所	27
4	新疆农业科学院土壤肥料与农业节水研究所	27
5	新疆农业科学院哈密瓜研究中心	16
5	新疆农业科学院经济作物研究所	16
6	新疆农业科学院农产品贮藏加工研究所	15
7	新疆农业科学院农业质量标准与检测技术研究所	13
8	新疆农业科学院园艺作物研究所	8
8	新疆农业科学院农作物品种资源研究所	8
9	新疆农业科学院农业机械化研究所	6

1.3 高发文期刊 TOP10

2008—2017年新疆农业科学院 SCI 高发文期刊 TOP10 见表 1-3。

表 1-3　2008—2017 年新疆农业科学院 SCI 发文期刊 TOP10

排序	期刊名称	发文量（篇）	WOS 所有数据库总被引频次	WOS 核心库被引频次	期刊影响因子（最近年度）
1	INTERNATIONAL JOURNAL OF SYSTEMATIC AND EVOLUTIONARY MICROBIOLOGY	28	582	550	2.134（2016）
2	JOURNAL OF INTEGRATIVE AGRICULTURE	11	39	30	1.042（2016）
3	Scientific Reports	10	36	30	4.259（2016）
4	PESTICIDE BIOCHEMISTRY AND PHYSIOLOGY	8	88	78	2.59（2016）
5	PLOS ONE	8	31	27	2.806（2016）
6	FIELD CROPS RESEARCH	6	73	64	3.048（2016）
7	IV INTERNATIONAL SYMPOSIUM ON CUCURBITS	5	4	4	未发布

（续表）

排序	期刊名称	发文量（篇）	WOS 所有数据库总被引频次	WOS 核心库被引频次	期刊影响因子（最近年度）
8	INSECT BIOCHEMISTRY AND MOLECULAR BIOLOGY	5	41	39	3.756（2016）
9	EUPHYTICA	5	96	80	1.626（2016）
10	CROP SCIENCE	5	114	91	1.629（2016）

1.4 合作发文国家与地区 TOP10

2008—2017 年新疆农业科学院 SCI 合作发文国家与地区（合作发文 1 篇以上）TOP10 见表 1-4。

表 1-4 2008—2017 年新疆农业科学院 SCI 合作发文国家与地区 TOP10

排序	国家与地区	合作发文量	WOS 所有数据库总被引频次	WOS 核心库被引频次
1	美国	30	769	655
2	澳大利亚	13	156	132
3	德国	9	346	299
4	英格兰	9	172	147
5	日本	8	129	108
6	韩国	7	136	128
7	法国	4	414	354
8	加拿大	4	49	39
9	墨西哥	3	23	21
10	越南	3	61	47
10	埃及	3	12	11
10	北爱尔兰	3	30	22

1.5 合作发文机构 TOP10

2008—2017 年新疆农业科学院 SCI 合作发文机构 TOP10 见表 1-5。

表 1-5　2008—2017 年新疆农业科学院 SCI 合作发文机构 TOP10

排序	合作发文机构	发文量	WOS 所有数据库总被引频次	WOS 核心库被引频次
1	中国农业科学院	81	1 557	1 269
2	南京农业大学	44	459	411
3	中国科学院	40	716	632
4	中国农业大学	35	410	352
5	云南大学	27	559	532
6	新疆大学	27	211	192
7	石河子大学	15	118	100
8	新疆农业大学	14	50	33
9	河南省农业科学院	13	492	359
10	西北农林科技大学	12	109	90

1.6　高被引论文 TOP10

2008—2017 年新疆农业科学院发表的 SCI 高被引论文 TOP10 见表 1-6，新疆农业科学院以第一或通讯作者完成单位发表的 SCI 高被引论文 TOP10 见表 1-7。

表 1-6　2008—2017 年新疆农业科学院 SCI 高被引论文 TOP10

排序	标题	WOS 所有数据库总被引频次	WOS 核心库被引频次	作者机构	出版年份	期刊名称	期刊影响因子（最近年度）
1	The draft genome of watermelon (Citrullus lanatus) and resequencing of 20 diverse accessions	234	199	新疆农业科学院	2013 年	NATURE GENETICS	27.959 (2016)
2	Zhihengliuella alba sp nov., and emended description of the genus Zhihengliuella	171	170	新疆农业科学院微生物应用研究所	2009 年	INTERNATIONAL JOURNAL OF SYSTEMATIC AND EVOLUTIONARY MICROBIOLOGY	2.134 (2016)
3	Genomic analyses provide insights into the history of tomato breeding	170	149	新疆农业科学院园艺作物研究所	2014 年	NATURE GENETICS	27.959 (2016)

（续表）

排序	标题	WOS 所有数据库总被引频次	WOS 核心库被引频次	作者机构	出版年份	期刊名称	期刊影响因子（最近年度）
4	Species composition and seasonal abundance of pestiferous plant bugs（Hemiptera：Miridae）on Bt Cotton in China	147	79	新疆农业科学院植物保护研究所	2008 年	CROP PROTECTION	1. 834（2016）
5	Soil organic carbon dynamics under long-term fertilizations in arable land of northern China	92	70	新疆农业科学院土壤肥料与农业节水研究所	2010 年	BIOGEOSCIENCES	3. 851（2016）
6	Genome-wide transcriptome analysis of two maize inbred lines under drought stress	91	83	新疆农业科学院核技术生物技术研究所	2010 年	PLANT MOLECULAR BIOLOGY	3. 356（2016）
7	Distribution of resveratrol and stilbene synthase in young grape plants（Vitis vinifera L. cv. Cabernet Sauvignon）and the effect of UV-C on its accumulation	90	79	新疆农业科学院园艺作物研究所	2010 年	PLANT PHYSIOLOGY AND BIOCHEMISTRY	2. 724（2016）
8	QTL analysis for yield components and kernel-related traits in maize across multi-environments	72	62	新疆农业科学院粮食作物研究所	2011 年	THEORETICAL AND APPLIED GENETICS	4. 132（2016）
9	Quantifying atmospheric nitrogen deposition through a nationwide monitoring network across China	54	45	新疆农业科学院土壤肥料与农业节水研究所	2015 年	ATMOSPHERIC CHEMISTRY AND PHYSICS	5. 318（2016）
10	Molecular and Biochemical Evidence for Phenylpropanoid Synthesis and Presence of Wall-linked Phenolics in Cotton Fibers	52	25	新疆农业科学院核技术生物技术研究所，新疆农业科学院经济作物研究所	2009 年	JOURNAL OF INTEGRATIVE PLANT BIOLOGY	3. 962（2016）

表 1-7　2008—2017 年新疆农业科学院 SCI 高被引论文 TOP10（第一或通讯作者完成单位）

排序	标题	WOS 所有数据库总被引频次	WOS 核心库被引频次	作者机构	出版年份	期刊名称	期刊影响因子（最近年度）
1	Molecular and Biochemical Evidence for Phenylpropanoid Synthesis and Presence of Wall-linked Phenolics in Cotton Fibers	52	25	新疆农业科学院核技术生物技术研究所，新疆农业科学院经济作物研究所	2009 年	JOURNAL OF INTEGRATIVE PLANT BIOLOGY	3.962（2016）
2	Promotion of plant growth by phytohormone-producing endophytic microbes of sugar beet	26	23	新疆农业科学院微生物应用研究所	2009 年	BIOLOGY AND FERTILITY OF SOILS	3.683（2016）
3	Illumina-based analysis of endophytic bacterial diversity and space-time dynamics in sugar beet on the north slope of Tianshan mountain	25	21	新疆农业科学院微生物应用研究所	2014 年	APPLIED MICROBIOLOGY AND BIOTECHNOLOGY	3.42（2016）
4	Growth and photosynthetic efficiency promotion of sugar beet (Beta vulgaris L.) by endophytic bacteria	23	20	新疆农业科学院微生物应用研究所	2010 年	PHOTOSYNTHESIS RESEARCH	3.864（2016）
5	16S rRNA-Based PCR-DGGE Analysis of Actinomycete Communities in Fields with Continuous Cotton Cropping in Xinjiang, China	17	13	新疆农业科学院微生物应用研究所	2013 年	MICROBIAL ECOLOGY	3.63（2016）
6	A novel cold-adapted phospholipase A (1) from Serratia sp xjF1: Gene cloning, expression and characterization	16	10	新疆农业科学院微生物应用研究所	2008 年	ENZYME AND MICROBIAL TECHNOLOGY	2.502（2016）
7	Halomonas lutea sp nov., a moderately halophilic bacterium isolated from a salt lake	13	13	新疆农业科学院微生物应用研究所	2008 年	INTERNATIONAL JOURNAL OF SYSTEMATIC AND EVOLUTIONARY MICROBIOLOGY	2.134（2016）
8	Effects of chlorine dioxide treatment on respiration rate and ethylene synthesis of postharvest tomato fruit	12	10	新疆农业科学院农产品贮藏加工研究所	2014 年	POSTHARVEST BIOLOGY AND TECHNOLOGY	3.248（2016）

（续表）

排序	标题	WOS 所有数据库总被引频次	WOS 核心库被引频次	作者机构	出版年份	期刊名称	期刊影响因子（最近年度）
9	Isolation, quantity distribution and characterization of endophytic microorganisms within sugar beet	11	11	新疆农业科学院微生物应用研究所	2009 年	AFRICAN JOURNAL OF BIOTECHNOLOGY	0. 573 (2010)
10	Marinococcus luteus sp nov., a halotolerant bacterium isolated from a salt lake, and emended description of the genus Marinococcus	8	6	新疆农业科学院微生物应用研究所	2009 年	INTERNATIONAL JOURNAL OF SYSTEMATIC AND EVOLUTIONARY MICROBIOLOGY	2. 134 (2016)

1.7 高频词 TOP20

2008—2017 年新疆农业科学院 SCI 发文高频词（作者关键词）TOP20 见表 1-8。

表 1-8 2008—2017 年新疆农业科学院 SCI 发文高频词（作者关键词）TOP20

排序	关键词（作者关键词）	频次	排序	关键词（作者关键词）	频次
1	Leptinotarsa decemlineata	30	11	Violacein	6
2	RNA interference	13	12	gene expression	6
3	maize	11	13	Xinjiang	5
4	drought tolerance	10	14	bacteria	4
5	melon	9	15	Hami melon	4
6	20-Hydroxyecdysone	9	16	quality	4
7	Juvenile hormone	8	17	Biosynthesis	4
8	Wheat	8	18	performance	4
9	sugar beet	7	19	Diversity	4
10	maize (Zea mays L.)	7	20	Intercropping	4

2 中文期刊论文分析

2008—2017 年，中国农业科技文献数据库（CASDD）共收录由新疆农业科学院作者发表的中文期刊论文 4 047篇，其中北大中文核心期刊论文 2 490篇，中国科学引文数据库（CSCD）期刊论文 2 045篇。

2.1 发文量

2008—2017 年新疆农业科学院中文文献历年发文趋势（2008—2017 年）见下图。

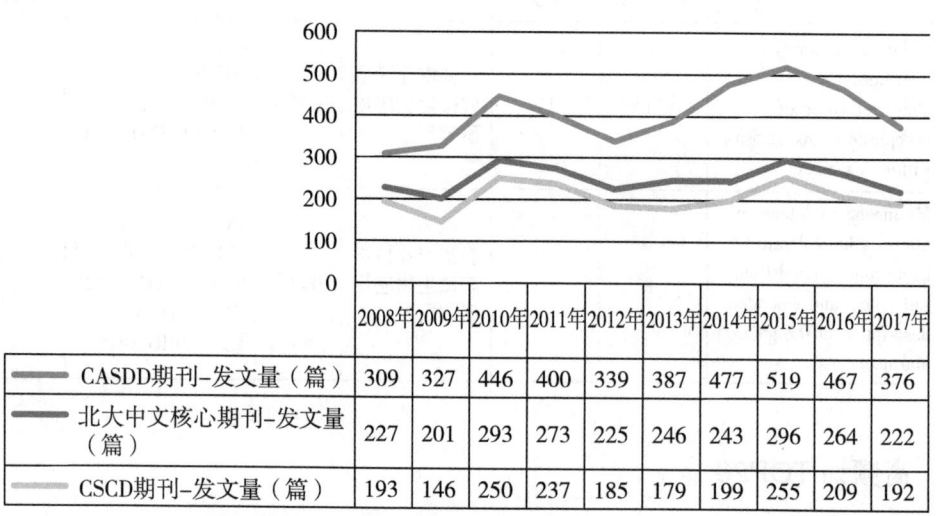

	2008年	2009年	2010年	2011年	2012年	2013年	2014年	2015年	2016年	2017年
CASDD期刊-发文量（篇）	309	327	446	400	339	387	477	519	467	376
北大中文核心期刊-发文量（篇）	227	201	293	273	225	246	243	296	264	222
CSCD期刊-发文量（篇）	193	146	250	237	185	179	199	255	209	192

图　新疆农业科学院中文文献历年发文趋势（2008—2017 年）

2.2 高发文研究所 TOP10

2008—2017 年新疆农业科学院 CASDD 期刊高发文研究所 TOP10 见表 2-1，2008—2017 年新疆农业科学院北大中文核心期刊高发文研究所 TOP10 见表 2-2，2008—2017 年新疆农业科学院中国科学引文数据库（CSCD）期刊高发文研究所 TOP10 见表 2-3。

表 2-1　2008—2017 年新疆农业科学院 CASDD 期刊高发文研究所 TOP10　　　单位：篇

排序	研究所	发文量
1	新疆农业科学院土壤肥料与农业节水研究所	413
2	新疆农业科学院农业机械化研究所	409
3	新疆农业科学院经济作物研究所	390
4	新疆农业科学院植物保护研究所	382
5	新疆农业科学院园艺作物研究所	331
6	新疆农业科学院微生物应用研究所	320
7	新疆农业科学院核技术生物技术研究所	296
8	新疆农业科学院粮食作物研究所	285
9	新疆农业科学院	272
10	新疆农业科学院农业经济与科技信息研究所	176
11	新疆农业科学院农业质量标准与检测技术研究所	156

注："新疆农业科学院"发文包括作者单位只标注为"新疆农业科学院"、院属实验室等。

表 2-2 2008—2017 年新疆农业科学院北大中文核心期刊高发文研究所 TOP10　单位：篇

排序	研究所	发文量
1	新疆农业科学院土壤肥料与农业节水研究所	317
2	新疆农业科学院植物保护研究所	282
2	新疆农业科学院微生物应用研究所	282
3	新疆农业科学院园艺作物研究所	248
4	新疆农业科学院经济作物研究所	228
5	新疆农业科学院核技术生物技术研究所	219
6	新疆农业科学院粮食作物研究所	212
7	新疆农业科学院农业机械化研究所	179
8	新疆农业科学院	159
9	新疆农业科学院农产品贮藏加工研究所	115
10	新疆农业科学院农业质量标准与检测技术研究所	89
11	新疆农业科学院哈密瓜研究中心	69

注："新疆农业科学院"发文包括作者单位只标注为"新疆农业科学院"、院属实验室等。

表 2-3 2008—2017 年新疆农业科学院 CSCD 期刊高发文研究所 TOP10　单位：篇

排序	研究所	发文量
1	新疆农业科学院土壤肥料与农业节水研究所	297
2	新疆农业科学院微生物应用研究所	268
2	新疆农业科学院植物保护研究所	268
3	新疆农业科学院园艺作物研究所	217
4	新疆农业科学院核技术生物技术研究所	210
5	新疆农业科学院粮食作物研究所	206
6	新疆农业科学院经济作物研究所	191
7	新疆农业科学院	99
8	新疆农业科学院农产品贮藏加工研究所	87
9	新疆农业科学院农业机械化研究所	81
10	新疆农业科学院农业质量标准与检测技术研究所	66
11	新疆农业科学院哈密瓜研究中心	62

注："新疆农业科学院"发文包括作者单位只标注为"新疆农业科学院"、院属实验室等。

2.3 高发文期刊 TOP10

2008—2017 年新疆农业科学院高发文 CASDD 期刊 TOP10 见表 2-4，2008—2017 年新疆农业科学院高发文北大中文核心期刊 TOP10 见表 2-5，2008—2017 年新疆农业科学院高发文 CSCD 期刊 TOP10 见表 2-6。

表 2-4　2008—2017 年新疆农业科学院高发文期刊（CASDD）TOP10　　单位：篇

排序	期刊名称	发文量	排序	期刊名称	发文量
1	新疆农业科学	1 102	6	中国农学通报	70
2	农村科技	319	7	西北农业学报	69
3	新疆农机化	140	8	新疆农业科技	68
4	中国棉花	77	9	农机化研究	59
5	北方园艺	71	10	新疆农业大学学报	53

表 2-5　2008—2017 年新疆农业科学院高发文期刊（北大中文核心）TOP10　　单位：篇

排序	期刊名称	发文量	排序	期刊名称	发文量
1	新疆农业科学	1 102	6	新疆农业大学学报	46
2	北方园艺	71	7	中国农学通报	38
3	西北农业学报	69	8	安徽农业科学	38
4	农机化研究	59	9	麦类作物学报	30
5	中国棉花	48	10	棉花学报	30

表 2-6　2008—2017 年新疆农业科学院高发文期刊（CSCD）TOP10　　单位：篇

排序	期刊名称	发文量	排序	期刊名称	发文量
1	新疆农业科学	1 102	7	食品工业科技	26
2	西北农业学报	69	8	中国农业科学	26
3	中国农学通报	47	9	干旱地区农业研究	25
4	分子植物育种	34	10	西北植物学报	24
5	棉花学报	30	10	生态学报	24
6	麦类作物学报	30			

2.4 合作发文机构 TOP10

2008—2017 年新疆农业科学院中文期刊合作发文机构 TOP10 见表 2-7。

表 2-7   2008—2017 年新疆农业科学院合作发文机构 TOP10   单位：篇

排序	合作发文机构	发文量	排序	合作发文机构	发文量
1	新疆农业大学	1 647	6	中国农业大学	183
2	中国农业科学院	437	7	新疆农业职业技术学院	106
3	新疆大学	366	8	中华人民共和国农业农村部	87
4	石河子大学	350	9	南京农业大学	81
5	中国科学院	215	10	新疆林业科学院	60

新疆畜牧科学院

1 英文期刊论文分析

分析数据来源于科学引文索引数据库（Web of Science，WOS）收录的文献类型为期刊论文（ARTICLE）、会议论文（PROCEEDINGS PAPER）和述评（REVIEW）的 Science Citation Index Expanded（SCIE）论文数据，数据时间范围为 2008—2017 年，共检索到新疆畜牧科学院作者发表的论文 96 篇。

1.1 发文量

2008—2017 年新疆畜牧科学院历年 SCI 发文与被引情况见表 1-1，新疆畜牧科学院英文文献历年发文趋势（2008—2017 年）见下图。

表 1-1　2008—2017 年新疆畜牧科学院历年 SCI 发文与被引情况

出版年	发文量（篇）	WOS 所有数据库总被引频次	WOS 核心库被引频次
2008 年	2	46	46
2009 年	4	82	75
2010 年	9	116	105
2011 年	10	96	77
2012 年	6	85	76
2013 年	6	134	110
2014 年	8	88	81
2015 年	13	152	126
2016 年	17	58	52
2017 年	21	25	25

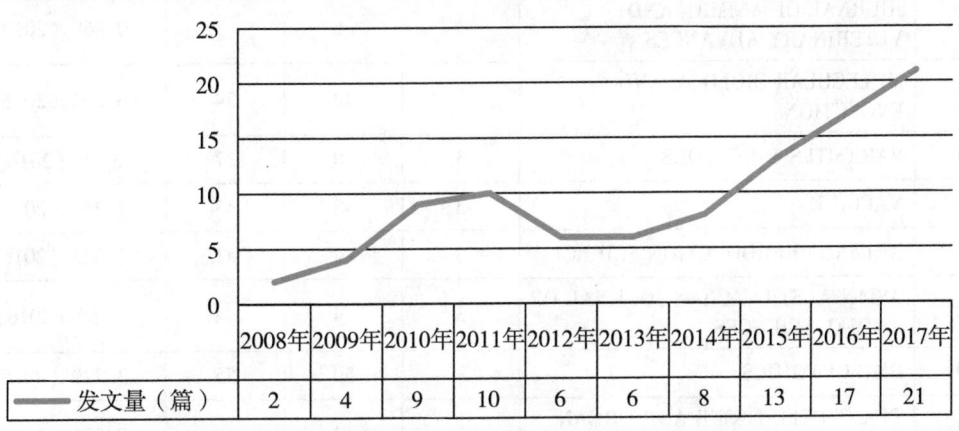

图　新疆畜牧科学院英文文献历年发文趋势（2008—2017 年）

1.2 高发文研究所 TOP10

2008—2017年新疆畜牧科学院SCI高发文研究所TOP10见表1-2。

表1-2　2008—2017年新疆畜牧科学院SCI高发文研究所TOP10　　　　单位：篇

排序	研究所	发文量
1	新疆畜牧科学院兽医研究所	41
2	新疆畜牧科学院生物技术研究所	20
3	新疆畜牧科学院畜牧研究所	9
4	新疆畜牧科学院饲料研究所	3
5	新疆畜牧科学院草业研究所	1
5	新疆畜牧科学院畜牧业经济与信息研究所	1

注：全部发文研究所数量不足10个。

1.3 高发文期刊 TOP10

2008—2017年新疆畜牧科学院SCI高发文期刊TOP10见表1-3。

表1-3　2008—2017年新疆畜牧科学院SCI发文期刊TOP10

排序	期刊名称	发文量（篇）	WOS所有数据库总被引频次	WOS核心库被引频次	期刊影响因子（最近年度）
1	ARCHIVES OF VIROLOGY	8	14	13	2.058（2016）
2	GENETICS AND MOLECULAR RESEARCH	4	2	1	0.764（2015）
3	JOURNAL OF ANIMAL AND VETERINARY ADVANCES	3	6	3	0.365（2012）
4	MOLECULAR BIOLOGY AND EVOLUTION	3	40	34	6.202（2016）
5	PARASITES & VECTORS	3	10	7	3.08（2016）
6	VACCINE	3	48	43	3.235（2016）
7	ANIMAL REPRODUCTION SCIENCE	3	44	41	1.605（2016）
8	ASIAN-AUSTRALASIAN JOURNAL OF ANIMAL SCIENCES	3	4	4	0.86（2016）
9	BMC GENOMICS	3	59	55	3.729（2016）
10	PLANT CELL TISSUE AND ORGAN CULTURE	2	12	9	2.002（2016）

1.4 合作发文国家与地区 TOP10

2008—2017 年新疆畜牧科学院 SCI 合作发文国家与地区（合作发文 1 篇以上）TOP10
见表 1-4。

表 1-4　2008—2017 年新疆畜牧科学院 SCI 合作发文国家与地区 TOP10

排序	国家与地区	合作发文量	WOS 所有数据库总被引频次	WOS 核心库被引频次
1	澳大利亚	9	257	215
2	美国	7	127	120
3	肯尼亚	4	55	48
4	芬兰	4	47	39
5	新西兰	2	18	16

注：2008—2017 年合作发文 1 篇以上的国家与地区数量不足 10 个

1.5 合作发文机构 TOP10

2008—2017 年新疆畜牧科学院 SCI 合作发文机构 TOP10 见表 1-5。

表 1-5　2008—2017 年新疆畜牧科学院 SCI 合作发文机构 TOP10

排序	合作发文机构	发文量	WOS 所有数据库总被引频次	WOS 核心库被引频次
1	中国农业科学院	22	82	65
2	石河子大学	16	92	84
3	新疆大学	8	49	43
4	中国科学院	8	110	98
5	广西农业科学院	6	39	31
6	中国农业大学	6	67	58
7	南京农业大学	6	48	40
8	内蒙古农业大学	6	125	110
9	新疆医科大学	5	189	156
10	新疆农业大学	5	10	7

1.6 高被引论文 TOP10

2008—2017 年新疆畜牧科学院发表的 SCI 高被引论文 TOP10 见表 1-6，新疆畜牧科学院以第一或通讯作者完成单位发表的 SCI 高被引论文 TOP10 见表 1-7。

表1-6　2008—2017年新疆畜牧科学院SCI高被引论文TOP10

排序	标题	WOS所有数据库总被引频次	WOS核心库被引频次	作者机构	出版年份	期刊名称	期刊影响因子（最近年度）
1	The genome of the hydatid tapeworm Echinococcus granulosus	110	90	新疆畜牧科学院兽医研究所	2013年	NATURE GENETICS	27.959（2016）
2	Epidemiology and control of echinococcosis in central Asia, with particular reference to the People's Republic of China	50	38	新疆畜牧科学院兽医研究所	2015年	ACTA TROPICA	2.218（2016）
3	Genome sequences of wild and domestic bactrian camels	41	37	新疆畜牧科学院畜牧研究所	2012年	NATURE COMMUNICATIONS	12.124（2016）
4	Improved development of ovine matured oocyte following solid surface vitrification (SSV)：Effect of cumulus cells and cytoskeleton stabilizer	37	34	新疆畜牧科学院生物技术研究所	2009年	ANIMAL REPRODUCTION SCIENCE	1.605（2016）
5	The Echinococcus granulosus Antigen B Gene Family Comprises at Least 10 Unique Genes in Five Subclasses Which Are Differentially Expressed	33	31	新疆畜牧科学院兽医研究所	2010年	PLOS NEGLECTED TROPICAL DISEASES	3.834（2016）
6	In vitro culture of sheep lamb ovarian cortical tissue in a sequential culture medium	32	31	新疆畜牧科学院生物技术研究所	2010年	JOURNAL OF ASSISTED REPRODUCTION AND GENETICS	2.163（2016）
7	Transcriptional profiles of bovine in vivo pre-implantation development	30	28	新疆畜牧科学院畜牧研究所	2014年	BMC GENOMICS	3.729（2016）
8	Bovine mastitis Staphylococcus aureus：Antibiotic susceptibility profile，resistance genes and molecular typing of methicillin-resistant and methicillin-sensitive strains in China	30	26	新疆畜牧科学院兽医研究所	2015年	INFECTION GENETICS AND EVOLUTION	2.885（2016）

（续表）

排序	标题	WOS 所有数据库总被引频次	WOS 核心库被引频次	作者机构	出版年份	期刊名称	期刊影响因子（最近年度）
9	Genome-wide sequencing of small RNAs reveals a tissue-specific loss of conserved microRNA families in Echinococcus granulosus	28	27	新疆畜牧科学院兽医研究所	2014 年	BMC GENOMICS	3.729 (2016)
10	Noninvasive imaging and quantification of epidermal growth factor receptor kinase activation in vivo	26	26	新疆畜牧科学院	2008 年	CANCER RESEARCH	9.122 (2016)

表 1-7　2008—2017 年新疆畜牧科学院 SCI 高被引论文 TOP10（第一或通讯作者完成单位）

排序	标题	WOS 所有数据库总被引频次	WOS 核心库被引频次	作者机构	出版年份	期刊名称	期刊影响因子（最近年度）
1	Transcriptional profiles of bovine in vivo pre-implantation development	30	28	新疆畜牧科学院畜牧研究所	2014 年	BMC GENOMICS	3.729 (2016)
2	Whole-Genome Sequencing of Native Sheep Provides Insights into Rapid Adaptations to Extreme Environments	18	16	新疆畜牧科学院生物技术研究所	2016 年	MOLECULAR BIOLOGY AND EVOLUTION	6.202 (2016)
3	A Pilot Study for Control of Hyperendemic Cystic Hydatid Disease in China	13	9	新疆畜牧科学院兽医研究所	2009 年	PLOS NEGLECTED TROPICAL DISEASES	3.834 (2016)
4	Caffeine and dithiothreitol delay ovine oocyte ageing	11	10	新疆畜牧科学院生物技术研究所	2010 年	REPRODUCTION FERTILITY AND DEVELOPMENT	2.656 (2016)
5	Knockdown of endogenous myostatin promotes sheep myoblast proliferation	7	6	新疆畜牧科学院生物技术研究所	2014 年	IN VITRO CELLULAR & DEVELOPMENTAL BIOLOGY-ANIMAL	0.897 (2016)
6	mRNA Levels of Imprinted Genes in Bovine In Vivo Oocytes, Embryos and Cross Species Comparisons with Humans, Mice and Pigs	5	5	新疆畜牧科学院畜牧研究所	2015 年	SCIENTIFIC REPORTS	4.259 (2016)

（续表）

排序	标题	WOS 所有数据库总被引频次	WOS 核心库被引频次	作者机构	出版年份	期刊名称	期刊影响因子（最近年度）
7	Disruption of the sheep BMPR-IB gene by CRISPR/Cas9 in in vitro-produced embryos	3	3	新疆畜牧科学院生物技术研究所	2017 年	THERIOGENOLOGY	1.986（2016）
8	Identification of an intergenic region that is not essential for replication of goatpox virus	2	1	新疆畜牧科学院兽医研究所	2010 年	ARCHIVES OF VIROLOGY	2.058（2016）
9	Molecular cloning, characterization, and expression of sheep FGF5 gene	2	2	新疆畜牧科学院生物技术研究所	2015 年	GENE	2.415（2016）
10	Knockout of Myostatin by Zinc-finger Nuclease in Sheep Fibroblasts and Embryos	2	2	新疆畜牧科学院生物技术研究所	2016 年	ASIAN-AUSTRALASIAN JOURNAL OF ANIMAL SCIENCES	0.86（2016）

1.7　高频词 TOP20

2008—2017 年新疆畜牧科学院 SCI 发文高频词（作者关键词）TOP20 见表 1-8。

表 1-8　2008—2017 年新疆畜牧科学院 SCI 发文高频词（作者关键词）TOP20

排序	关键词（作者关键词）	频次	排序	关键词（作者关键词）	频次
1	Sheep	10	11	SNP	2
2	Echinococcus granulosus	5	12	combined DNA vaccine	2
3	Phylogenetic analysis	3	13	polymorphism	2
4	Myostatin	3	14	Dioscorea fordii Prain et Burk	2
5	Ovis aries	3	15	gene expression	2
6	Granulosa Cells	2	16	shRNA	2
7	Chinese merino sheep	2	17	Development	2
8	Methane	2	18	PCR-RFLP	2
9	cashmere goat	2	19	Culture system	2
10	In vitro culture	2	20	Echinococcus multilocularis	2

2 中文期刊论文分析

2008—2017 年，中国农业科技文献数据库（CASDD）共收录由新疆畜牧科学院作者发表的中文期刊论文 1 677 篇，其中北大中文核心期刊论文 615 篇，中国科学引文数据库（CSCD）期刊论文 346 篇。

2.1 发文量

2008—2017 年新疆畜牧科学院中文文献历年发文趋势（2008—2017 年）见下图。

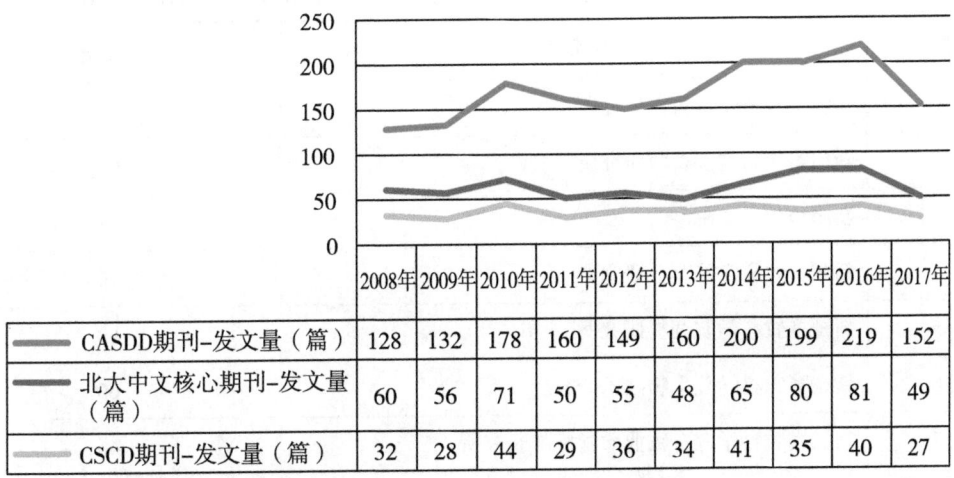

	2008年	2009年	2010年	2011年	2012年	2013年	2014年	2015年	2016年	2017年
CASDD期刊-发文量（篇）	128	132	178	160	149	160	200	199	219	152
北大中文核心期刊-发文量（篇）	60	56	71	50	55	48	65	80	81	49
CSCD期刊-发文量（篇）	32	28	44	29	36	34	41	35	40	27

图 新疆畜牧科学院中文文献历年发文趋势（2008—2017 年）

2.2 高发文研究所 TOP10

2008—2017 年新疆畜牧科学院 CASDD 期刊高发文研究所 TOP10 见表 2-1，2008—2017 年新疆畜牧科学院北大中文核心期刊高发文研究所 TOP10 见表 2-2，2008—2017 年新疆畜牧科学院中国科学引文数据库（CSCD）期刊高发文研究所 TOP10 见表 2-3。

表 2-1 2008—2017 年新疆畜牧科学院 CASDD 期刊高发文研究所 TOP10 单位：篇

排序	研究所	发文量
1	新疆畜牧科学院兽医研究所	486
2	新疆畜牧科学院	293
3	新疆畜牧科学院畜牧研究所	289
4	新疆畜牧科学院草业研究所	244
5	新疆畜牧科学院饲料研究所	129
6	新疆畜牧科学院畜牧业经济与信息研究所	126

（续表）

排序	研究所	发文量
7	新疆畜牧科学院畜牧业质量标准研究所	117
8	新疆畜牧科学院生物技术研究所	93
9	新疆畜牧科学院院机关	11

注："新疆畜牧科学院"发文包括作者单位只标注为"新疆畜牧科学院"、院属实验室等。
全部发文研究所数量不足 10 个。

表 2-2　2008—2017 年新疆畜牧科学院北大中文核心期刊高发文研究所 TOP10　　单位：篇

排序	研究所	发文量
1	新疆畜牧科学院兽医研究所	173
2	新疆畜牧科学院畜牧研究所	109
3	新疆畜牧科学院	108
4	新疆畜牧科学院草业研究所	76
5	新疆畜牧科学院饲料研究所	69
6	新疆畜牧科学院生物技术研究所	60
7	新疆畜牧科学院畜牧业质量标准研究所	46
8	新疆畜牧科学院畜牧业经济与信息研究所	15

注："新疆畜牧科学院"发文包括作者单位只标注为"新疆畜牧科学院"、院属实验室等。
全部发文研究所数量不足 10 个。

表 2-3　2008—2017 年新疆畜牧科学院 CSCD 期刊高发文研究所 TOP10　　单位：篇

排序	研究所	发文量
1	新疆畜牧科学院兽医研究所	103
2	新疆畜牧科学院草业研究所	70
3	新疆畜牧科学院	50
4	新疆畜牧科学院畜牧研究所	46
5	新疆畜牧科学院生物技术研究所	41
6	新疆畜牧科学院畜牧业质量标准研究所	27
7	新疆畜牧科学院饲料研究所	23
8	新疆畜牧科学院畜牧业经济与信息研究所	3

注："新疆畜牧科学院"发文包括作者单位只标注为"新疆畜牧科学院"、院属实验室等。
全部发文研究所数量不足 10 个。

2.3 高发文期刊 TOP10

2008—2017 年新疆畜牧科学院高发文 CASDD 期刊 TOP10 见表 2-4，2008—2017 年新疆畜牧科学院高发文北大中文核心期刊 TOP10 见表 2-5，2008—2017 年新疆畜牧科学院高发文 CSCD 期刊 TOP10 见表 2-6。

表 2-4　2008—2017 年新疆畜牧科学院高发文期刊（CASDD）TOP10　　单位：篇

排序	期刊名称	发文量	排序	期刊名称	发文量
1	草食家畜	340	6	中国草食动物科学	38
2	新疆农业科学	104	7	动物医学进展	38
3	中国畜牧兽医	85	8	中国动物检疫	33
4	现代农业科技	82	9	畜牧兽医科技信息	32
5	新疆畜牧业	72	10	黑龙江畜牧兽医	32

表 2-5　2008—2017 年新疆畜牧科学院高发文期刊（北大中文核心）TOP10　　单位：篇

排序	期刊名称	发文量	排序	期刊名称	发文量
1	新疆农业科学	104	6	中国兽医杂志	24
2	中国畜牧兽医	85	7	草业科学	22
3	动物医学进展	38	8	畜牧兽医学报	19
4	黑龙江畜牧兽医	32	9	新疆农业大学学报	18
5	畜牧与兽医	28	10	中国畜牧杂志	17

表 2-6　2008—2017 年新疆畜牧科学院高发文期刊（CSCD）TOP10　　单位：篇

排序	期刊名称	发文量	排序	期刊名称	发文量
1	新疆农业科学	104	7	中国兽医科学	12
2	草业科学	22	8	西北农业学报	10
3	畜牧兽医学报	19	9	中国兽医学报	10
4	动物医学进展	18	10	西北农林科技大学学报（自然科学版）	8
5	中国人兽共患病学报	15	10	中国农业科学	8
6	中国预防兽医学报	14			

2.4 合作发文机构 TOP10

2008—2017 年新疆畜牧科学院中文期刊合作发文机构 TOP10 见表 2-7。

表 2-7　2008—2017 年新疆畜牧科学院合作发文机构 TOP10　　　　单位：篇

排序	合作发文机构	发文量	排序	合作发文机构	发文量
1	新疆农业大学	837	6	新疆农业科学院	94
2	新疆乌鲁木齐市动物疾病控制与诊断中心	145	7	中华人民共和国农业农村部	76
3	石河子大学	139	8	华中农业大学	67
4	新疆天康畜牧生物技术股份有限公司	138	9	中国动物卫生与流行病学中心	66
5	中国农业科学院	119	10	新疆维吾尔自治区动物卫生监督所	65

云南省农业科学院

1 英文期刊论文分析

分析数据来源于科学引文索引数据库（Web of Science，WOS）收录的文献类型为期刊论文（ARTICLE）、会议论文（PROCEEDINGS PAPER）和述评（REVIEW）的 Science Citation Index Expanded（SCIE）论文数据，数据时间范围为 2008—2017 年，共检索到云南省农业科学院作者发表的论文 698 篇。

1.1 发文量

2008—2017 年云南省农业科学院历年 SCI 发文与被引情况见表 1-1，云南省农业科学院英文文献历年发文趋势（2008—2017 年）见下图。

表 1-1　2008—2017 年云南省农业科学院历年 SCI 发文与被引情况

出版年	发文量（篇）	WOS 所有数据库总被引频次	WOS 核心库被引频次
2008 年	16	349	270
2009 年	23	458	352
2010 年	40	641	527
2011 年	42	468	362
2012 年	59	1 250	1 092
2013 年	76	634	519
2014 年	75	688	563
2015 年	113	1 004	890
2016 年	127	414	373
2017 年	127	130	122

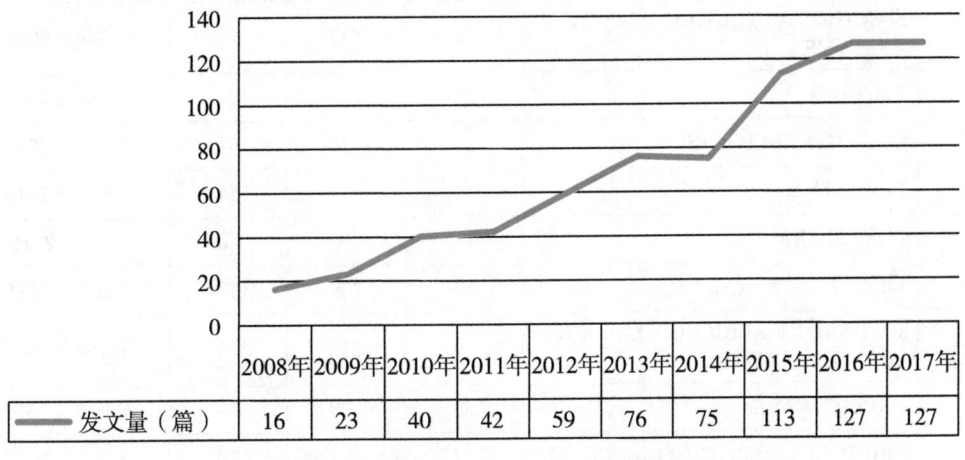

	2008年	2009年	2010年	2011年	2012年	2013年	2014年	2015年	2016年	2017年
发文量（篇）	16	23	40	42	59	76	75	113	127	127

图　云南省农业科学院英文文献历年发文趋势（2008—2017 年）

1.2 高发文研究所 TOP10

2008—2017 年云南省农业科学院 SCI 高发文研究所 TOP10 见表 1-2。

表 1-2　2008—2017 年云南省农业科学院 SCI 高发文研究所 TOP10　　　单位：篇

排序	研究所	发文量
1	云南省农业科学院生物技术与种质资源研究所	165
2	云南省农业科学院药用植物研究所	148
3	云南省农业科学院农业环境资源研究所	70
4	云南省农业科学院粮食作物研究所	65
5	云南省农业科学院花卉研究所	58
6	云南省农业科学院甘蔗研究所	39
7	云南省农业科学院质量标准与检测技术研究所	34
8	云南省农业科学院园艺作物研究所	30
8	云南省农业科学院茶叶研究所	30
9	云南省农业科学院热区生态农业研究所	25
10	云南省农业科学院蚕桑蜜蜂研究所	24

1.3 高发文期刊 TOP10

2008—2017 年云南省农业科学院 SCI 高发文期刊 TOP10 见表 1-3。

表 1-3　2008—2017 年云南省农业科学院 SCI 发文期刊 TOP10

排序	期刊名称	发文量（篇）	WOS 所有数据库总被引频次	WOS 核心库被引频次	期刊影响因子（最近年度）
1	SPECTROSCOPY AND SPECTRAL ANALYSIS	36	132	70	0.344（2016）
2	PLOS ONE	20	176	144	2.806（2016）
3	SCIENTIFIC REPORTS	14	72	61	4.259（2016）
4	EUPHYTICA	11	57	54	1.626（2016）
5	PHYTOTAXA	11	50	50	1.24（2016）
6	FIELD CROPS RESEARCH	10	209	157	3.048（2016）
7	JOURNAL OF AGRICULTURAL AND FOOD CHEMISTRY	9	262	226	3.154（2016）
8	CROP SCIENCE	8	78	74	1.629（2016）
9	FRONTIERS IN PLANT SCIENCE	7	23	20	4.298（2016）

（续表）

排序	期刊名称	发文量 （篇）	WOS 所有 数据库总 被引频次	WOS 核 心库被 引频次	期刊影响因子 （最近年度）
10	GENETICS AND MOLECULAR RESEARCH	7	22	19	0.764（2015）

1.4 合作发文国家与地区 TOP10

2008—2017 年云南省农业科学院 SCI 合作发文国家与地区（合作发文 1 篇以上）TOP10 见表 1-4。

表 1-4 2008—2017 年云南省农业科学院 SCI 合作发文国家与地区 TOP10

排序	国家与地区	合作发文量	WOS 所有数据库 总被引频次	WOS 核心库 被引频次
1	美国	66	1 464	1 350
2	泰国	29	612	597
3	韩国	19	248	236
4	澳大利亚	19	477	442
5	印度	16	463	452
6	加拿大	14	265	251
7	新西兰	13	416	404
8	波兰	12	158	143
9	德国	11	299	288
10	日本	11	294	264
10	法国	11	599	576

1.5 合作发文机构 TOP10

2008—2017 年云南省农业科学院 SCI 合作发文机构 TOP10 见表 1-5。

表 1-5 2008—2017 年云南省农业科学院 SCI 合作发文机构 TOP10

排序	合作发文机构	发文量	WOS 所有数据库 总被引频次	WOS 核心库 被引频次
1	中国科学院	108	1 821	1 635
2	云南农业大学	79	861	725
3	中国农业科学院	63	552	452

（续表）

排序	合作发文机构	发文量	WOS 所有数据库总被引频次	WOS 核心库被引频次
4	玉溪师范大学	49	504	375
5	云南大学	45	325	265
6	中国农业大学	41	445	364
7	云南中医药大学	40	117	89
8	南京农业大学	33	308	246
9	昆明理工大学	31	314	292
10	中华人民共和国农业农村部	26	103	71

1.6　高被引论文 TOP10

2008—2017 年云南省农业科学院发表的 SCI 高被引论文 TOP10 见表 1-6，云南省农业科学院以第一或通讯作者完成单位发表的 SCI 高被引论文 TOP10 见表 1-7。

表 1-6　2008—2017 年云南省农业科学院 SCI 高被引论文 TOP10

排序	标题	WOS 所有数据库总被引频次	WOS 核心库被引频次	作者机构	出版年份	期刊名称	期刊影响因子（最近年度）
1	Resequencing 50 accessions of cultivated and wild rice yields markers for identifying agronomically important genes	373	348	云南省农业科学院粮食作物研究所	2012 年	NATURE BIOTECHNOLOGY	41.667 (2016)
2	The Faces of Fungi database：fungal names linked with morphology, phylogeny and human impacts	200	198	云南省农业科学院生物技术与种质资源研究所	2015 年	FUNGAL DIVERSITY	13.465 (2016)
3	Towards a natural classification of Botryosphaeriales	153	147	云南省农业科学院生物技术与种质资源研究所	2012 年	FUNGAL DIVERSITY	13.465 (2016)
4	Invasion biology of spotted wing Drosophila（Drosophila suzukii）：a global perspective and future priorities	148	142	云南省农业科学院农业环境资源研究所	2015 年	JOURNAL OF PEST SCIENCE	3.728 (2016)

（续表）

排序	标题	WOS 所有数据库总被引频次	WOS 核心库被引频次	作者机构	出版年份	期刊名称	期刊影响因子（最近年度）
5	A mini-review of chemical composition and nutritional value of edible wild-grown mushroom from China	97	74	云南省农业科学院药用植物研究所	2014 年	FOOD CHEMISTRY	4.529（2016）
6	Single-base resolution maps of cultivated and wild rice methylomes and regulatory roles of DNA methylation in plant gene expression	96	93	云南省农业科学院粮食作物研究所	2012 年	BMC GENOMICS	3.729（2016）
7	Diversity maintenance and use of Vicia faba L. genetic resources	88	81	云南省农业科学院粮食作物研究所	2010 年	FIELD CROPS RESEARCH	3.048（2016）
8	Effects of fruit bagging on coloring and related physiology, and qualities of red Chinese sand pears during fruit maturation	82	60	云南省农业科学院园艺作物研究所，云南省农业科学院生物技术与种质资源研究所	2009 年	SCIENTIA HORTICULTURAE	1.624（2016）
9	Anti-Tobacco Mosaic Virus (TMV) Quassinoids from Brucea javanica (L.) Merr.	72	62	云南省农业科学院	2010 年	JOURNAL OF AGRICULTURAL AND FOOD CHEMISTRY	3.154（2016）
10	Fungal diversity notes 367-490：taxonomic and phylogenetic contributions to fungal taxa	71	71	云南省农业科学院生物技术与种质资源研究所	2016 年	FUNGAL DIVERSITY	13.465（2016）

表 1-7　2008—2017 年云南省农业科学院 SCI 高被引论文 TOP10（第一或通讯作者完成单位）

排序	标题	WOS 所有数据库总被引频次	WOS 核心库被引频次	作者机构	出版年份	期刊名称	期刊影响因子（最近年度）
1	A mini-review of chemical composition and nutritional value of edible wild-grown mushroom from China	97	74	云南省农业科学院药用植物研究所	2014 年	FOOD CHEMISTRY	4.529（2016）

（续表）

排序	标题	WOS 所有数据库总被引频次	WOS 核心库被引频次	作者机构	出版年份	期刊名称	期刊影响因子（最近年度）
2	Fungal diversity notes 367-490: taxonomic and phylogenetic contributions to fungal taxa	71	71	云南省农业科学院生物技术与种质资源研究所	2016 年	FUNGAL DIVERSITY	13.465（2016）
3	Characterization of tomato zonate spot virus, a new tospovirus in China	60	45	云南省农业科学院生物技术与种质资源研究所	2008 年	ARCHIVES OF VIROLOGY	2.058（2016）
4	Mycology, cultivation, traditional uses, phytochemistry and pharmacology of Wolfiporia cocos (Schwein.) Ryvarden et Gilb.: A review	44	33	云南省农业科学院药用植物研究所	2013 年	JOURNAL OF ETHNOPHARMA-COLOGY	2.981（2016）
5	Mineral Element Levels in Wild Edible Mushrooms from Yunnan, China	30	23	云南省农业科学院药用植物研究所	2012 年	BIOLOGICAL TRACE ELEMENT RESEARCH	2.399（2016）
6	A new tospovirus causing chlorotic ringspot on Hippeastrum sp in China	30	24	云南省农业科学院生物技术与种质资源研究所	2013 年	VIRUS GENES	1.431（2016）
7	QTLs of Cold Tolerance-Related Traits at the Booting Stage for NIL-RILs in Rice Revealed by SSR	27	20	云南省农业科学院生物技术与种质资源研究所	2009 年	GENES & GENOMICS	0.566（2016）
8	Decaploidy in Rosa praelucens Byhouwer (Rosaceae) Endemic to Zhongdian Plateau, Yunnan, China	25	16	云南省农业科学院花卉研究所	2010 年	CARYOLOGIA	0.516（2016）
9	Discrimination of Wild Paris Based on Near Infrared Spectroscopy and High Performance Liquid Chromatography Combined with Multivariate Analysis	25	20	云南省农业科学院药用植物研究所	2014 年	PLOS ONE	2.806（2016）

（续表）

排序	标题	WOS 所有数据库总被引频次	WOS 核心库被引频次	作者机构	出版年份	期刊名称	期刊影响因子（最近年度）
10	A new maize heterotic pattern between temperate and tropical germplasms	24	22	云南省农业科学院粮食作物研究所	2008 年	AGRONOMY JOURNAL	1.614 (2016)

1.7 高频词 TOP20

2008—2017 年云南省农业科学院 SCI 发文高频词（作者关键词）TOP20 见表 1-8。

表 1-8 2008—2017 年云南省农业科学院 SCI 发文高频词（作者关键词）TOP20

排序	关键词（作者关键词）	频次	排序	关键词（作者关键词）	频次
1	Phylogeny	26	11	Panax notoginseng	9
2	taxonomy	22	12	Gene expression	9
3	China	18	13	Genetic diversity	8
4	Gentiana rigescens	16	14	Diversity	8
5	Fungi	12	15	Principal component analysis	8
6	sugarcane	11	16	Purification	8
7	Infrared spectroscopy	11	17	Yunnan	7
8	rice	10	18	Oryza sativa	7
9	breeding	9	19	ITS	7
10	ICP-AES	9	20	Mushrooms	7

2 中文期刊论文分析

2008—2017 年，中国农业科技文献数据库（CASDD）共收录由云南省农业科学院作者发表的中文期刊论文 5 901 篇，其中北大中文核心期刊论文 3 093 篇，中国科学引文数据库（CSCD）期刊论文 2 642 篇。

2.1 发文量

2008—2017 年云南省农业科学院中文文献历年发文趋势（2008—2017 年）见下图。

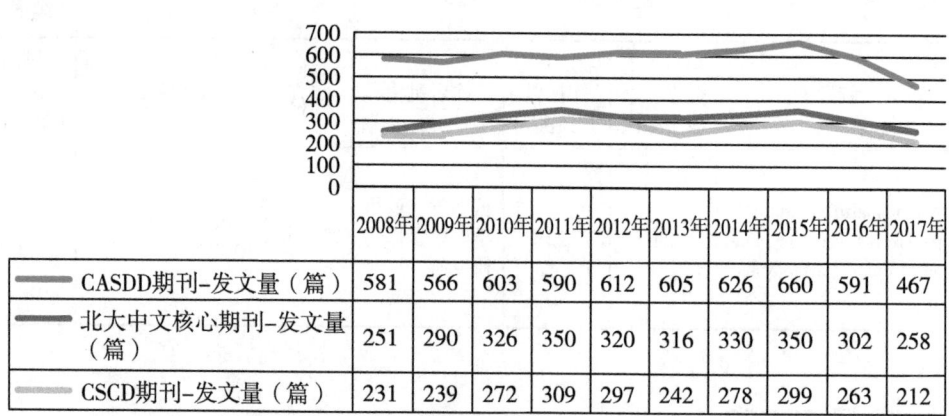

	2008年	2009年	2010年	2011年	2012年	2013年	2014年	2015年	2016年	2017年
CASDD期刊-发文量（篇）	581	566	603	590	612	605	626	660	591	467
北大中文核心期刊-发文量（篇）	251	290	326	350	320	316	330	350	302	258
CSCD期刊-发文量（篇）	231	239	272	309	297	242	278	299	263	212

图　云南省农业科学院中文文献历年发文趋势（2008—2017年）

2.2　高发文研究所 TOP10

2008—2017年云南省农业科学院 CASDD 期刊高发文研究所 TOP10 见表 2-1，2008—2017年云南省农业科学院北大中文核心期刊高发文研究所 TOP10 见表 2-2，2008—2017年云南省农业科学院中国科学引文数据库（CSCD）期刊高发文研究所 TOP10 见表 2-3。

表 2-1　2008—2017年云南省农业科学院 CASDD 期刊高发文研究所 TOP10　　单位：篇

排序	研究所	发文量
1	云南省农业科学院蚕桑蜜蜂研究所	783
2	云南省农业科学院生物技术与种质资源研究所	609
3	云南省农业科学院甘蔗研究所	550
4	云南省农业科学院农业环境资源研究所	546
5	云南省农业科学院药用植物研究所	413
6	云南省农业科学院热区生态农业研究所	391
7	云南省农业科学院	382
8	云南省农业科学院粮食作物研究所	374
9	云南省农业科学院花卉研究所	364
10	云南省农业科学院茶叶研究所	362
11	云南省农业科学院热带亚热带经济作物研究所	317

注："云南省农业科学院"发文包括作者单位只标注为"云南省农业科学院"、院属实验室等。

表 2-2　2008—2017年云南省农业科学院北大中文核心期刊高发文研究所 TOP10　　单位：篇

排序	研究所	发文量
1	云南省农业科学院生物技术与种质资源研究所	474
2	云南省农业科学院农业环境资源研究所	388

（续表）

排序	研究所	发文量
3	云南省农业科学院药用植物研究所	333
4	云南省农业科学院花卉研究所	258
5	云南省农业科学院粮食作物研究所	255
6	云南省农业科学院	224
7	云南省农业科学院蚕桑蜜蜂研究所	223
8	云南省农业科学院甘蔗研究所	213
9	云南省农业科学院质量标准与检测技术研究所	174
10	云南省农业科学院热区生态农业研究所	152
11	云南省农业科学院茶叶研究所	146

注："云南省农业科学院"发文包括作者单位只标注为"云南省农业科学院"、院属实验室等。

表2-3　2008—2017年云南省农业科学院CSCD期刊高发文研究所TOP10　　单位：篇

排序	研究所	发文量
1	云南省农业科学院生物技术与种质资源研究所	438
2	云南省农业科学院农业环境资源研究所	357
3	云南省农业科学院药用植物研究所	292
4	云南省农业科学院粮食作物研究所	238
5	云南省农业科学院甘蔗研究所	216
6	云南省农业科学院花卉研究所	202
7	云南省农业科学院蚕桑蜜蜂研究所	170
8	云南省农业科学院	167
9	云南省农业科学院质量标准与检测技术研究所	145
10	云南省农业科学院经济作物研究所	134
11	云南省农业科学院热区生态农业研究所	129

注："云南省农业科学院"发文包括作者单位只标注为"云南省农业科学院"、院属实验室等。

2.3　高发文期刊TOP10

2008—2017年云南省农业科学院高发文CASDD期刊TOP10见表2-4，2008—2017年云南省农业科学院高发文北大中文核心期刊 TOP10 见表 2-5，2008—2017 年云南省农业科学院高发文 CSCD 期刊 TOP10 见表 2-6。

表 2-4 2008—2017 年云南省农业科学院高发文期刊（CASDD）TOP10 单位：篇

排序	期刊名称	发文量	排序	期刊名称	发文量
1	西南农业学报	692	6	植物遗传资源学报	101
2	云南农业科技	403	7	热带农业科学	101
3	中国糖料	246	8	江西农业学报	95
4	安徽农业科学	165	9	江苏农业科学	89
5	中国农学通报	146	10	现代农业科技	84

表 2-5 2008—2017 年云南省农业科学院高发文期刊（北大中文核心）TOP10 单位：篇

排序	期刊名称	发文量	排序	期刊名称	发文量
1	西南农业学报	692	7	云南大学学报（自然科学版）	62
2	安徽农业科学	122	8	蚕业科学	56
3	植物遗传资源学报	101	9	植物保护	51
4	江苏农业科学	89	10	云南农业大学学报（自然科学）	51
5	中国农学通报	89	10	园艺学报	51
6	北方园艺	66			

表 2-6 2008—2017 年云南省农业科学院高发文期刊（CSCD）TOP10 单位：篇

排序	期刊名称	发文量	排序	期刊名称	发文量
1	西南农业学报	692	6	植物保护	51
2	植物遗传资源学报	101	7	云南农业大学学报（自然科学）	51
3	中国农学通报	97	8	园艺学报	51
4	云南大学学报（自然科学版）	62	9	南方农业学报	51
5	蚕业科学	56	10	西北植物学报	49

2.4 合作发文机构 TOP10

2008—2017 年云南省农业科学院中文期刊合作发文机构 TOP10 见表 2-7。

表 2-7　2008—2017 年云南省农业科学院合作发文机构 TOP10　　　　单位：篇

排序	合作发文机构	发文量	排序	合作发文机构	发文量
1	云南农业大学	1 179	6	昆明理工大学	141
2	中国农业科学院	355	7	玉溪师范学院	139
3	云南大学	257	8	中华人民共和国农业农村部	121
4	云南省烟草公司	192	9	红云红河烟草（集团）	119
5	中国科学院	168	10	西南大学	118

浙江省农业科学院

1 英文期刊论文分析

分析数据来源于科学引文索引数据库（Web of Science，WOS）收录的文献类型为期刊论文（ARTICLE）、会议论文（PROCEEDINGS PAPER）和述评（REVIEW）的 Science Citation Index Expanded（SCIE）论文数据，数据时间范围为 2008—2017 年，共检索到浙江省农业科学院作者发表的论文 1 699篇。

1.1 发文量

2008—2017 年浙江省农业科学院历年 SCI 发文与被引情况见表 1-1，浙江省农业科学院英文文献历年发文趋势（2008—2017 年）见下图。

表 1-1　2008—2017 年浙江省农业科学院历年 SCI 发文与被引情况

出版年	发文量（篇）	WOS 所有数据库总被引频次	WOS 核心库被引频次
2008 年	65	1 437	1 109
2009 年	66	1 239	1 012
2010 年	89	1 865	1 559
2011 年	143	2 315	1 916
2012 年	215	3 202	2 750
2013 年	197	2 684	2 322
2014 年	200	1 796	1 566
2015 年	235	1 617	1 411
2016 年	226	878	786
2017 年	263	198	185

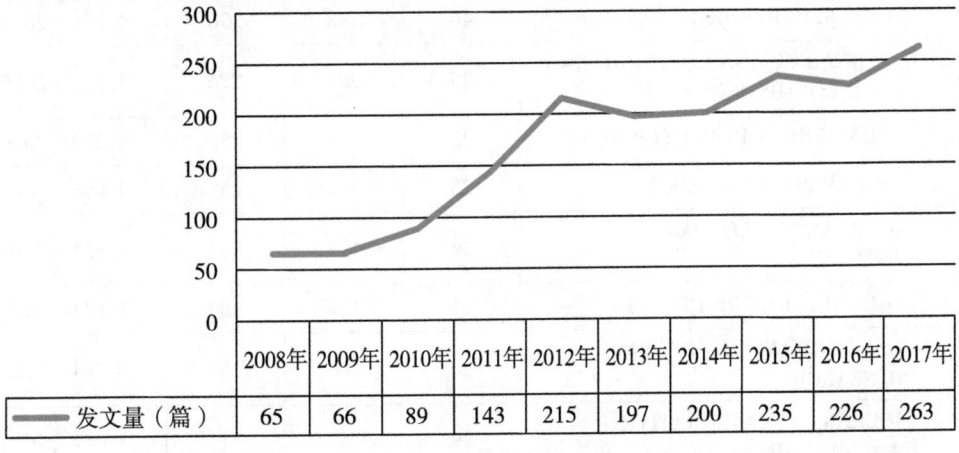

图　浙江省农业科学院英文文献历年发文趋势（2008—2017 年）

1.2 高发文研究所 TOP10

2008—2017年浙江省农业科学院SCI高发文研究所TOP10见表1-2。

表1-2 2008—2017年浙江省农业科学院SCI高发文研究所TOP10　　　　　单位：篇

排序	研究所	发文量
1	浙江省农业科学院植物保护与微生物研究所	518
2	浙江省农业科学院病毒学与生物技术研究所	354
3	浙江省农业科学院农产品质量标准研究所	239
4	浙江省农业科学院畜牧兽医研究所	166
5	浙江省农业科学院作物与核技术利用研究所	147
6	浙江省农业科学院环境资源与土壤肥料研究所	120
7	浙江省农业科学院蔬菜研究所	105
8	浙江省农业科学院园艺研究所	100
9	浙江省农业科学院食品科学研究所	72
10	浙江省农业科学院数字农业研究所	54

1.3 高发文期刊 TOP10

2008—2017年浙江省农业科学院SCI高发文期刊TOP10见表1-3。

表1-3 2008—2017年浙江省农业科学院SCI发文期刊TOP10

排序	期刊名称	发文量（篇）	WOS所有数据库总被引频次	WOS核心库被引频次	期刊影响因子（最近年度）
1	PLOS ONE	76	700	614	2.806（2016）
2	SCIENTIFIC REPORTS	40	148	136	4.259（2016）
3	JOURNAL OF AGRICULTURAL AND FOOD CHEMISTRY	29	303	276	3.154（2016）
4	FRONTIERS IN PLANT SCIENCE	25	90	82	4.298（2016）
5	ARCHIVES OF VIROLOGY	25	350	252	2.058（2016）
6	JOURNAL OF ECONOMIC ENTOMOLOGY	24	195	157	1.824（2016）
7	SCIENTIA HORTICULTURAE	23	134	100	1.624（2016）
8	GENETICS AND MOLECULAR RESEARCH	20	68	64	0.764（2015）
9	JOURNAL OF INTEGRATIVE AGRICULTURE	19	52	41	1.042（2016）

（续表）

排序	期刊名称	发文量（篇）	WOS 所有数据库总被引频次	WOS 核心库被引频次	期刊影响因子（最近年度）
10	FOOD CHEMISTRY	19	281	243	4.529（2016）

1.4 合作发文国家与地区 TOP10

2008—2017 年浙江省农业科学院 SCI 合作发文国家与地区（合作发文 1 篇以上）TOP10 见表 1-4。

表 1-4 2008—2017 年浙江省农业科学院 SCI 合作发文国家与地区 TOP10

排序	国家与地区	合作发文量	WOS 所有数据库总被引频次	WOS 核心库被引频次
1	美国	202	3 251	2 855
2	澳大利亚	51	934	852
3	英格兰	35	989	812
4	德国	33	445	391
5	日本	32	740	647
6	加拿大	22	304	263
7	巴基斯坦	20	114	98
8	菲律宾	18	230	201
9	韩国	17	194	156
10	瑞士	11	105	99

1.5 合作发文机构 TOP10

2008—2017 年浙江省农业科学院 SCI 合作发文机构 TOP10 见表 1-5。

表 1-5 2008—2017 年浙江省农业科学院 SCI 合作发文机构 TOP10

排序	合作发文机构	发文量	WOS 所有数据库总被引频次	WOS 核心库被引频次
1	浙江大学	439	4 112	3 548
2	中国科学院	137	2 094	1 784
3	中国农业科学院	133	1 747	1 386
4	南京农业大学	131	1 725	1 494

（续表）

排序	合作发文机构	发文量	WOS 所有数据库总被引频次	WOS 核心库被引频次
5	浙江师范大学	69	571	477
6	浙江工业大学	55	453	411
7	杭州师范大学	53	443	375
8	杭州农业大学	42	576	484
9	中国农业大学	39	504	386
10	美国农业部农业科学研究院	32	524	461

1.6 高被引论文 TOP10

2008—2017 年浙江省农业科学院发表的 SCI 高被引论文 TOP10 见表 1-6，浙江省农业科学院以第一或通讯作者完成单位发表的 SCI 高被引论文 TOP10 见表 1-7。

表 1-6 2008—2017 年浙江省农业科学院 SCI 高被引论文 TOP10

排序	标题	WOS 所有数据库总被引频次	WOS 核心库被引频次	作者机构	出版年份	期刊名称	期刊影响因子（最近年度）
1	The genome of the pear (Pyrus bretschneideri Rehd.)	263	229	浙江省农业科学院园艺研究所	2013 年	GENOME RESEARCH	11.922 (2016)
2	Sugar Input, Metabolism, and Signaling Mediated by Invertase: Roles in Development, Yield Potential, and Response to Drought and Heat	214	188	浙江省农业科学院作物与核技术利用研究所	2010 年	MOLECULAR PLANT	8.827 (2016)
3	Highly virulent porcine reproductive and respiratory syndrome virus emerged in China	192	131	浙江省农业科学院畜牧兽医研究所	2008 年	TRANSBOUNDARY AND EMERGING DISEASES	3.585 (2016)
4	Unraveling the Complex Trait of Crop Yield With Quantitative Trait Loci Mapping in Brassica napus	174	155	浙江省农业科学院	2009 年	GENETICS	4.556 (2016)
5	Metagenome-wide analysis of antibiotic resistance genes in a large cohort of human gut microbiota	147	137	浙江省农业科学院植物保护与微生物研究所	2013 年	NATURE COMMUNICATIONS	12.124 (2016)

（续表）

排序	标题	WOS 所有数据库总被引频次	WOS 核心库被引频次	作者机构	出版年份	期刊名称	期刊影响因子（最近年度）
6	The Magnaporthe oryzae Effector AvrPiz-t Targets the RING E3 Ubiquitin Ligase APIP6 to Suppress Pathogen-Associated Molecular Pattern-Triggered Immunity in Rice	141	120	浙江省农业科学院病毒学与生物技术研究所	2012 年	PLANT CELL	8.688（2016）
7	A black-streaked dwarf disease on rice in China is caused by a novel fijivirus	130	78	浙江省农业科学院病毒学与生物技术研究所	2008 年	ARCHIVES OF VIROLOGY	2.058（2016）
8	Effects of physico-chemical parameters on the bacterial and fungal communities during agricultural waste composting	103	88	浙江省农业科学院环境资源与土壤肥料研究所	2011 年	BIORESOURCE TECHNOLOGY	5.651（2016）
9	Tembusu Virus in Ducks, China	101	67	浙江省农业科学院	2011 年	EMERGING INFECTIOUS DISEASES	8.222（2016）
10	The Complete Genome Sequence of Two Isolates of Southern rice black-streaked dwarf virus, a New Member of the Genus Fijivirus	99	63	浙江省农业科学院病毒学与生物技术研究所	2010 年	JOURNAL OF PHYTOPATHOLOGY	0.853（2016）

表 1-7 2008—2017 年浙江省农业科学院 SCI 高被引论文 TOP10 （第一或通讯作者完成单位）

排序	标题	WOS 所有数据库总被引频次	WOS 核心库被引频次	作者机构	出版年份	期刊名称	期刊影响因子（最近年度）
1	A black-streaked dwarf disease on rice in China is caused by a novel fijivirus	130	78	浙江省农业科学院病毒学与生物技术研究所	2008 年	ARCHIVES OF VIROLOGY	2.058（2016）
2	Identification, Characterization, and Distribution of Southern rice black-streaked dwarf virus in Vietnam	80	66	浙江省农业科学院植物保护与微生物研究所	2011 年	PLANT DISEASE	3.173（2016）

（续表）

排序	标题	WOS 所有数据库总被引频次	WOS 核心库被引频次	作者机构	出版年份	期刊名称	期刊影响因子（最近年度）
3	Identification of reference genes for reverse transcription quantitative real-time PCR normalization in pepper（Capsicum annuum L.）	77	70	浙江省农业科学院蔬菜研究所	2011 年	BIOCHEMICAL AND BIOPHYSICAL RESEARCH COMMUNICATIONS	2.466（2016）
4	GA-20 oxidase as a candidate for the semidwarf gene sdw1/denso in barley	76	70	浙江省农业科学院作物与核技术利用研究所	2009 年	FUNCTIONAL & INTEGRATIVE GENOMICS	3.496（2016）
5	Hybrid of 1-deoxynojirimycin and polysaccharide from mulberry leaves treat diabetes mellitus by activating PDX-1/insulin-1 signaling pathway and regulating the expression of glucokinase, phosphoenolpyruvate carboxykinase and glucose-6-phosphatase in alloxan-induced diabetic mice	73	50	浙江省农业科学院蚕桑研究所	2011 年	JOURNAL OF ETHNOPHARMA-COLOGY	2.981（2016）
6	High invertase activity in tomato reproductive organs correlates with enhanced sucrose import into, and heat tolerance of, young fruit	70	62	浙江省农业科学院蔬菜研究所	2012 年	JOURNAL OF EXPERIMENTAL BOTANY	5.83（2016）
7	Accelerated TiO_2 photocatalytic degradation of Acid Orange 7 under visible light mediated by peroxymonosulfate	67	65	浙江省农业科学院环境资源与土壤肥料研究所	2012 年	CHEMICAL ENGINEERING JOURNAL	6.216（2016）
8	Identification of QTLs for eight agronomically important traits using an ultra-high-density map based on SNPs generated from high-throughput sequencing in sorghum under contrasting photoperiods	64	60	浙江省农业科学院作物与核技术利用研究所	2012 年	JOURNAL OF EXPERIMENTAL BOTANY	5.83（2016）

（续表）

排序	标题	WOS 所有数据库总被引频次	WOS 核心库被引频次	作者机构	出版年份	期刊名称	期刊影响因子（最近年度）
9	De novo characterization of the Anthurium transcriptome and analysis of its digital gene expression under cold stress	53	47	浙江省农业科学院花卉研究中心	2013 年	BMC GENOMICS	3.729 (2016)
10	Comparative analysis of the distribution of segmented filamentous bacteria in humans, mice and chickens	51	49	浙江省农业科学院植物保护与微生物研究所	2013 年	ISME JOURNAL	9.664 (2016)

1.7 高频词 TOP20

2008—2017 年浙江省农业科学院 SCI 发文高频词（作者关键词）TOP20 见表 1-8。

表 1-8 2008—2017 年浙江省农业科学院 SCI 发文高频词（作者关键词）TOP20

排序	关键词（作者关键词）	频次	排序	关键词（作者关键词）	频次
1	rice	71	11	strawberry	14
2	gene expression	35	12	photosynthesis	13
3	genetic diversity	23	13	biological control	12
4	Oryza sativa	20	14	antibacterial activity	12
5	chitosan	20	15	imidacloprid	12
6	Transcriptome	17	16	Characterization	12
7	Magnaporthe oryzae	17	17	Nilaparvata lugens	12
8	Cadmium	17	18	Heat stress	11
9	Duck	15	19	antioxidant enzymes	11
10	antioxidant activity	14	20	Brassica napus	11

2 中文期刊论文分析

2008—2017 年，中国农业科技文献数据库（CASDD）共收录由浙江省农业科学院作者发表的中文期刊论文 5 503篇，其中北大中文核心期刊论文 3 120篇，中国科学引文数据库（CSCD）期刊论文 2 458篇。

2.1 发文量

2008—2017 年浙江省农业科学院中文文献历年发文趋势（2008—2017 年）见下图。

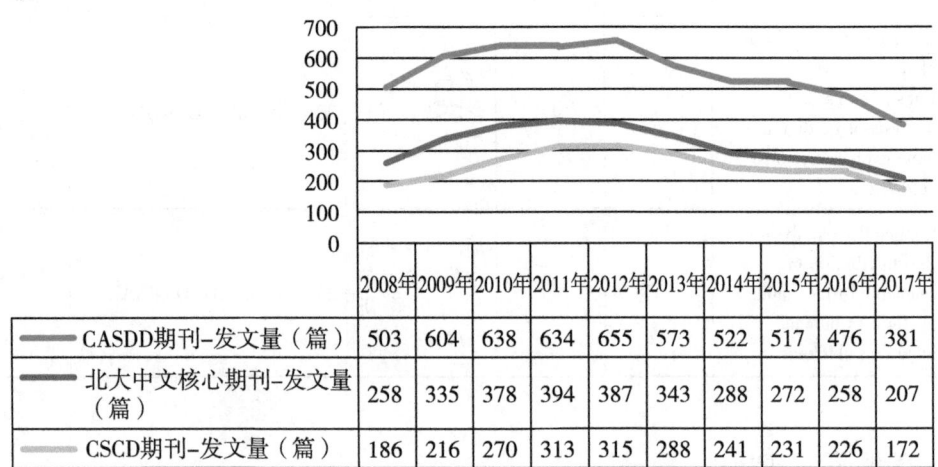

	2008年	2009年	2010年	2011年	2012年	2013年	2014年	2015年	2016年	2017年
CASDD期刊-发文量（篇）	503	604	638	634	655	573	522	517	476	381
北大中文核心期刊-发文量（篇）	258	335	378	394	387	343	288	272	258	207
CSCD期刊-发文量（篇）	186	216	270	313	315	288	241	231	226	172

图 浙江省农业科学院中文文献历年发文趋势（2008—2017 年）

2.2 高发文研究所 TOP10

2008—2017 年浙江省农业科学院 CASDD 期刊高发文研究所 TOP10 见表 2-1，2008—2017 年浙江省农业科学院北大中文核心期刊高发文研究所 TOP10 见表 2-2，2008—2017 年浙江省农业科学院中国科学引文数据库（CSCD）期刊高发文研究所 TOP10 见表 2-3。

表 2-1 2008—2017 年浙江省农业科学院 CASDD 期刊高发文研究所 TOP10 单位：篇

排序	研究所	发文量
1	浙江省农业科学院农产品质量标准研究所	753
2	浙江省农业科学院	689
3	浙江省农业科学院畜牧兽医研究所	498
4	浙江省农业科学院植物保护与微生物研究所	461
5	浙江省农业科学院浙江柑橘研究所	417
6	浙江省农业科学院园艺研究所	405
7	浙江省农业科学院作物与核技术利用研究所	396
8	浙江省农业科学院浙江亚热带作物研究所	363
9	浙江省农业科学院蔬菜研究所	333
10	浙江省农业科学院食品科学研究所	277
11	浙江省农业科学院环境资源与土壤肥料研究所	265

注："浙江省农业科学院"发文包括作者单位只标注为"浙江省农业科学院"、院属实验室等。

表 2-2　2008—2017 年浙江省农业科学院北大中文核心期刊高发文研究所 TOP10　单位：篇

排序	研究所	发文量
1	浙江省农业科学院农产品质量标准研究所	568
2	浙江省农业科学院	344
3	浙江省农业科学院畜牧兽医研究所	330
4	浙江省农业科学院植物保护与微生物研究所	313
5	浙江省农业科学院作物与核技术利用研究所	247
6	浙江省农业科学院食品科学研究所	208
7	浙江省农业科学院园艺研究所	197
8	浙江省农业科学院环境资源与土壤肥料研究所	174
9	浙江省农业科学院蔬菜研究所	165
10	浙江省农业科学院浙江亚热带作物研究所	144
11	浙江省农业科学院浙江柑橘研究所	113
11	浙江省农业科学院病毒学与生物技术研究所	113

注："浙江省农业科学院"发文包括作者单位只标注为"浙江省农业科学院"、院属实验室等。

表 2-3　2008—2017 年浙江省农业科学院 CSCD 期刊高发文研究所 TOP10　单位：篇

排序	研究所	发文量
1	浙江省农业科学院农产品质量标准研究所	424
2	浙江省农业科学院	309
3	浙江省农业科学院植物保护与微生物研究所	264
4	浙江省农业科学院作物与核技术利用研究所	218
5	浙江省农业科学院畜牧兽医研究所	181
6	浙江省农业科学院环境资源与土壤肥料研究所	165
7	浙江省农业科学院食品科学研究所	164
8	浙江省农业科学院园艺研究所	163
9	浙江省农业科学院蔬菜研究所	131
10	浙江省农业科学院病毒学与生物技术研究所	109
11	浙江省农业科学院浙江亚热带作物研究所	101

注："浙江省农业科学院"发文包括作者单位只标注为"浙江省农业科学院"、院属实验室等。

2.3　高发文期刊 TOP10

2008—2017 年浙江省农业科学院高发文 CASDD 期刊 TOP10 见表 2-4，2008—2017 年

浙江省农业科学院高发文北大中文核心期刊 TOP10 见表 2-5，2008—2017 年浙江省农业科学院高发文 CSCD 期刊 TOP10 见表 2-6。

表 2-4　2008—2017 年浙江省农业科学院高发文期刊（CASDD）TOP10　　单位：篇

排序	期刊名称	发文量	排序	期刊名称	发文量
1	浙江农业科学	883	6	农业科技通讯	109
2	浙江农业学报	627	7	中国农学通报	83
3	中国食品学报	141	8	蚕业科学	66
4	浙江柑橘	134	9	浙江大学学报（农业与生命科学版）	61
5	核农学报	110	10	分子植物育种	59

表 2-5　2008—2017 年浙江省农业科学院高发文期刊（北大中文核心）TOP10　　单位：篇

排序	期刊名称	发文量	排序	期刊名称	发文量
1	浙江农业学报	627	6	浙江大学学报（农业与生命科学版）	61
2	中国食品学报	141	7	中国南方果树	57
3	核农学报	110	8	中国蔬菜	55
4	中国农学通报	76	9	中国水稻科学	54
5	蚕业科学	66	10	食品科学	54

表 2-6　2008—2017 年浙江省农业科学院高发文期刊（CSCD）TOP10　　单位：篇

排序	期刊名称	发文量	排序	期刊名称	发文量
1	浙江农业学报	627	7	中国水稻科学	54
2	核农学报	110	8	食品科学	54
3	中国食品学报	92	9	食品工业科技	53
4	蚕业科学	66	10	园艺学报	50
5	浙江大学学报（农业与生命科学版）	61	10	果树学报	50
6	分子植物育种	59			

2.4　合作发文机构 TOP10

2008—2017 年浙江省农业科学院中文期刊合作发文机构 TOP10 见表 2-7。

表 2-7   2008—2017 年浙江省农业科学院合作发文机构 TOP10　　　　单位：篇

排序	合作发文机构	发文量	排序	合作发文机构	发文量
1	浙江工商大学	745	6	浙江农林大学	149
2	浙江大学	714	7	浙江工业大学	106
3	浙江师范大学	454	8	杭州师范大学	90
4	南京农业大学	368	9	中华人民共和国农业农村部	89
5	中国农业科学院	239	10	中国科学院	81